卓越系列·国家示范性高等职业院校重点建设专业教材(计算机类)

Visual Basic 程序设计
与应用教程

主　编　郝　玲

副主编　马艳红

天津大学出版社
TIANJIN UNIVERSITY PRESS

内 容 提 要

本书以 Visual Basic 6.0 中文版(简称 VB 6.0)为背景,通过大量的典型例题以及案例的分析和实现,由浅入深地介绍了 Visual Basic 6.0 的特点、功能及应用。

本书采用任务驱动、案例教学的模式,以案例的分析引出要学习的理论知识,并以案例的实现来应用所学知识,做到学以致用。在一个个案例的提出、分析以及实现的过程中,使学生逐步掌握利用 VB 进行应用程序设计开发的步骤和方法。在本书的最后一章,以学生基本信息管理系统项目的开发为例,将软件开发的工作过程融入到案例中,使学生掌握基于关系数据库的应用程序设计、开发以及发布的全过程,提高学生开发实用项目的技巧和能力。

本书可作为高等学校或培训机构计算机程序设计基础课程的教材,也可作为 Visual Basic 程序设计语言的自学用书或参加计算机等级考试的参考用书。

图书在版编目(CIP)数据

Visual Basic 程序设计与应用教程/郝玲主编.—天津:天津大学出版社,2009.4
(卓越系列)
国家示范性高等职业院校重点建设专业教材.计算机类
ISBN 978-7-5618-2949-3

Ⅰ.V… Ⅱ.郝… Ⅲ.BASIC 语言–程序设计–高等学校:技术学校–教材 Ⅳ.TP312

中国版本图书馆 CIP 数据核字(2009)第 034737 号

出版发行	天津大学出版社	
出 版 人	杨欢	
地　　址	天津市卫津路 92 号天津大学内(邮编:300072)	
电　　话	发行部:022-27403647　邮购部:022-27402742	
网　　址	www.tjup.com	
印　　刷	天津泰宇印务有限公司	
经　　销	全国各地新华书店	
开　　本	169mm×239mm	
印　　张	24	
字　　数	512 千	
版　　次	2009 年 4 月第 1 版	
印　　次	2009 年 4 月第 1 次	
印　　数	1–3 000	
定　　价	42.00 元	

卓越系列·国家示范性高等职业院校重点建设专业教材（计算机类）

编审委员会

主　任：丁桂芝　天津职业大学电子信息工程学院　院长/教授
　　　　　　　　教育部高职高专计算机类专业教学指导委员会委员
　　　　邱钦伦　中国软件行业协会教育与培训委员会　秘书长
　　　　　　　　教育部高职高专计算机类专业教学指导委员会委员
　　　　杨　欢　天津大学出版社　社长
副主任：徐孝凯　中央广播电视大学　教授
　　　　　　　　教育部高职高专计算机类专业教学指导委员会委员
　　　　安志远　北华航天工业学院计算机科学与工程系　主任/教授
　　　　　　　　教育部高职高专计算机类专业教学指导委员会委员
　　　　高文胜　天津职业大学电子信息工程学院多媒体专业　客座教授
　　　　　　　　天津指南针多媒体设计中心　总经理
　　　　李韵琴　中国电子技术标准化研究所　副主任/高级工程师
委　员（按姓氏音序排列）：
　　　　陈卓慧　北京南天软件有限公司　总经理助理
　　　　崔宝英　天津七所信息技术有限公司　总经理/高级工程师
　　　　郭轶群　日立信息系统有限公司系统开发部　主任
　　　　郝　玲　天津职业大学电子信息工程学院多媒体专业　主任/高级工程师
　　　　胡万进　北京中关村软件园发展有限责任公司　副总经理
　　　　李春兰　天津南开创园信息技术有限公司　副总经理
　　　　李宏力　天津职业大学电子信息工程学院网络技术专业　主任/副教授
　　　　李　勤　天津职业大学电子信息工程学院软件技术专业　主任/副教授
　　　　刘世峰　北京交通大学　博士/副教授
　　　　　　　　教育部高职高专计算机类专业教学指导委员会委员
　　　　刘　忠　文思创新软件技术(北京)有限公司　副总裁
　　　　彭　强　北京软通动力信息技术有限公司　副总裁
　　　　孙健雄　天津道可道物流信息网络技术有限公司　总经理
　　　　吴子东　天津大学职业技术教育学院　院长助理/副教授
　　　　杨学全　保定职业技术学院计算机信息工程系　主任/副教授
　　　　张凤生　河北软件职业技术学院网络工程系　主任/教授
　　　　张　昕　廊坊职业技术学院计算机科学与工程系　主任/副教授
　　　　赵家华　天津职业大学电子信息工程学院嵌入式专业　主任/高级工程师
　　　　周　明　天津青年职业学院电子工程系　主任/副教授

总序

"卓越系列·国家示范性高等职业院校重点建设专业教材(计算机类)"(以下简称"卓越系列教材")是为适应我国当前的高等职业教育发展形势,配合国家示范性高等职业院校建设计划,以国家首批示范性高等职业院校建设单位之———天津职业大学为载体而开发的一批与专业人才培养方案捆绑、体现工学结合思想的教材。

为更好地做好"卓越系列教材"的策划、编写等工作,由天津职业大学电子信息工程学院院长丁桂芝教授牵头,专门成立了由高职高专院校的教师和企业、研究院所、行业协会、培训机构的专家共同组成的教材编审委员会。教材编审委员会的核心组成员为丁桂芝、邱钦伦、杨欢、徐孝凯、安志远、高文胜、李韵琴。核心组成员经过反复学习、深刻领会教育部《关于全面提高高等职业教育教学质量的若干意见》(教高[2006]16号)及教育部、财政部《关于实施国家示范性高等职业院校建设计划　加快高等职业教育改革与发展的意见》(教高[2006]14号),就"卓越系列教材"的编写目的、编写思想、编写风格、体系构建方式等方面达成了如下共识。

1. 核心组成员发挥各自优势,物色、推荐"卓越系列教材"编审委员会成员和教材主编,组成工学结合作者团队。作者团队首先要学习、领会教高[2006]16号文件和教高[2006]14号文件精神,转变教育观念,树立高等职业教育必须走工学结合之路的思想。校企合作,共同开发适合国家示范性高等职业院校建设计划的教学资源。

2. "卓越系列教材"与国家示范校专业建设方案捆绑,力争成为专业教学标准体系和课程标准体系的载体。

3. 教材风格按照课程性质分为理论＋实验课程教材、职业训练课程教材、顶岗实习课程教材、有技术标准课程教材和课证融合课程教材等类型,不同类型教材反映了对学生不同的培养要求。

4. 教材内容融入成熟的技术标准,既兼顾学生取得相应的职业资格认证,又体现对学生职业素质的培养。

追求卓越是本系列教材的奋斗目标，为我国高等职业教育发展勇于实践、大胆创新是"卓越系列教材"编审委员会努力的方向。在国家教育方针、政策引导下，在各位编审委员会成员和作者团队的协同工作下，在天津大学出版社的大力支持下，向社会奉献一套"示范性"的高质量教材，不仅是我们的美好愿望，也必须变成我们工作的实际行动。通过此举，衷心希望能够为我国职业教育的发展贡献自己的微薄力量。

借"卓越系列教材"出版之际，向长期以来给予"卓越系列教材"编审委员会全体成员帮助、鼓励、支持的前辈、专家、学者、业界朋友以及幕后支持的家人们表示衷心感谢！

"卓越系列教材"编审委员会
2008 年 1 月于天津

前言

Visual Basic(简称 VB)自问世以来,以其简便、快捷、可视化的特点赢得了广大设计人员的好评,被公认为是编程效率较高的一种开发工具。在大多数高职院校中,不仅计算机专业开设了 VB 程序设计课程,越来越多的非计算机专业也陆续开设了该课程。

本书正是以高等职业教育培养高级技术应用型人才的目标为指导思想,在教材的编写过程中,注重理论知识与实践应用能力相结合,通过清晰的概念、典型的例题以及对每章案例的分析与实现,使学生逐步掌握利用 VB 进行程序设计的步骤和方法,提高学生开发实用项目的技巧和能力。本书的特点如下。

- 结构合理,易学易懂,注重操作,面向应用。
- 采用任务驱动、案例教学的模式,以案例的分析引出要学习的理论知识,并以案例的实现来应用所学知识,做到学以致用。
- 在内容的编排上采用"理论连续,案例离散"的方法,即将案例所涉及的理论知识集中介绍,案例的各项功能则在相关知识点介绍完了之后分步实现。这样既保持了知识体系的完整,又能将知识综合应用来实现案例的各项功能。
- 最后一章以学生基本信息管理系统项目的开发为例,将软件开发的工作过程融入到案例中,使学生掌握基于关系数据库的应用程序设计、开发以及发布的全过程,提高学生开发实用项目的技巧和能力。
- 每章的后面都有一定数量的思考题和编程题。思考题是对各章中所讲理论知识的重复,以强化学生的记忆;编程题则是知识的扩展及综合应用,目的是培养学生动手实践、分析问题和解决问题的能力。
- 提供配套的学习资料,包括电子教案、教学大纲、教材中所有案例的源代码、各章思考题与习题的参考答案,以及几套模拟考试题,以方便教师的教学工作。

本书从应用的角度出发,以 Visual Basic 6.0 中文版为背景,详细介绍了 VB 6.0 的相关知识。具体的内容和安排如下:

第 1 章和第 2 章是基础知识,主要介绍 VB 6.0 的发展、特点,安装、启动的方法,集成开发环境,帮助系统,VB 面向对象程序设计的步骤,方法和事件驱动机制的程序设计思想,并介绍窗体以及命令按钮、标签、文本框等 3 种最基本控件的属性、事件和方法;

第 3 章以简易计算器的设计与实现为案例,详细介绍了 VB 的编程知识,内容包括 VB 的数据类型、常量和变量、运算符和表达式、常用内部函数、流程控制语句、数组、过程等;

第 4 章以简易"字体"对话框和简易定时器两个案例,介绍了 VB 常用的 13 个控件;

第 5 章以记事本应用程序的设计与实现为案例介绍了多窗体和多文档界面、菜单编辑器、通用对话框、工具栏和状态栏的设计等;

第 6 章以简易画图程序和打鸟游戏两个案例,介绍了鼠标事件和键盘事件;

第 7 章以顺序文件、随机文件和二进制文件的操作为案例,介绍了文件系统控件、文件的顺序存取、随机存取以及二进制存取等操作;

第 8 章以简易画图板的设计与实现为案例,详细介绍了 VB 的 4 种图形控件、4 种图形方法以及与图形操作有关的基础知识和绘图属性等;

第 9 章以个人信息管理系统的设计开发为案例,介绍了数据库的基本概念以及 VB 用来访问数据库的控件及对象;

第 10 章以对使用 DATA 控件访问个人信息管理系统数据库的应用程序进行调试为案例,详细介绍了错误处理程序的设计方法以及调试工具的使用方法;

第 11 章以个人信息管理系统应用程序的发布为案例,介绍了 VB 应用程序的编译、运行方法,以及制作应用程序安装包的方法;

第 12 章是一个综合案例,以学生基本信息管理系统项目的开发为例,将软件开发的工作过程融入案例中,全面展示基于关系数据库的应用程序设计、开发、发布过程,以提高学生应用项目的开发能力和开发技巧。

为了帮助任课教师更好地备课,按照教学计划顺利完成教学任务,我们将对选用本教材的授课教师免费提供一套包括电子教案、教学大纲、教学计划、教学课件,本门课程的电子习题库、电子模拟试卷、实验指导、有关例题源代码等在内的完整的教学解决方案,从而为读者提供全方位的、细致周到的教学资源增值服务。(索取教师专用版光盘的联系电话:022 – 85977234,电子信箱:zhaohongzhi1958@126.com)

本书由天津职业大学电子信息工程学院的郝玲、张亚军和大连职业技术学院的马艳红共同编写。郝玲担任主编,马艳红任副主编,其中第 1、2、8 章由郝玲编写,第 3、4、5、6 章由张亚军编写,第 7、9、10、11、12 章由马艳红编写。全书由郝玲负责统稿。

在本书的编写过程中,参考了大量的文献资料,在此谨向这些文献资料的作者深表感谢。由于编者的水平有限,书中可能会存在不当或疏漏之处,恳请广大读者和专家批评指正。

编　者
2009 年 3 月

学习引导

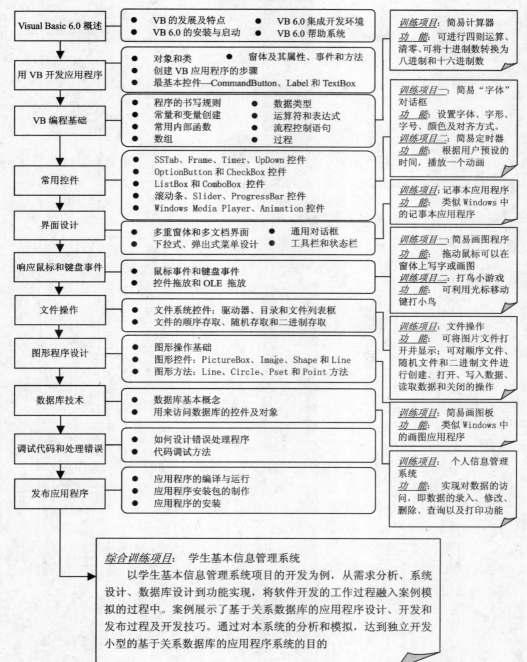

Visual Basic 6.0 概述
- VB 的发展及特点
- VB 6.0 的安装与启动
- VB 6.0 集成开发环境
- VB 6.0 帮助系统

训练项目：简易计算器
功　能：可进行四则运算、清零、可将十进制数转换为八进制和十六进制数

用 VB 开发应用程序
- 对象和类
- 创建 VB 应用程序的步骤
- 最基本控件——CommandButton、Label 和 TextBox
- 窗体及其属性、事件和方法

VB 编程基础
- 程序的书写规则
- 常量和变量创建
- 常用内部函数
- 数组
- 数据类型
- 运算符和表达式
- 流程控制语句
- 过程

训练项目一：简易"字体"对话框
功　能：设置字体、字形、字号、颜色及对齐方式。
训练项目二：简易定时器
功　能：根据用户预设的时间，播放一个动画

常用控件
- SSTab、Frame、Timer、UpDown 控件
- OptionButton 和 CheckBox 控件
- ListBox 和 ComboBox 控件
- 滚动条、Slider、ProgressBar 控件
- Windows Media Player、Animation 控件

训练项目：记事本应用程序
功　能：类似 Windows 中的记事本应用程序

界面设计
- 多重窗体和多文档界面
- 下拉式、弹出式菜单设计
- 通用对话框
- 工具栏和状态栏

训练项目一：简易画图程序
功　能：拖动鼠标可以在窗体上写字或画图
训练项目二：打鸟小游戏
功　能：可利用光标移动键打小鸟

响应鼠标和键盘事件
- 鼠标事件和键盘事件
- 控件拖放和 OLE 拖放

文件操作
- 文件系统控件：驱动器、目录和文件列表框
- 文件的顺序存取、随机存取和二进制存取

训练项目：文件操作
功　能：可将图片文件打开并显示；可对顺序文件、随机文件和二进制文件进行创建、打开、写入数据、读取数据和关闭的操作

图形程序设计
- 图形操作基础
- 图形控件：PictureBox、Image、Shape 和 Line
- 图形方法：Line、Circle、Pset 和 Point 方法

数据库技术
- 数据库基本概念
- 用来访问数据库的控件及对象

训练项目：简易画图板
功　能：类似 Windows 中的画图应用程序

调试代码和处理错误
- 如何设计错误处理程序
- 代码调试方法

训练项目：个人信息管理系统
功　能：实现对数据的访问，即数据的录入、修改、删除、查询以及打印功能

发布应用程序
- 应用程序的编译与运行
- 应用程序安装包的制作
- 应用程序的安装

综合训练项目：学生基本信息管理系统
　　以学生基本信息管理系统项目的开发为例，从需求分析、系统设计、数据库设计到功能实现，将软件开发的工作过程融入案例模拟的过程中。案例展示了基于关系数据库的应用程序设计、开发和发布过程及开发技巧。通过对本系统的分析和模拟，达到独立开发小型的基于关系数据库的应用程序系统的目的

目　录

4 常用控件

5 界面设计

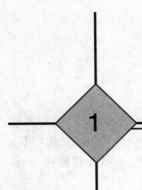

Visual Basic 6.0 概述

☞ 本章知识导引

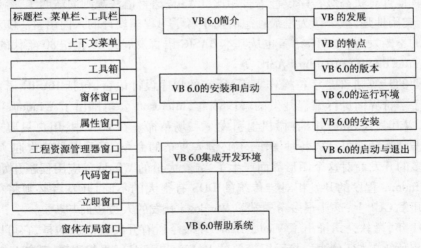

➥本章学习目标

Visual Basic 是面向对象的可视化程序设计的开发工具，它提供了开发 Windows 应用程序的最迅速、最简捷的方法。通过本章的学习和上机实践，读者应该能够：

☑ 了解 Visual Basic 的发展及特点；

☑ 掌握 Visual Basic 6.0 的安装和启动方法；

☑ 熟悉 Visual Basic 6.0 的集成开发环境；

☑ 学会使用 Visual Basic 6.0 的帮助系统。

1.1 Visual Basic 简介

1.1.1 Visual Basic 的发展

Visual Basic(简称 VB)是美国 Microsoft 公司推出的一款可视化的、面向对象和采用事件驱动方式的结构化程序设计开发工具。单从字义上解释,Visual 意为"可视化的",Basic 意为"BASIC 语言",从名称里我们得出这样一个信息:VB 是使用 BASIC 语言进行可视化程序设计的开发工具。

所谓的"可视化"是指在开发图形用户界面(Graphic User Interface,GUI)时,无须编写大量代码去描述界面元素的外观和位置,而只须通过简单的鼠标拖放操作,就能把预先建立的对象添加到屏幕上的指定位置,从而设计出标准的 Windows 应用程序界面。

BASIC 语言是指 Beginners All-Purpose Symbolit Instruction Code,直译为"初学者通用符号指令代码",它是一种在计算机技术发展史上应用最为广泛的程序设计语言。与其他计算机高级程序设计语言相比,BASIC 语言语法规则简洁明了,容易理解和掌握,实用性强,被公认为是最理想的初学者学习程序设计的入门语言。随着计算机技术的不断发展,BASIC 语言也从基本 BASIC 语言发展到 20 世纪 80 年代的 Quick BASIC、True BASIC 和 Turbo BASIC 等。

早期的计算机都是字符操作界面,所有的程序设计语言,包括 BASIC 语言在内都是基于字符界面进行编程开发的。1988 年,Microsoft 公司推出了 Windows 3.0 操作系统,以其为代表的 GUI 在微机上引发了一场革命。在 GUI 中,用户只要通过鼠标的点击和拖动便可完成各种操作,不必键入复杂的命令,深受用户的欢迎。其后,越来越多的开发商对这个图形界面产生了兴趣,大量的 Windows 应用程序开始涌现。但是,Windows 程序的开发相对于传统的 DOS 有很大的不同,开发者必须将很多精力放在开发 GUI 上,这让很多希望学习 Windows 开发的人员望而却步。

1991 年,微软公司推出了 Visual Basic 1.0,令所有开发者吃惊的是,它可以用鼠标"画"出所需的用户界面,然后用简单的 BASIC 语言编写业务逻辑,就能生成一个完整的应用程序。这种全新的可视化的开发工具给 Windows 开发人员开辟了新的天地。Visual Basic 1.0 采用事件驱动、Quick BASIC 的语法和可视化的集成开发环境。可以说 Visual Basic 1.0 是革命性的 BASIC,它的诞生也是 VB 史上的一段佳话。

VB 的发展一直是伴随着 Windows 操作系统而发展的。随着 Windows 3.1 的推出,Visual Basic 1.0 的功能就显得过于简单了,所以,微软在 1992 年推出了新版本 Visual Basic 2.0。这个版本最大的改进就是加入了对象型变量,而且有了最原始的"继承"概念。另外,微软还为 Visual Basic 2.0 增加了 OLE 和简单的数据访问功能。

1993 年,在 Visual Basic 2.0 推出没几个月,微软就发布了新的版本 Visual Basic

3.0。Visual Basic 3.0 的界面变化不大,但它增加了对最新的 ODBC 2.0 的支持,对 Jet 数据引擎的支持和对新版本 OLE 的支持。最吸引人的地方是它对数据库的支持大大增强了,使用 Grid 控件和数据控件能够创建出色的数据窗口应用程序,Jet 引擎让 Visual Basic 能对最新的 Access 数据库快速地访问。此外还增加了相当多的专业级控件,可以开发出相当水平的 Windows 应用程序。

1995 年,微软发布了 Visual Basic 4.0 的 BETA 版。它包含了 16 位和 32 位两个版本,16 位的版本就像是 Visual Basic 3.0 的升级版,而 32 位版则是一场新的革命。但由于 Visual Basic 4.0 对以前版本的兼容性不好,以前版本中使用的大量 VBX 的项目很难移植到 Visual Basic 4.0 中。因此,Visual Basic 4.0 在中国的普及程度非常低。

1997 年,微软推出了 Visual Basic 5.0。Visual Basic 5.0 允许用户自己创建事件,还支持开发自己的 ActiveX 控件、进程内的 COM DLL 组件、进程外的 COM EXE 组件以及在浏览器中运行的 ActiveX 文档,这极大丰富了 Visual Basic 的开发能力。在 Internet 开发上,Visual Basic 5.0 也能有所建树。Visual Basic 5.0 的集成开发环境(Integrated Development Environment,IDE)支持"智能感知",这是一项非常方便开发者的功能,可以不必记住很长的成员名称和关键字,只要输入".",想要的东西就会统统弹出来。

1998 年,Visual Basic 6.0 作为 Visual Studio 6.0 的一员发布了,这证明了微软正在改变 Visual Basic 的产品定位,它想让 Visual Basic 成为企业级快速开发的利器。Visual Basic 6.0 在数据访问方面有了很大的改进,新的 ADO 组件使对大量数据快速访问成为可能。数据环境和新的报表功能也让数据开发有了全新的体验。Visual Basic 还可以在 IIS 上开发性能超群的 Web 应用程序。总之,Visual Basic 6.0 已经是非常成熟稳定的开发系统,能让企业快速建立多层的系统以及 Web 应用程序,成为当前 Windows 上最流行的 Visual Basic 版本。

2002 年,微软正式推出了 Visual Basic. NET。Visual Basic. NET 与以往的 Visual Basic 版本相比有着翻天覆地的变化,现在国内使用 Visual Basic. NET的人相对于 Visual Basic 6.0 来讲显得很少。

2003 年,Visual Basic. NET 2003 问世。

2005 年,Visual Basic 2005 问世。

Visual Basic 是从早期 BASIC 语言的基础上发展而来的,至今已经包含了数百条语句、函数及关键词,其中很多是与 Windows GUI 有直接关系的。VB 作为一种开发工具而不仅仅是一种语言,从数学计算、数据库管理、客户/服务器软件、通信软件、多媒体软件到 Internet/Intranet 软件,都可以用 VB 来开发完成,其功能之强大绝不是早期 BASIC 所能比拟的。

1.1.2　Visual Basic 的基本特点

1. 可视化的程序设计工具

用传统的高级语言编写程序，主要的工作是设计算法和编写程序，程序的各项功能都是通过程序语句来实现。而用 VB 开发应用程序，包括两部分工作：一是设计用户界面，二是编写程序代码。

VB 提供了一个可视化的设计平台，把 Windows 界面设计的复杂性"封装"起来，程序员不必再为界面设计编写大量的程序代码，而只需按设计的要求，从 VB 提供的工具箱中，选取所需的控件对象，"画"出需要的用户界面，并为每一个控件对象设置属性。由于 VB 会自动形成界面的程序代码，程序员所需要编写的只是实现程序功能的部分代码，从而大大提高了编程的效率。

2. 面向对象的程序设计方法

VB 采用面向对象的程序设计方法（Object-Oriented Programming，OOP），把程序和数据封装起来视为一个对象，并为每个对象赋予相应的属性。对象都是可视的，在设计对象时，不必编写建立和描述每个对象的程序代码，而只是用工具将对象画在图形界面上，VB 会自动生成程序代码并封装起来。这使开发人员在维护系统运行时只需修改很小的代码，同时也加快了系统开发的速度。

3. 事件驱动的编程机制

在传统的面向过程的应用程序中，是按事先设计好的流程运行的，而不能将后面的程序放在前面运行，即人不能随意改变、控制程序的流向，这一点并不符合人类的思维习惯。

VB 采用的是事件驱动的编程机制，即对各个对象需要响应的事件分别编写出程序代码。一个对象可以产生多个事件，不同的事件过程对应不同的程序代码。这些事件可以是用户对鼠标和键盘的操作，也可以由系统内部通过时钟计时产生，甚至由程序运行或窗口操作触发产生，因此，它们产生的次序是无法事先确定的。所以，用 VB 编写程序时，没有明显的开始和结束标志，事件过程代码没有先后次序的限制。像 VB 这样采用事件驱动模式的应用程序代码一般比较短，因此程序易于编写与维护。

4. 结构化的程序设计语言

VB 是在结构化的 BASIC 语言的基础上发展起来的，具有丰富的数据类型，众多的内部函数，模块化、结构化的程序实现机制，结构清晰，简单易学。

5. 良好的集成开发环境

VB 提供的是一个集成开发环境，在该环境中，用户可设计界面、编写代码、调试程序，还可以把应用程序编译成可执行文件，甚至可以把应用程序制作成安装盘，以便能够脱离 VB 环境，而直接在 Windows 系统下运行。

6. 强大的数据库功能

VB 具有很强的数据库管理功能。利用数据控件和数据库管理窗口,可以直接建立和编辑 MS Access 格式的数据库,并提供了强大的数据存储和检索功能;同时,还可访问其他多种数据库系统,如 dBASE、FoxPro 和 Paradox 等,也可访问 MS Excel、Lotus1-2-3 等多种电子表格。

VB 提供的开放式数据库连接(简称 ODBC)功能,可以通过直接访问或建立连接的方式使用并操作后台大型网络数据库系统,如 SQL Server、Oracle 等。

7. 网络开发功能

VB 6.0 提供了 DHTML(Dynamic HTML)设计工具。这种技术可以使 Web 页面设计者动态地创建和编辑页面,使用户在 VB 中开发多功能的网络应用软件。

8. Windows 资源共享

VB 提供了 Active 技术、动态数据交换(Dynamic Data Exchange,DDE)编程技术及动态链接库(Dynamic Linking Library,DLL)技术,使开发人员可以方便地使用其他应用程序提供的功能。

9. 完备的 Help 联机帮助

如果操作系统中安装了 Microsoft 公司的联机帮助文档 MSDN(Microsoft Developer Network),就可以在 VB 中利用帮助菜单和【F1】功能键,方便地得到所需的帮助信息。VB 帮助窗口中显示了有关的示例代码,通过复制、粘贴操作可获得大量的示例代码,为用户的学习和使用提供了极大的方便。

1.1.3 Visual Basic 6.0 的版本

VB 6.0 有 3 种版本,即学习版、专业版和企业版,各自满足不同的开发需要。

1. 学习版

学习版是一个入门的版本,主要针对初学的编程人员,利用它可以轻松开发 Windows 和 Windows NT 的应用程序。该版本包括所有的 VB 内部控件以及网格、选项卡和数据绑定控件。

2. 专业版

专业版是为专业编程人员提供的,它包括了一整套功能完备的开发工具。该版本包括学习版的全部功能以及 ActiveX 控件、IIS 应用程序设计器、集成的可视化的数据库工具和数据环境、Active Data Objects 和 DHTML 页设计器(Dynamic HTML Page Designer)等。

3. 企业版

企业版是为专业编程人员开发功能更强大的分布式、高性能的客户机/服务器应用程序而设计的。该版本包括专业版的全部功能以及 Back Office 工具,例如 SQL Server、Microsoft Transaction Server、Internet Information Server、Visual SourceSafe 等。

1.2　Visual Basic 6.0 的安装和启动

1.2.1　Visual Basic 6.0 的运行环境

VB 6.0 是基于 Windows 或 Windows NT 的一个应用程序,本身对软、硬件没有什么特殊的要求,它对环境的要求与 Windows、Windows NT 的要求是一致的。

(1)硬件包括以下方面。

- CPU:486DX/66 MHz 或更高的处理器(推荐 Pentium 或更高的处理器)。
- 内存:16 MB 以上,Windows NT 下要求 32 MB 以上。
- 硬盘空间:

　学习版的典型安装需要 48 MB,完全安装需要 80 MB;

　专业版的典型安装需要 48 MB,完全安装需要 80 MB;

　企业版的典型安装需要 128 MB,完全安装需要 140 MB 左右;

　安装 MSDN 帮助系统至少需要 67 MB。

- 显示器:Windows 支持的 VGA 或分辨率更高的监视器。
- 一个 CD-ROM 驱动器。
- 鼠标或其他定点设备。

(2)软件包括以下方面。

- Microsoft Windows 95 或更高版本。
- Microsoft Windows NT Workstation 4.0(推荐 Service Pack 3)或更高版本。

1.2.2　Visual Basic 6.0 的安装

1. 安装 VB 6.0 系统

VB 6.0 的 3 个版本安装方法相同,下面以 VB 6.0 中文企业版为例介绍安装过程。

VB 6.0 作为 Visual Studio(包括 Visual C + + 、Visual FoxPro、Visual J + + 、Visual InterDev 等)的一员,其安装程序存放在 Visual Studio 6.0 产品的第一张 CD 盘(Disk 1)上。具体的安装步骤如下。

步骤 1:将 Visual Studio 6.0 产品的第一张(Disk 1)放入光驱,此时系统会自动运行安装程序,也可以双击光盘根目录下的 Setup. exe 文件,打开 Visual Studio 6.0 的安装向导。

步骤 2:单击"下一步"按钮,在打开的对话框中选择"接受协议"选项,表明接受 Microsoft 软件《最终用户许可协议》。

步骤 3:单击"下一步"按钮,在打开的对话框中输入产品的 ID 号。

步骤 4:单击"下一步"按钮,打开"Visual Basic 6.0 中文企业版安装向导"对话框,在此选择"安装 Visual Basic 6.0 中文企业版"选项。

步骤5:单击"下一步"按钮,按照提示依次单击"确定"按钮,直至打开如图1.1所示的对话框。该对话框中显示了系统默认的安装路径,可以单击"更改文件夹"按钮重新指定系统的安装路径。

步骤6:根据用户要求和计算机配置选择安装方式,之后开始安装 Visual Basic 6.0。

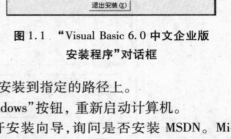

图1.1 "Visual Basic 6.0 中文企业版安装程序"对话框

• "典型安装":根据系统规定的内容安装到指定的路径上。建议初学者采用这种方式。

• "自定义安装":按照用户选择的内容安装到指定的路径上。

步骤7:安装结束后,单击"重新启动 Windows"按钮,重新启动计算机。

步骤8:计算机启动后,系统将自动打开安装向导,询问是否安装 MSDN。Microsoft 公司为 VB 6.0 提供了一套 MSDN Library 帮助系统,只有安装了 MSDN Library,在 VB 6.0 中才能使用帮助功能。MSDN Library 文档存储在2张 CD 盘中,如果安装,则在安装向导中选择"安装 MSDN"选项,并将 MSDN 盘插入光驱,单击"下一步"按钮进行安装;如果暂时不装,则取消选择"安装 MSDN"选项,单击"下一步"按钮。

步骤9:单击"确定"按钮,直至安装结束。

2. 添加或删除 VB 6.0 组件

VB 6.0 安装好了以后,有时需要添加或删除某些组件,比如在"典型安装"方式下没有安装"图形"组件。在需要时可以采用以下几种方法进行组件的安装。

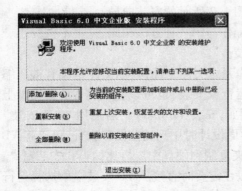

图1.2 Visual Basic 6.0 中文企业版安装程序向导

(1)运行 VB 6.0 安装文件 Setup. exe。具体的操作步骤如下。

步骤1:双击 VB 6.0 的安装文件 Setup. exe,在"添加/删除选项"区域内,选择"工作站工具和组件"选项。

步骤2:单击"下一步"按钮,打开 VB 6.0 的安装向导,如图1.2所示。该对话框中有3个选项按钮,其作用说明如下。

• "添加/删除"按钮:用户要添加新的组件或删除已安装的组件,可单击此按钮。

• "重新安装"按钮:若以前安装的

VB 6.0 有问题并不可修复,可单击此按钮重新安装。

- “全部删除”按钮:单击此按钮可将 VB 6.0 从系统中全部删除。

步骤 3: 选择“添加/删除”按钮,打开如图 1.3 所示的对话框。在“选项”列表框中选定要安装的组件,或消除选定要删除的组件。

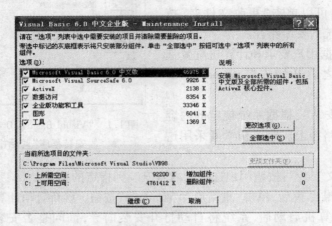

图 1.3　Visual Basic 6.0 添加/删除组件对话框

步骤 4: 单击“继续”按钮,完成组件的添加或删除。

(2)执行“控制面板”中的“添加/删除程序”。具体的操作步骤如下。

步骤 1: 在 CD-ROM 驱动器中插入 VB 安装盘。

步骤 2: 单击“开始”按钮 →“设置”→“控制面板”。

步骤 3: 双击“控制面板”中的“添加/删除程序”图标,打开“添加或删除程序”窗口。

步骤 4: 选择其中的“Microsoft Visual Basic 6.0 中文企业版(简体中文)”选项,如图 1.4 所示。

步骤 5: 单击“更改/删除”按钮,打开如图 1.2 所示的安装向导。

步骤 6: 单击“添加/删除”按钮,后面的操作与第一种方法相同,这里不再赘述。

(3)直接从 VB 安装盘上复制或运行安装。

除了 VB 安装盘“\ OS”文件夹下的操作系统文件之外,其他文件是没有被压缩的,用户可以在需要时直接从 VB 安装盘上运行或安装,也可以直接将 VB 安装盘上相应的文件夹复制到硬盘对应的路径下。例如,安装 VB 6.0 时,若使用“典型安装”方式,则系统提供的图库没有装入,如果在界面设计时用到这些图形文件,可以将 VB 安装盘上“\ COMMON \ GRAPHICS”文件夹复制到硬盘中。再比如,VB 安装盘“\ TOOLS”文件夹下有许多的工具和组件,可以在需要时直接从 VB 安装盘中选择运行或安装。

图1.4 "添加或删除程序"窗口

1.2.3 Visual Basic 6.0 的启动与退出

启动 VB 6.0 有多种方法,最常用的是以下两种方法。

(1)VB 6.0 安装完成后,在"开始"菜单的"程序"中将多出一个"Microsoft Visual Basic 6.0 中文版"菜单选项,单击其中的"Microsoft Visual Basic 6.0 中文版"程序,即可启动 VB 6.0。

(2)在桌面上创建 VB 6.0 的快捷方式,只要双击该快捷方式图标,就可启动 VB 6.0 程序。

VB 6.0 启动后,首先显示"新建工程"对话框,如图 1.5 所示。该对话框中有 3 个选项卡,说明如下。

• "新建":建立新的 VB 工程文件。该选项卡窗口中有多种选择,可供建立不同类型的程序。

• "现存":选择和打开现有的 VB 工程文件。该选项卡窗口中列出了全部已有的工程。

• "最新":在该选项卡窗口中,按时间顺序列出最近使用过的 VB 工程文件。

例如,要建立一个新的 VB 工程

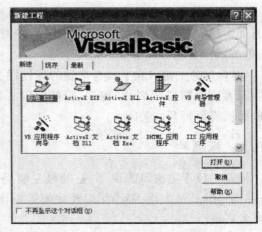

图1.5 "新建工程"对话框

文件,具体操作是单击"新建"选项卡,选择"标准 EXE"图标,然后单击"打开"按钮;或直接双击"标准 EXE"图标,就可进入 VB 6.0 的集成开发环境,进行新工程的创建。

若要退出 VB 6.0 程序,可单击 VB 窗口标题栏最右端的"关闭"按钮或选择"文件"菜单中的"退出"命令,VB 会自动判断用户是否修改了工程的内容,并询问用户是否保存文件或直接退出。

1.3　Visual Basic 6.0 的集成开发环境

VB 6.0 的集成开发环境是开发 VB 应用程序的平台,熟练掌握 VB 6.0 的集成开发环境是设计开发 VB 应用程序的基础。VB 6.0 的集成开发环境(也称为主窗口)如图 1.6 所示。

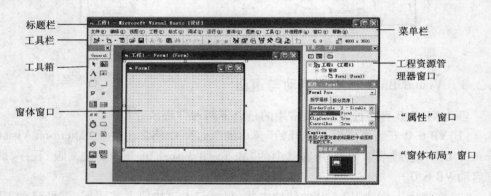

图 1.6　Visual Basic 6.0 集成开发环境

VB 6.0 的集成开发环境具有 Microsoft 风格的界面和操作方法。例如,工具按钮具有提示功能,只要将鼠标在工具按钮上停留片刻,系统就会自动显示该按钮的功能;单击鼠标右键可显示上下文菜单等。

VB 6.0 的主窗口除了具有常规的标题栏、菜单栏、工具栏之外,还有工具箱、工程资源管理器窗口、"属性"窗口、窗体窗口、"窗体布局"窗口等几部分,这些窗口都可以根据需要打开或关闭。

1.3.1　标题栏

标题栏位于主窗口的顶部,它的最左端是控制菜单图标,用来控制主窗口的大小、移动、还原、最大化、最小化以及关闭等操作,双击控制菜单图标可以退出 VB 集成开发环境。

控制菜单图标的右侧显示的是当前应用程序的工程名以及 VB 集成开发环境所处的工作模式。例如,当新建一个工程文件时,标题栏中显示"工程 1-Microsoft Visual

Basic［设计］",这表明现在处于设计状态。当进入其他模式时,方括号中的文字将做出相应的变化。VB 有 3 种工作模式:设计模式、运行模式和中断模式。在设计模式下,可进行用户界面的设计和代码的编制,以至完成应用程序的开发;在运行模式下表明正在运行应用程序,此时不能进行代码的编辑,也不能设计界面;中断模式主要用于调试程序,此时应用程序运行暂时中断,可以进行代码的编辑。

标题栏的最右端是一组按钮,依次为"最小化"按钮、"最大化/还原"按钮和"关闭"按钮。

1.3.2　菜单栏

菜单栏位于标题栏的下面,包括 13 个下拉式菜单,显示出程序设计过程中所使用的 VB 命令。菜单中的命令是随工作状态的变化而自动变化的。下面简单地介绍一下这些菜单。

(1)文件(File):主要用于创建、打开、保存、显示最近的工程以及生成可执行文件。

(2)编辑(Edit):主要用于程序源代码的编辑。

(3)视图(View):主要用于集成开发环境下程序源代码、控件的查看,即控制各种窗口、工具箱的关闭与打开。

(4)工程(Project):主要用于控件、模块和窗体等对象的添加。

(5)格式(Format):主要用于窗体、控件的设计格式,如对齐、间距等。

(6)调试(Debug):主要用于程序的调试、查错。

(7)运行(Run):主要用于控制程序的启动、设置中断和停止程序的运行等。

(8)查询(Query):在设计数据库应用程序时,用于设计 SQL 属性。

(9)图表(Diagram):在设计数据库应用程序时,用于建立数据库中的表。

(10)工具(Tools):主要用于集成开发环境下原有工具的扩展。

(11)外接工具(Add-Ins):主要用于为工程增加或删除外接程序。

(12)窗口(Windows):主要用于改变屏幕窗口的层叠、平铺等布局以及列出所有已打开的文档。

(13)帮助(Help):帮助用户系统地学习和掌握 VB 6.0 的使用方法及程序设计方法。

1.3.3　上下文菜单

在要使用的对象上单击鼠标右键可以打开上下文菜单。上下文菜单包括经常执行的操作的快捷菜单命令。在上下文菜单中,可用的快捷菜单命令取决于单击鼠标时所处的环境。例如,在菜单栏上单击鼠标右键显示的上下文菜单如图 1.7(a)所示;而在窗体上单击鼠标右键显示的上下文菜单就有所不同,如图 1.7(b)所示。

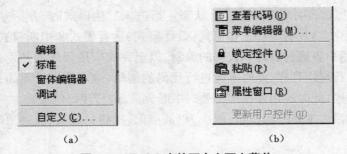

图 1.7　VB 6.0 中的两个上下文菜单

(a)菜单栏上的上下文菜单;(b)窗体上的上下文菜单

1.3.4　工具栏

工具栏通常位于菜单栏的下面。工具栏以图标的方式为用户提供了最常用命令的快速访问按钮。在 VB 默认状态下,主窗体中只显示标准工具栏,如图 1.6 所示。除了标准工具栏外,VB 还提供了编辑工具栏、窗体编辑器工具栏和调试工具栏等。要显示或隐藏这些工具栏,可以选择"视图"菜单中的"工具栏"命令;或在标准工具栏上单击鼠标右键,在打开的上下文菜单中选择所需的工具栏。

1.3.5　工具箱

工具箱通常位于主窗口的左侧,工具箱中存放着一些图标形式的工具,默认状态下由 21 个工具图标组成,如图 1.8 所示。使用这些工具能够在窗体上设计各种控

图 1.8　工具箱

件。

工具箱中除了最常用的工具之外,还可以通过选择"工程"菜单中的"部件"命令,在工具箱中添加新的工具。

在设计状态时,工具箱总是出现的。若要不显示工具箱,可以将其关闭;若要再显示,可以选择"视图"菜单中的"工具箱"命令。在运行状态下,工具箱会自动隐去。

1.3.6　窗体(Form)窗口

窗体窗口又称为"对象窗口"或"窗体设计器",用来设计应用程序的界面。在窗体窗口中可以添加各种控件、图形和图片,以创建所希望的外观。

同 Windows 环境下的应用程序窗口一样,VB 中的窗体也具有控制菜单、"最小化"按钮、"最大化/还原"按钮、"关闭"按钮以及边框。对于窗体的操作同 Windows 下的窗口操作一样,关闭窗体后,可通过"视图"菜单 →"对象窗口"命令打开。

一个窗体窗口只含有一个窗体对象,因此,若应用程序由多个窗体组成,在设计时就会有多个窗体窗口。每个窗体必须具有唯一的名称,建立窗体时系统默认的窗体名称依次为 Form1、Form2、Form3 等。一个应用程序至少有一个窗体窗口。

处于设计状态的窗体由网格点构成,网格点方便了用户对控件的定位,网格点间距可以通过"工具"菜单 →"选项"命令,在弹出的对话框中"通用"选项卡内进行设置。如果不想显示网格点,可取消选择"显示网格"选项。进行网格设置的对话框如图 1.9 所示。窗体上的网格点在程序运行时不可见。

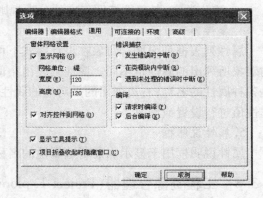

1.3.7　属性(Properties)窗口

图 1.9　进行网格设置的对话框

属性是指对象的特征,如大小、标题、位置、字体或颜色等。"属性"窗口显示的是选定窗体和控件的属性设置值。在默认状态下,"属性"窗口是打开的,也可以通过"视图"菜单 →"属性窗口"命令打开该窗口。

"属性"窗口由 5 部分组成,如图 1.10 所示。

1. 标题栏

标题栏显示当前选定的窗体或控件的名称。

2. 对象下拉列表框

单击其右端的下拉按钮可以打开当前窗体及其所包含的全部对象的列表,列表左侧显示的是对象的名称,右侧显示的是对象的类名。

标题栏 ————

属性显示排列方式 ————

———— 对象下拉列表框

———— 属性列表框

———— 属性说明框

图 1.10 "属性"窗口

3. 属性显示排列方式

对象下拉列表框下方的两个选项卡用于确定属性显示的排列方式。

- **按字母序**：各属性按照英文字母顺序排列。
- **按分类序**：各属性按照一定的分类规则顺序排列。

4. 属性列表框

属性列表框列出所选对象在设计模式下可以更改的属性及其默认值。对于不同的对象所列出的属性也不同。属性列表由中间一条线将其分成两部分：左边列出的是各种属性的名称，右边列出的是对应的属性值。用户可以选定某一属性，然后对该属性值进行设置或修改。

5. 属性说明框

属性说明框用于显示当前所选属性的名称，并对其功能进行简要的说明。

1.3.8　工程资源管理器(Project Explorer)窗口

在 VB 中,工程是指用于创建一个应用程序的文件的集合。工程资源管理器窗口用于显示和管理当前工程中的窗体和模块。在默认状态下,工程资源管理器窗口是打开的,也可以通过"视图"菜单 →"工程资源管理器"命令打开该窗口。

工程资源管理器窗口由 3 部分组成,如图 1.11 所示。

1. 标题栏

标题栏用于显示当前工程文件的名称。工程文件的扩展名为". vbp"。

2. 工具栏

工具栏由 3 个按钮组成,分别有以下功能。

- "查看代码"按钮：切换到代码窗口,用于查看和编辑代码。
- "查看对象"按钮：切换到窗体窗口,用于查看和编辑正在设计的窗体。
- "切换文件夹"按钮：切换文件夹显示的方式,用于显示或隐藏文件夹。

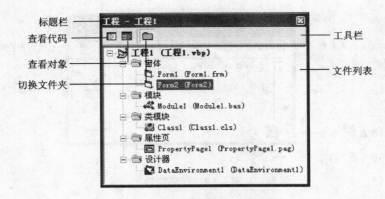

图 1.11   工程资源管理器窗口

3. 文件列表

文件列表以层次列表形式列出组成这个工程的所有文件。主要的文件类型和解释如下。

- 窗体(Form)文件:所有与此工程有关的.frm 文件。
- 模块(Module)文件:工程中所有的.bas 模块。
- 类模块(Class Module):工程中所有的.cls 文件。
- 用户控件(User Control):工程中所有的用户控件。
- 用户文档(User Document):工程中所有的文档,即.dob 文件。
- 属性页(Property Page):工程中所有的属性页,即.pag 文件。

从图 1.11 中可以看出,文件列表中的每一项都由两部分组成。括号外边的部分表示该文件在应用程序内部编写代码时使用的名称。括号内的部分表示该文件保存在磁盘上的文件名,其中有扩展名的,如 Form1.frm,表示已保存过;而无扩展名的,如 Form2,表示还未保存过。

1.3.9   代码(Code)窗口

代码窗口又称为代码编辑器,是专门用来进行程序设计的,可显示和编辑程序代码。代码窗口如图 1.12 所示。

1. 打开代码窗口

打开代码窗口有多种方法:

(1)双击一个窗体或窗体中的控件;

(2)在工程资源管理器中选择一个窗体或标准模块后,单击"查看代码"按钮;

(3)选择"视图"菜单 →"代码窗口"命令;

(4)在窗体窗口内的任意位置单击鼠标右键,在上下文菜单中选择"查看代码"命令;

(5)按【F7】功能键。

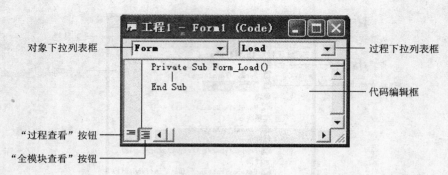

图 1.12　代码窗口

2. 代码窗口的组成

代码窗口主要由以下 5 部分组成。

（1）"对象"下拉列表框："对象"下拉列表框显示所选对象的名称。单击右边的下拉按钮,可显示此窗体中所有对象的名称。其中,窗体对象比较特殊,无论当前窗体的名称是什么,在列表中均以 Form 表示,而窗体中的控件一律用控件名称来表示。此外,"通用"表示与特定对象无关的通用代码,一般在此声明模块级变量或用户编写的自定义过程。

（2）"过程"下拉列表框："过程"下拉列表框列出了所选对象的全部事件过程名称。这些事件是按字母的顺序来排列的,对于不同的对象,过程下拉列表框中显示的事件过程是不同的。当选择了一个对象的某个事件后,相关的事件过程模板就会显示在代码窗口中。其中,"声明"表示模块级变量的声明。

（3）代码编辑框:用于输入及编辑程序代码。

（4）"过程查看"按钮:单击该按钮时,代码编辑框中只能显示所选的一个过程的代码。

（5）"全模块查看"按钮:单击该按钮时,代码编辑框中显示本窗体（模块）中全部过程的代码。

1.3.10　立即（Immediate）窗口

立即窗口是为调试应用程序提供的,用户可直接在该窗口利用 Print 方法或在程序中用 Debug. Print 显示表达式的值。可以通过"视图"菜单 →"立即窗口"命令打开该窗口。立即窗口、本地窗口、监视窗口都是为调试应用程序提供的,它们只在集成环境之中运行应用程序时才有效。

1.3.11　窗体布局（Form Layout）窗口

"窗体布局"窗口如图 1.13 所示。"窗体布局"窗口中有一个模拟的显示器,用来布置应用程序中各窗体的位置,使用鼠标拖曳"窗体布局"窗口中的小窗体图标,可方便地调整程序运行时窗体显示的位置。

在"窗体布局"窗口中单击鼠标右键,在上下文菜单中选择"分辨率向导"命令,窗口中的模拟显示器上就会出现不同分辨率下的分界线,可以根据分界线来调整不同分辨率下的窗体位置。

图 1.13 "窗体布局"窗口

如果在小窗体图标上单击鼠标右键,在上下文菜单中选择"启动位置"→"屏幕中心"命令,可以直接将所选窗体的位置设置为屏幕的中心。

1.4 Visual Basic 6.0 的帮助系统

Microsoft 公司为用户提供了包括 VB 在内的近 1 GB 的联机帮助文档 MSDN。如果系统中安装了 MSDN,当遇到问题时就可以随时使用它。通常情况下,可利用以下两种方法使用 MSDN 提供的 VB 联机帮助。

1. 使用"帮助"菜单

选择"帮助"菜单 →"内容"或"索引"或"搜索"命令,都能打开 MSDN Library 窗口(如图 1.14 所示)。

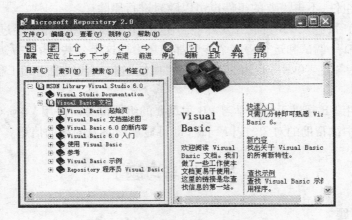

图 1.14 MSDN Library 帮助窗口

该窗口提供了"目录"、"索引"、"搜索"和"书签"4 张选项卡,可从不同的角度查看有关的信息。使用这 4 张选项卡的操作方法基本相似,键入要查找的关键字或单词,可以快速获得需要的帮助信息。

窗口中有些带下画线的超链接文字,单击这些文字,可以获得进一步的解释和说明,或链接到其他主题和网页。

2. 上下文相关帮助

上下文相关意味着不必通过菜单操作就可以直接获得有关部分的帮助。选中需要帮助的对象,然后按【F1】键,就可以快速获得当前对象的帮助信息。

　　要获得最新版的 MSDN,还可以访问"http://www. microsoft. com/china/msdn"。

本章小结

　　VB 是美国 Microsoft 公司推出的一款可视化的、面向对象和采用事件驱动方式的结构化程序设计开发工具。自从 1991 年 VB 1.0 版本问世以来,先后出现了 VB 2.0、VB 3.0、VB 4.0、VB 5.0、VB 6.0、VB. NET、VB. NET 2003、VB 2005 等版本。

　　VB 是目前在 Windows 平台上广泛使用的应用程序开发工具之一,VB 编程的主要特点是可视化、面向对象和事件驱动。

　　VB 6.0 有 3 种版本:学习版、专业版和企业版。学习版是一个入门的版本,主要针对初学的编程人员;专业版是为专业编程人员提供的,它包括了一整套功能完备的开发工具;企业版是为专业编程人员开发功能更强大的分布式、高性能的客户机/服务器应用程序而设计的。

　　VB 的安装方法与其他 Windows 风格的应用程序的安装方法相似,但不同的是,VB 6.0 有一套独立的帮助系统 MSDN Library,存储在 2 张 CD 盘中,需要单独安装才可以在 VB 6.0 中使用帮助功能。安装 VB 6.0 时有些组件如果没有安装,可以在需要时添加该组件,不再需要的组件也可以随时进行删除。

　　VB 启动后,进入 VB 集成开发环境。使用 VB 开发应用程序要经过的界面设计、代码编写、编译、调试和运行等多个步骤都能集中在这个公共环境中完成。对于初学者来说,主要掌握菜单栏、工具栏、工具箱、"属性"窗口、代码窗口和工程资源管理器窗口的使用。

　　学会使用 VB 帮助系统是学习 VB 很重要的组成部分。使用 VB 6.0 帮助最方便的方法是选中欲帮助的对象,按【F1】键,即可显示该对象的帮助信息。

思考题与习题 1

一、选择题

1. "Visual"的意思是＿＿＿＿＿＿。

A. 可见的　　　　　B. 可视化的　　　　　C. 虚拟的　　　　　D. 可用的

2. VB 6.0 的主窗口中包括＿＿＿＿＿＿。

A. 标题栏　　　　　B. 工具栏　　　　　C. 菜单栏　　　　　D. 以上三者均有

3. 使用 VB 编程,我们把工具箱中的工具称为＿＿＿＿＿＿。

A. 事件　　　　　B. 工具　　　　　C. 控件　　　　　D. 窗体

4. 在 VB 中,窗体类的名称是＿＿＿＿＿＿。

A. Window　　　　　B. Frame　　　　　C. Form　　　　　D. Label

5.VB 标题栏上显示了应用程序的_____。

A.名字   B.大小   C.位置   D.状态

6.VB 中的窗体设计器主要是用来_____。

A.建立用户界面   B.添加各种控件

C.编写程序代码   D.设计窗体布局

二、填空题

1.VB 6.0 有 3 种版本,分别为_____、_____和_____。

2.专门用来显示和编辑程序代码的窗口是_____窗口。

3.可以使用鼠标拖曳的方法调整应用程序中各窗体位置的窗口是_____窗口。

4.OOP 的含义是_____。

5.在 VB 中要获得上下文相关帮助,只需将光标定位于相应位置,然后按_____键。

三、判断题

1.VB 是一种面向对象的程序设计语言。(   )

2.通常情况下,主窗体中只显示标准工具栏,其他工具栏可通过"视图"菜单中的"工具栏"命令打开。(   )

3.处于设计状态的窗体由网格点构成,网格点的间距是固定的,不可以改变。(   )

4.属性显示的方式有两种:一种是按字母顺序显示,一种是按分类顺序显示。(   )

四、简答题

1.VB 的基本特点是什么?

2.如何启动和退出 VB?

3.VB 6.0 集成开发环境由哪些部分组成?

4.如何使用 MSDN Library 联机帮助?

实验1　熟悉 Visual Basic 6.0 集成开发环境

一、实验目的

(1)掌握 VB 6.0 帮助系统的安装;

(2)熟悉 VB 6.0 集成开发环境的组成;

(3)熟练使用 VB 6.0 的帮助系统。

二、实验内容及简要步骤

任务一:安装 Visual Basic 6.0 帮助系统

Microsoft 公司为 Visual Studio 6.0 系列产品提供了相当完善的联机帮助文档

MSDN,包括示例代码、文档、技术文章,以及 Microsoft 开发人员知识库等,大约 1 GB 的内容,存放在 2 张 CD 盘上。

简要步骤:运行第一张盘上的 Setup. exe 程序,按照安装向导的提示,可将 MSDN Library 安装到硬盘指定的路径上。

任务二: 设置 Visual Basic 6. 0 的主窗口

1. 隐藏 / 显示标准工具栏

标准工具栏是安装 VB 6. 0 后系统默认显示的工具栏,标准工具栏中包含了较常使用的一些快捷工具按钮。除标准工具栏外,还有"编辑"、"调试"、"窗体编辑器"等工具栏,可在需要时,将相应的工具栏以同样的方法显示或隐藏。

简要步骤:选择"视图"菜单 → "工具栏" → "标准"命令,可隐藏或显示标准工具栏。

2. 设置自定义工具栏

图 1.15　自定义的工具栏

用户可以把常用的工具按钮组合到一个工具栏中,比如要建立如图 1. 15 所示的"我的工具栏",就需要进行自定义工具栏的设置。

简要步骤如下。

(1)选择"视图"菜单 →"工具栏"→"自定义"命令,打开"自定义"对话框,如图 1. 16 所示。

(2)单击"新建"按钮,在打开的"新建工具栏"对话框中输入工具栏的名称,如"我的工具栏",然后单击"确定"按钮,此时会出现一个没有任何工具按钮的空的工具栏。

(3)单击"自定义"对话框中的"命令"选项卡,如图 1. 17 所示。

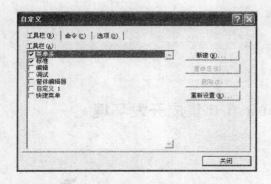

图 1.16　"自定义"对话框

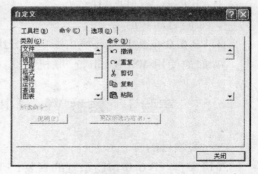

图 1.17　"自定义"对话框"命令"选项卡

在左侧选择自定义工具栏中所包含工具按钮的类别,在右侧选择该类工具中所需要的工具图标,然后按住该工具图标,将其拖放到自定义工具栏中。此时,"我的工具栏"中就会出现该工具按钮图标,如图 1. 18 所示。

（4）按照图 1.15 所示，逐个设置自定义工具栏中的各个
工具按钮。

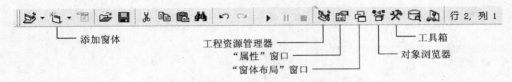

图 1.18 自定义
工具栏中的
第一个工具按钮

3. 常用窗口的打开/关闭

在进行 VB 应用程序的设计、调试及运行时，常用到属性
窗口、工程资源管理器窗口、窗体布局窗口以及工具箱窗口
等，这些窗口可根据需要进行打开或关闭。

简要步骤如下。

（1）如果要关闭某个窗口，可单击该窗口标题栏最右边的"关闭"按钮。

（2）如果要打开某个窗口，最简便的方法是单击标准工具栏上相应的工具按钮。
标准工具栏中相关的按钮如图 1.19 所示。

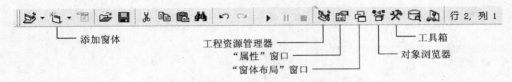

图 1.19 标准工具栏中的相关工具按钮

任务三：通过 MSDN 帮助窗口的"索引"选项卡，获得有关工具箱的帮助信息。

简要步骤如下。

（1）选择"帮助"菜单 →"索引"命令，打开 MSDN Library 窗口中的"索引"选项
卡。

（2）在"键入要查找的关键字"文本框中输入要查询的关键词"工具箱"，在下面
的列表框中找到并选中"标准控件"，然后单击"显示"按钮，则在帮助窗口的右窗格
中显示出相关的帮助信息，如图 1.20 所示。

图 1.20 "工具箱"的帮助信息

用 Visual Basic 开发应用程序

2

☞ 本章知识导引

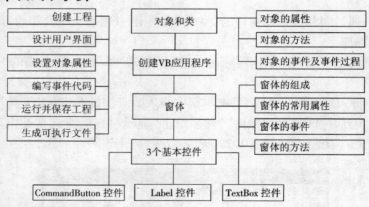

➤ 本章学习目标

本章首先介绍面向对象程序设计的概念；然后以一个简单的 Visual Basic 应用程序的开发过程为主线，对开发过程的各个环节进行简要的介绍；同时介绍 3 个最常用的控件的使用方法。通过本章的学习和上机实践，读者应该能够：

☑ 了解"对象"、"属性"、"方法"和"事件"的概念；

☑ 理解 VB 事件驱动的编程机制；

☑ 熟悉事件过程的格式；

☑ 掌握创建 VB 应用程序的步骤；

☑ 熟悉窗体的基本属性、事件和方法；

☑ 熟悉 CommandButton 控件、Label 控件、TextBox 控件的基本属性和事件。

2.1　对象的基本概念

VB 是一种面向对象的程序设计语言,其应用程序由控件对象和相应的事件过程代码组成。VB 不仅提供了大量的控件对象,而且还提供了创建自定义对象的方法和工具。在介绍 VB 面向对象程序设计之前,本节先介绍一些对象的基本概念。

2.1.1　对象

对象是面向对象程序设计的核心概念。在现实生活中对象是很常见的,比如,一个人、一辆车都是一个对象。对象是具有某些特性的具体的事物的抽象。每一个对象都具有描述其特征的属性,例如,一辆汽车具有型号、颜色等属性。

在 VB 中,控件就是最常用的对象,通过把工具箱中的控件图标拖动到当前窗体中,就能获得一个控件对象。VB 中的对象分为两大类,一类是系统设计好的,称为预定义对象,如窗体、按钮、文本框等,用户可以直接使用;另一类对象可由用户自己定义,称为用户自定义对象。

2.1.2　类

类是创建对象实例的模型,是同种对象的集合与抽象,它包含所创建对象的属性描述和行为特征的定义。只要定义了一个类,此类便是建立一个对象的依据。

类和对象的关系很密切,类是对象的抽象,而对象是类的实例,是对类的具体化的结果。例如,有两辆汽车,一辆是红色的,一辆是白色的,这两辆汽车都属于汽车类,两者通过颜色属性来区分,一个对象是红车,另一个对象是白车。

在 VB 中,工具箱中的每一个控件代表着一类对象,称为对象类。当把一个 CommandButton 命令按钮控件拖放到窗体中时,实际上就是创建了一个 Command-Button 类的实例。

2.1.3　对象的属性

每一个对象所具备的特征称为属性。对象的属性就是对象所属类的成员变量。对象的属性属于对象的数据部分,例如控件的颜色、大小、字体都是对象的属性。

在 VB 中,不同的对象所具有的属性有些是相同的,有些是不同的。大多数对象属性使用了 VB 提供的默认值,用户也可以通过以下两种方法设置对象的属性。

(1)在设计阶段通过"属性"窗口直接设置。

(2)在程序代码中通过赋值实现,其格式为:

[对象名.]属性 = 属性值

若对象是当前窗体,可省略对象名。

例如:

Command1. Caption = "确定"　'将命令按钮对象 Command1 的 Caption 属性设置为"确定"
Caption = "VB 示例界面"　'将当前窗体的 Caption 属性设置为"VB 示例界面"

> **提示：**在设计时通过"属性"窗口或运行时通过代码可以改变属性值。但有些属性只能在设计中设置，而另一些属性又只能在运行时设置。

2.1.4　对象的方法

方法是对象可执行的操作。在 VB 中，已将一些通用的过程和函数编写好并封装起来，作为方法供用户直接调用。例如，窗体有显示窗体的 Show 方法，有移动窗体的 Move 方法等。

对象方法的调用格式为：

［对象名.］方法名［参数名表］

若对象是当前窗体，可省略对象名。

例如：

Form1. Move 0,0　　　'将窗体 Form1 移动到屏幕左上角
Print "欢迎使用 VB!"　'在当前窗体上显示文字

2.1.5　对象的事件

对象所要完成的任务，即对象响应的动作称为"事件"。每个对象都有一系列预先设置好的、能够被对象识别的事件。不同的对象所能识别的事件是不同的，事件可由用户、系统事件或应用程序代码触发。

VB 中的事件可分为系统事件和用户事件两类。

（1）系统事件，是指由系统触发的事件，如窗体的 Load 事件、Initialize 事件和时钟的 Timer 事件等。

（2）用户事件，是指由用户触发的事件，如单击鼠标（Click）、双击鼠标（DblClick）事件等。

2.1.6　事件过程

当在对象上发生了某个事件时，如果对象要对这一事件有所反应，就要通过一段代码来实现。对事件进行处理的步骤就称为事件过程。VB 程序设计的主要任务就是为对象编写事件过程中的程序代码。

事件过程的格式为：

Private Sub 对象名_事件名([参数列表])
　　事件过程代码
End Sub

例如，单击命令按钮 Command1 时将中止程序的执行，对应的事件过程如下：

Private Sub Command1 _ Click( )

```
    End
End Sub
```

2.1.7 事件驱动

在传统的面向过程的应用程序中,指令代码的执行次序完全由程序本身控制,用户无法改变程序的执行流程。VB 采用的是事件驱动的编程机制,即对各个对象需要响应的事件分别编写程序代码。系统等待某个事件的发生,然后去执行此事件的事件过程代码,待事件过程执行完后,系统又处于等待某事件发生的状态。各事件的发生次序是不可预知的。这些事件可以是用户对鼠标和键盘的操作,也可以由系统内部通过时钟计时产生,甚至由程序运行或窗口操作触发产生。因此,在编写 VB 事件过程时无须考虑事件的排列顺序。

2.2 创建 VB 应用程序的步骤

用 VB 开发应用程序的一般步骤是:建立工程 → 设计界面 → 设置对象的属性 → 编写事件代码 → 运行程序 → 保存程序 → 生成可执行文件。在下面几小节中,将以一个简单的例子来说明完整的 VB 应用程序的建立过程。

【例 2.1】 编写一个 VB 应用程序,工程名为"示例 2.1",要求运行时显示一个窗体,窗体标题为"欢迎界面",窗体上有一个名为"开始"的按钮,当单击该按钮时,窗体上将显示出红色的、字体为宋体、字号为四号、加粗的"Hello VB 6.0"字样。

2.2.1 工程概述

用 VB 开发的每个应用程序都称为一个工程。工程是组成一个应用程序的所有文件的集合。在应用程序开发过程中会创建各种不同用途的文件,Visual Basic 使用工程来管理这些文件。工程中可能包括的文件有以下几种。

(1)工程文件:用于跟踪并记录工程开发过程中产生的所有部件,该文件的扩展名为. vbp。工程文件包括与该工程有关的全部文件和对象的清单,以及所设置的环境选项方面的信息。每次保存工程时,这些信息都要被更新。

(2)窗体文件:用于保存窗体设计的结果,该文件的扩展名为. frm。每个窗体都需要对应一个窗体文件。

(3)窗体数据文件:用于保存窗体控件所包含的二进制格式的属性数据,该文件的扩展名为. frx。如果窗体上控件的数据属性含有二进制值,保存窗体时,系统会自动产生一个同名. frx 文件。

(4)类模块文件:用于创建含有方法和属性的用户自己的对象,该文件的扩展名为. cls。

(5)标准模块文件:用于公共变量、对象或过程、函数的定义声明,该文件的扩展名为. bas。在一个工程中,标准模块的数量没有限制;但需要特别注意的是,标准模块中不允许包含执行语句。

（6）ActiveX 控件文件:是经过编译的 ActiveX 控件部件的文件,该文件的扩展名为. ocx。一个 ocx 文件可以包含多种类型的控件。

（7）资源文件:用于本地化一个 Visual Basic 应用程序,该文件的扩展名为. res。

除了扩展名为. vbp 的工程文件外,所有文件都可以与其他工程共享。其中,工程文件和窗体文件是最基本的文件,每个工程都必须要有这两个文件。

2.2.2　创建工程

创建一个 VB 应用程序首先要建立一个新工程。新建一个工程有 3 种方法。

1. 启动 VB 6.0 时创建

启动 VB 6.0 时,系统将显示"新建工程"对话框,在"新建"选项卡中选择"标准 EXE"图标,然后单击"打开"按钮即可。

2. 使用菜单创建

选择"文件"菜单 →"新建工程"命令,在打开的"新建工程"对话框中双击"标准 EXE"图标即可。

3. 使用工具按钮 创建

单击标准工具栏上的"添加 Standard EXE 工程"命令按钮即可。

创建工程后默认的名称为"工程 1",同时创建了该工程的默认窗体"Form1",如图 2.1 所示。

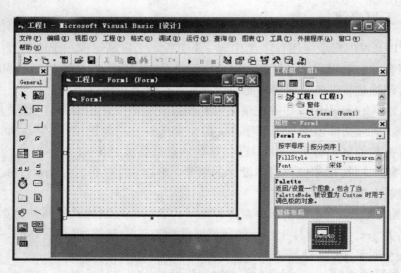

图 2.1　新建的工程

例 2.1 实现步骤一：创建工程

具体实现步骤：按照上述方法之一新建一个工程。

2.2.3 设计用户界面

1. 用户界面的特点

用户界面直接反映了该应用程序的可操作性程度，它具有下列几个特点。

（1）VB 提供给程序员的是一个被称为窗体的窗口界面，这个窗体可以充满整个屏幕，也可以是屏幕的一部分；一个屏幕上也可以出现多个窗体。

（2）在"新建工程"时，VB 显示一个空白的窗体。此时，窗体如同一张白纸，程序员可以在其上进行界面的设计工作。

（3）在设计用户界面的同时，不仅要考虑窗体设计的美观，而且还要完成应用程序的各种功能。为此 VB 中提供了各种类别的控件供用户在设计界面时使用。

（4）应用程序界面的设计最终变成了窗体上控件位置的放置及其属性的设置。

2. 在窗体上添加控件

新建工程时，系统自动创建一个窗体，在此窗体中添加工具箱中的各种控件，如标签、按钮等对象，就可以设计出所需要的用户界面。控件的添加方法有以下两种。

1）单击工具箱中的控件图标

单击工具箱中所需的控件图标，使相应的控件呈选中状态，然后将光标移到窗体上控件的初始位置，按住鼠标并拖出相应大小的矩形框，窗体中就会生成一个相应大小的控件图形。

如果要在窗体上连续建立多个相同类型的控件，可按住【Ctrl】键，再单击工具箱中的控件图标，然后释放【Ctrl】键，在窗体上拖动鼠标可画出多个控件图形。画完之后，单击工具箱中左上角处的"指针"图标 ↖ 或单击其他控件图标即可。

2）双击工具箱中的控件图标

用鼠标双击工具箱中所需的控件图标，此时窗体中央会出现一个默认大小的控件图形，然后可根据需要再移动控件或更改控件的大小。

3. 选中窗体上的控件

单击窗体上放置的控件，即选中该控件。如果要同时选中多个控件，可按住【Ctrl】键或【Shift】键再单击需要选中的多个控件；或者在窗体上用鼠标拖动出一个矩形框，则此矩形框包围的控件全部被选中。

4. 调整窗体上控件的大小

当选中窗体上的某个控件，该控件周围会出现八个小方块，利用这八个小方块可改变该控件的大小。把光标移动到任何一个小方块上，待鼠标指针变成一个双向箭头时，拖动鼠标就能改变该控件的大小了。如果要精确地设置控件的大小，可在控件的属性窗口中修改 Width 和 Height 的属性值。

5. 改变窗体上控件的位置

选中窗体上的控件,然后按住鼠标左键进行拖动,就可以改变控件在窗体上的位置。如果要精确地设置控件的位置,可在控件的"属性"窗口中修改 Top 和 Left 的属性值。Top 和 Left 属性是相对于窗体左上角的,单位是缇(twip),1 厘米 = 567 缇。

6. 复制窗体上的控件

采用复制的方法可以在同一窗体上建立多个同样大小的控件。单击工具栏中的"复制"工具按钮 🔳 或选择"编辑"菜单中的"复制"命令,然后再单击工具栏中的"粘贴"工具按钮 🔳 或选择"编辑"菜单中的"粘贴"命令,就会出现一个对话框,询问是否要创建一个控件数组,单击"否"按钮,就会在窗体的左上角出现一个与原来控件完全一致的同名新控件。在一般情况下,任意两个控件要完成的内容应该是不同的,因此在用复制命令复制完控件后,应改变新复制控件的名称。

如果在执行"粘贴"命令后出现的对话框中选择"是"按钮,则新创建的控件与原控件就构成了控件数组。所谓的控件数组是由一组类型相同的控件组成,具有共同的名称和同样的属性,它们的事件过程也是相同的,无论单击控件数组中的哪个控件,都将执行相同的过程。控件数组有一个 Index 属性,通过该属性可区分控件数组中的元素。

7. 删除控件

选中窗体上的控件,按【Delete】键或者选择"编辑"菜单中的"删除"命令,即可删除该控件。删除时一定要看准目标,一旦发现删除错误,可立即单击工具栏中的"撤销删除"工具图标 ↶ 或选择"编辑"菜单中的"撤销删除"命令,使被误删的控件复原。

8. 锁定控件

锁定控件是将窗体上所有的控件锁定在当前位置,以防止已处于理想位置上的控件因不小心而移动。选择"格式"菜单中的"锁定控件"命令,可以锁定窗体上所有控件的位置;再次选取"锁定控件"命令,就会取消锁定。

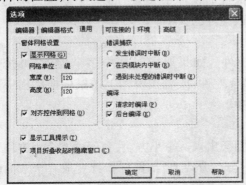

需要注意的是该功能只对当前窗体上的控件有效,而不会影响其他窗体上的控件。

9. 网格的使用

通常使用拖曳的方式很难精确地对齐控件,而利用 VB 提供的网格功能可方便地使控件自动对齐。选择"工具"菜单中的"选项"命令,在打开的"选项"对话框中选择"通用"选项卡,如图 2.2 所示。

图 2.2 "选项"对话框中的"通用"选项卡

在"窗体网格设置"区域中,选中"显示网格"和"对齐控件到网格"复选框,之后再移动控件时,控件就会被"吸引"到最近的网格上。可以根据具体的情况,在"宽度"和"高度"输入框中重新设置网格的宽度和高度,网格的单位是缇(twip)。

例 2.1 实现步骤二:设计用户界面

创建工程后,在默认创建的窗体 Form1 中添加一个命令按钮和一个标签控件,具体的操作步骤如下。

步骤 1:单击工具箱中的 CommandButton 控件图标，在窗体上画出一个 Command1 按钮图形,并拖动该按钮到如图 2.3 所示的位置。

步骤 2:单击工具箱中的 Label 控件图标 A ,在窗体上画出一个 Label 1 标签图形,并拖动该标签到如图 2.3 所示的位置。

图 2.3 例 2.1 的初始界面

2.2.4 设置对象的属性

VB 中的窗体以及添加到窗体上的控件,统称为"对象"。每一个对象都有一组属性来描述其特征。在设计界面时,系统会自动为控件对象的每个属性设置一个缺省值。例如,添加的第一个命令按钮控件的 Name 和 Caption 属性值缺省为 Command1,添加的第一个文本框控件的 Text 属性值缺省为 Text1。这样的缺省属性值往往不符合设计的要求,需要重新设置。

在程序的设计阶段,对象的属性值通常是通过"属性"窗口进行设置的。首先选中要设置属性的控件对象,然后激活"属性"窗口。激活"属性"窗口的方法有以下 3 种。

(1)选择"视图"菜单中的"属性窗口"命令。

(2)单击工具栏中的"属性窗口"工具按钮 。

(3)按【F4】键。

属性不同,设置的方式也不一样,通常有以下 3 种。

1. 直接键入新的属性值

有些属性,如 Caption、Text 等,修改时需要由用户从"属性"窗口中键入。建立对象时,系统所提供的缺省属性值通常不具有明确的意义,为了提高程序的可读性,就需要由用户通过"属性"窗口键入新的属性值。例如,要将命令按钮的 Caption 属性设置为"确定",具体操作步骤如下。

步骤 1:激活"属性"窗口。

步骤 2:选中要修改属性的那个 Command 命令按钮。

步骤 3:在属性列表中找到 Caption 属性,并在其右侧输入"确定"。

修改的属性值及修改后的按钮显示效果如图 2.4 所示。

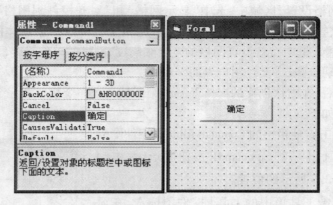

图 2.4   直接键入属性值及修改后的控件显示效果

2．选择键入新的属性值

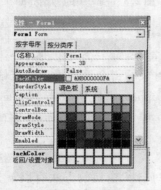

图 2.5   选择键入属性值

有些属性，如 BackColor、ForeColor 等，VB 为其提供了一个下拉列表框，用户可在下拉列表框中选择所需要的属性值。例如，要将窗体的背景色设置为浅蓝色，具体操作步骤如下。

步骤 1：激活"属性"窗口。

步骤 2：选中要修改属性的那个窗体。

步骤 3：在属性列表中找到 BackColor 属性并单击，其右端会显示一个向下的黑箭头按钮。

步骤 4：单击该按钮会打开一个调色板窗口，如图 2.5 所示。

步骤 5：选择所需要的浅蓝色块，即可设置完成。

3．利用对话框设置新的属性值

有些属性，如 Font、Picture 等，是需要通过一个对话框来对属性值进行选择设置的。例如，要改变命令按钮的标题字体，具体操作步骤如下。

步骤 1：激活"属性"窗口。

步骤 2：选中要修改属性的那个 Command 命令按钮。

步骤 3：在属性列表中找到 Font 属性并单击，其右端会显示 3 个小点的按钮，如图 2.6 所示。

步骤 4：单击该按钮，会打开"字体"对话框，如图 2.7 所示。

步骤 5：在此对话框中选择所需要的字体、字形及大小，单击"确定"按钮即可设置完成。

按图 2.7 所示的内容进行选择，修改后的按钮显示效果如图 2.8 所示。

除了在程序的设计阶段可以设置控件对象的属性，还可以在程序的运行阶段通过程序代码中的赋值语句进行属性的设置，格式如下：

图2.6　利用对话框设置属性值

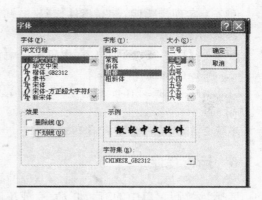

图2.7　"字体"对话框

对象名.属性名称 = 属性值

例2.1 实现步骤三:设置控件对象的属性

具体的操作步骤如下。

步骤1:选中 Form1 窗体,然后在"属性"窗口中将 Caption 属性值设置为"欢迎界面"。

步骤2:选中 Command1 按钮,然后在"属性"窗口中将 Caption 属性值设置为"开始"。

图2.8　命令按钮的标题字体改变后的效果

步骤3:选中 Label1 标签,然后在"属性"窗口中将 Caption 属性值设置为空;选择 Alignment 对齐属性值为"2-Center";选择 Font 字体属性值为字体"宋体",字形"粗体",大小"四号";选择 ForeColor 前景色为红色块。

设置后的效果如图2.9所示。

图2.9　设置对象属性后的例2.1界面

2.2.5　编写事件过程代码

用户界面设计好了之后,就需要为对象编写事件过程代码。事件过程代码要通过代码窗口进行输入和编辑。双击窗体或窗体中的控件,就可进入代码窗口,如图2.10所示。

在代码窗口左上方的对象框中显示了双击的控件对象名称,在右上方的事件框中选择相应的事件名称,此时,代码窗口中显示出事件过程的框架,即过程声明和结束语句,事件过程代码就在这两句之间输入。

图2.10　在代码窗口中编写事件过程代码

例 2.1 实现步骤四:编写事件代码

具体的操作步骤如下。

步骤 1:双击"开始"按钮,在代码窗口中输入以下代码。

```
Private Sub Command1 _ Click( )
    Label1. Caption = "Hello VB6.0"    '设置 Label1 的 Caption 属性
End Sub
```

步骤 2:输入完毕后关闭代码窗口。

2.2.6 运行程序

选择"运行"菜单中的"启动"命令,或单击工具栏中的"启动"按钮 ▶ ,或直接按 【F5】键,都可使 VB 从设计模式切换到运行模式,运行当前的应用程序。如果程序运行出错,或未能实现预计的功能,则需要进行修改调试,直到正确为止。

在运行状态下,VB 标题栏上显示"工程 1-Microsoft Visual Basic〔运行〕",此时,不能编辑或修改程序代码。

例 2.1 实现步骤五:运行程序

具体的操作步骤如下。

步骤 1:按上述方法之一运行程序,运行后的窗体如图 2.11 所示。

步骤 2:单击"开始"按钮,窗体如图 2.12 所示。

步骤 3:单击程序窗口右上角的"关闭"按钮,可关闭该应用程序。

图 2.11   运行后的例 2.1 界面

图 2.12   单击"开始"按钮
后的例 2.1 界面

2.2.7 保存程序

程序在编写过程中或运行结束后常常要将相关文件保存到磁盘中,以便今后多次使用。保存程序文件有以下几种方法。

(1)选择"文件"菜单中的"保存工程"命令。

(2)单击工具栏中的"保存工程"按钮 🖫 。

(3)使用快捷键【Ctrl + S】。

VB 将分别提示保存窗体和保存工程。第一次保存当前工程时,会弹出"文件另存为"对话框,如图 2.13 所示。在该对话框中选择保存位置,并输入窗体文件名,然后单击"保存"按钮。保存完窗体文件后出现"工程另存为"对话框,在该对话框中再输入工程文件名,然后单击"保存"按钮。如果窗体或工程保存后需要改名,可选择"文件"菜单中的"另存为"命令。

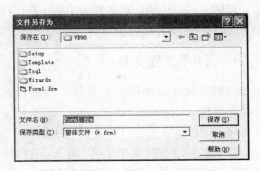

图 2.13 "文件另存为"对话框

例 2.1 实现步骤六:保存程序

具体的操作步骤如下。

步骤 1:事先在 D 盘的根目录下建立一个文件夹,名为"VB 应用程序"。本书中的所有例题都保存在这个文件夹中。

步骤 2:单击工具栏中的"保存工程"按钮 ██,打开"文件另存为"对话框。

步骤 3:在"保存在"中选择 D 盘中的"VB 应用程序"文件夹,窗体文件名可保留缺省值 Form1,也可另起一个名字,然后单击"保存"按钮。

步骤 4:在"工程另存为"对话框中,输入工程名为"示例 2.1",单击"保存"按钮。该程序保存后共生成 3 个文件,文件名及其相关说明见表 2.1。

表 2.1 示例 2.1 程序保存后生成的文件列表

文件名称	文件内容及用途
示例 2.1.frm	窗体文件,保存窗体及其控件的属性、代码
示例 2.1.vbp	工程文件,记录本工程内包含的窗体、代码模块等
示例 2.1.vbw	

2.2.8 生成可执行文件

为了使 VB 应用程序能够脱离 VB 集成开发环境而在 Windows 平台上单独运行,就需要把 VB 应用程序源代码编译成可执行文件(EXE 文件)。下面以示例 2.1 为例,简述生成可执行文件的步骤。

例 2.1 实现步骤七:生成可执行文件"示例 2.1.EXE"

具体的操作步骤如下。

步骤 1:选择"文件"菜单中的"生成示例 2.1.EXE"命令,打开"生成工程"对话框。

步骤 2:在"生成工程"对话框中选择 D 盘"VB 应用程序"文件夹,保留缺省的文件名"示例 2.1.EXE",然后单击"确定"按钮。

步骤3：关闭 VB 集成开发环境，在"VB 应用程序"文件夹中双击"示例 2.1. EXE"文件，同样可运行该程序。

2.2.9　打开工程文件

当需要从磁盘中调出某工程文件进行修改或运行该文件时，可有以下几种打开文件的方法。

（1）找到并双击要打开的工程文件。

（2）选择"文件"菜单中的"打开工程"命令，打开"打开工程"对话框，从中选择要打开的工程文件，再单击"打开"按钮。

（3）单击工具栏上的"打开工程"按钮 ，同样打开"打开工程"对话框，接下来的操作同上。

2.3　窗体的基本属性、事件和方法

窗体是用户和程序进行交互的基本平台，VB 允许用户"可视化"地设计窗体和控件，也允许在程序中添加一个或多个窗体用来为用户提供更多的信息。每个窗体都是一个对象，并包含一系列的属性、事件和方法。

2.3.1　窗体的组成

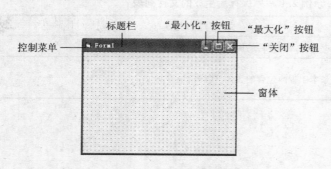

图 2.14　窗体的结构

窗体结构与 Windows 下的窗口十分相似，在程序设计阶段称为窗体，在程序运行后也可称做窗口。窗体结构如图 2.14 所示。

在窗体中，控制菜单的有无可通过 ControlBox 属性来设置，当取值为 True 时，窗体上出现控制菜单；当取值为 False 时，窗体上无控制菜单。标题栏中的标题可通过 Caption 属性来设置。"最小化"按钮和"最大化"按钮能否使用可通过 MinButton 和 MaxButton 两个属性来设置，当取值为 True 时，该按钮不能使用；当取值为 False 时，该按钮才可以使用。

2.3.2　窗体的常用属性

窗体也是一种控件对象，可由属性来定义其外观和操作，因此对窗体属性的设置是窗体设计的主要内容之一。窗体的大部分属性既可以通过"属性"窗口设置，也可以

通过程序代码设置。但有些属性只能通过程序代码设置,如 CurrentX 属性;而有些属性只能在设计阶段通过"属性"窗口设置,如 Name 属性等。窗体的常用属性见表2.2。

表2.2 窗体的常用属性

属性	使用说明
BackColor	设置窗体的背景色
BorderStyle	设置窗体的样式。该属性可设定窗体大小不可变(Fixed)或可变(Sizable)
Caption	设置窗体标题栏上显示的文本
ControlBox	确定窗体是否显示控制菜单
Enabled	确定窗体是否有效。该属性在多窗体应用程序中常用
Font	设定字体名称、样式、大小和效果
ForeColor	设置窗体中文字和图形的颜色
Height	设置窗体的高度
Icon	设定控制菜单的图标,同时也是窗体最小化时显示在任务栏上的图标
Left	设置窗体左边框到屏幕左边框的距离
MaxButton	设置"最大化"按钮是否出现在窗体上
MinButton	设置"最小化"按钮是否出现在窗体上
MousePointer	设定当鼠标指针移到控件上时鼠标指针的形状
Moveable	确定窗体是否可以移动
Name(名称)	设置窗体的名称
Picture	设置运行时窗体的背景图片
ScaleMode	设定窗体的度量单位
ShowInTaskbar	设定窗体是否出现在任务栏上
StartUpPosition	设定应用程序启动时窗体的状态
Top	设置窗体顶部到屏幕顶部的距离
Visible	设定窗体可见还是隐藏
Width	设置窗体的宽度
WindowsState	设定运行时窗口的初始化状态

下面重点介绍其中的一些属性。

1. Name(名称)属性

每个对象都具有名称属性,窗体也不例外。当首次在工程中添加窗体时,窗体的默认名称是"Form1",添加第二个窗体时,默认名称是"Form2",依次类推。不同的窗体必须具有不同的名称,建议给 Name 设置一个有意义的名称,例如给主窗体命名为 frmMain,给登录窗体命名为 frmLogin 等。Name 属性只能在设计时设置,在程序运行中只能被引用,而不能被修改。

在程序中可以用关键字 Me 来表示当前窗体。例如,要在单击窗体时,显示出当前窗体的名称,则可通过下面的事件过程实现:

```
Private Sub Form _ Click( )
    MsgBox Me. Name
End Sub
```

2. Caption 属性

该属性用于设置或读取标题栏中显示的文本内容。创建窗体时,其缺省的标题 Caption 与缺省的名称 Name 属性值相同。该属性可用程序代码设置,有以下几种形式:

```
Form1. Caption = "Hello"    '用窗体对象的名称访问其属性
Me. Caption = "Hello"       '关键词 Me 指当前窗体对象
Caption = "Hello"           '省略对象名称默认为访问当前窗体的属性
```

3. ControlBox、MinButton 和 MaxButton 属性

这 3 个属性分别用于控制窗体左上角的控制菜单及右上角的最小化按钮、最大化按钮的显示与否,其值都是逻辑值,当取值为 True 时,则显示;当取值为 False 时,则隐藏。该属性只能在设计阶段设置。

4. BorderStyle 属性

该属性用于设置窗体边框的样式,运行时不能设置或更改。该属性共有 6 个取值,其含义如表 2.3 所示。

表 2.3　BorderStyle 属性取值及其含义

属性值	对应的窗体样式
0-None	窗体无边框、无标题栏,无法移动,不能改变大小
1-Fixed Single	窗体为单线边框,有标题栏、控制菜单和"关闭"按钮,不能改变大小
2-Sizable(缺省值)	窗体为双线边框,有标题栏、控制菜单、"最小化"按钮、"最大化"按钮和"关闭"按钮,能改变大小
3-Fixed Dialog	窗体为双线边框,有标题栏、控制菜单和"关闭"按钮,不能改变大小
4-Fixed ToolWindow	窗体标题为工具栏样式,有标题栏和"关闭"按钮,不能改变大小
5-Sizable ToolWindow	窗体标题为工具栏样式,有标题栏和"关闭"按钮,能改变大小

5. BackColor 和 ForeColor 属性

BackColor 属性用于设置窗体的背景色,ForeColor 属性用于设置窗体的前景色,即显示在窗体中的文字和图形的颜色。在属性窗口中单击这两个属性右侧的下拉按钮,可选择一种颜色。此外,VB 提供了 8 个颜色常数,可在代码中直接用于设置,它们分别是:vbBlack(黑色)、vbRed(红色)、vbGreen(绿色)、vbYellow(黄色)、vbBlue

(蓝色)、vbMagenta(洋红色)、vbCyan(青色)和 vbWhite(白色)。例如：

 Form1. BackColor ＝ vbWhite '设置 Form1 窗体的背景色为白色

 Me. ForeColor ＝ vbRed '设置当前窗体的前景色为红色

6. Font 属性

该属性用于设置输出字符的字体、字体样式、大小及字体效果等。Font 本身是对象,它包括了有关字体的所有属性,如字体名称、字体大小、字体样式(如常规、粗体、斜体、粗斜体等)、字体效果(如下画线、删除线等)。

Font 属性可用一组以 Font 为前缀的属性系列表示,设计阶段和运行阶段都能设置。其中,FontName 表示字体的名称,FontSize 表示字体的大小,FontBold 、FontItalic、FontStrikethru 和 FontUnderLine 分别表示字体是否为粗体、斜体、是否带删除线和下画线。如果取值为 True,表示字体具有该属性;如果取值为 False,则表示字体不具有该属性。

7. Enabled 属性

该属性用于设定窗体能否对用户事件做出反应。其默认值为 True,表示该窗体在运行过程中是有效的;如果将该属性值设为 False,则该窗体在运行过程中是无效的,即不能响应用户对窗体的任何操作。

只有一个窗体的应用程序是不能将此属性值设为 False 的,否则程序将无法运行。

8. Visible 属性

该属性用于设置窗体是可见的还是隐藏起来的。其默认值为 True,表示该窗体在运行过程中可见;当其值为 False 时,窗体会在运行过程中隐藏起来。该属性可在代码中修改。

9. Moveable 属性

该属性用于设定窗体是否可以移动。其默认值为 True,表示窗体可以移动;当其值为 False 时,窗体不能移动。

10. Icon 属性

该属性用于设置窗体上控制菜单的图标,同时也是窗体处于最小化时显示的图标。VB 6.0 附带了许多图标,分门别类地存放在 VB 安装程序中的"Common ＼ Graphics ＼ Icons"子目录中。在"属性"窗口中单击 Icon 设置框右边的 **...**按钮,打开"加载图标"对话框,从中选择一个图标文件载入即可。

如果要在程序代码中设置该属性,需使用 LoadPicture 函数。例如,要将 d：＼ VB6.0 简体中文版 ＼ common ＼ graphics ＼ icons ＼ office ＼ graph12. ico 图标文件作为窗体 Form1 的最小化图标,需写如下的代码：

 Form1. Icon ＝ LoadPicture("d：＼VB6.0 简体中文版 ＼common ＼ graphics ＼ icons ＼ office ＼ graph12. ico")

11. Picture 属性

该属性用于设置窗体中要显示的背景图片。在"属性"窗口中单击 Picture 设置框右边的 **…** 按钮,打开"加载图标"对话框,选择一个图形文件载入即可。如果要在程序代码中设置该属性,需使用 LoadPicture 函数,方法同上。

窗体的大小不能随着装载的图片大小而自动改变,如果图片大于窗体,则大出的部分将被剪掉。

12. Left、Top、Height 和 Width 属性

这是一组描述窗体位置和尺寸的属性。Left 属性用于设置窗体的左边距屏幕左边的距离,Top 属性用于设置窗体的顶部距屏幕顶部的距离,Height 和 Width 属性用于设置窗体的高度和宽度。这 4 个属性值的缺省度量单位均为 twip。

2.3.3　窗体的事件

在 VB 中,窗体能响应的事件很多,在此只介绍最常用的几种事件。

1. Click 事件

用户在窗体上单击鼠标左键时触发 Click 事件,VB 将调用 Form _ Click 事件过程。

2. DblClick 事件

用户在窗体上双击鼠标左键时触发 DblClick 事件。

3. Load 事件

当窗体被载入工作区时触发的事件。该事件常用来在启动程序时对属性和变量进行初始化工作。

4. Unload 事件

当从内存中清除一个窗体时,由系统触发该事件。该事件常用于窗体被关闭或应用程序结束时,作必要的善后处理。

5. Activate 和 Deactivate 事件

当一个窗体成为活动窗体时触发 Activate 事件;而当另一个窗体或应用程序被激活时,该窗体就会触发 Deactivate 事件。

活动窗体的特点是标题栏呈高亮显示。窗体可通过用户的操作变成活动窗体,如用鼠标单击窗体的任何部位、在代码中使用 Show 方法或 SetFocus 方法等。

6. Resize 事件

改变窗体尺寸时触发的事件。例如,窗体被最大化、最小化或还原时均触发该事件。

2.3.4　窗体的方法

窗体作为绘图区域或容器对象,其部分方法与控件相似,在此只介绍窗体常用的几种方法。

1. Show 方法

该方法可以快速地显示一个窗体,并将该窗体设置为当前活动窗体。执行该方法时,系统将检查窗体是否装入内存,如果没有装入内存,则先装入内存再显示;如果窗体已在内存中,该方法会直接将其显示。

2. Hide 方法

该方法可以将窗体隐藏起来成为不可见,但并没有从内存中卸载。Hide 方法与 Show 方法配合常用于多窗体应用程序的窗体切换显示。

3. Print 方法

该方法用于在当前窗体上显示文本字符串和表达式的值。

4. PrintForm 方法

该方法用于在打印机上打印指定的窗体。

5. Cls 方法

该方法用于清除窗体上用 Print 方法和绘图方法在运行时生成的文本和图形,而在设计阶段使用 Picture 属性设置的背景图和放置的控件不受影响。

6. Refresh 方法

该方法用于对窗体刷新。当用户对窗体操作后,调用 Refresh 方法,可以刷新窗体,使窗体显示最新的内容。

2.4 3 种基本控件

CommandButton(命令按钮)、Label(标签)和 TextBox(文本框)是应用程序中最常用的 3 个控件,使用这 3 个控件可以实现大多数的应用程序的功能。下面将详细介绍这 3 个控件最常用的属性、事件和方法。

2.4.1 命令按钮 CommandButton

命令按钮是 VB 中最常用的控件之一,几乎每个应用程序都有命令按钮,常常用来接收用户的操作信息,激发相应的事件过程。命令按钮是用户与程序交互的最简单的方法。使用命令按钮时,通常是在它的 Click 事件中编写一段程序,当用户单击这个按钮时,就会启动这段程序,执行某一特定功能。

1. 常用属性

(1)Caption 属性:用于设置命令按钮的标题,即显示在按钮上的文本。创建第一个命令按钮时,其缺省标题为 Command1。如果要为命令按钮设置快捷键,只需在作为快捷键的字母前添加一个"&"符号。例如,要将 Command1 按钮的标题设为"开始",且在程序运行中,按下【Alt + S】与单击"开始"按钮产生的作用相等,则可在窗体装载事件中使用以下程序代码:

```
Private Sub Form _ Load( )
```

```
    Command1. Caption  = "开始(&S)"　　'设置按钮的标题为"开始",快捷键为 Alt + S
End Sub
```

（2）Font 属性：用于设置按钮上文本的字体、字形、字体大小及效果。例如，将 Command1 按钮的标题字体设置为"楷体"、字形设置为"斜体"、字体大小设置为"12"、字体效果设置为"下画线"和"删除线"，程序代码如下：

```
Private Sub Form _ Load( )
    Command1. Font. Name  = "楷体"                    '设置字体为"楷体"
    Command1. Font. Italic  = True                     '设置字形为"斜体"
    Command1. Font. Size  = "12"                       '设置字体大小为"12"
    Command1. Font. Strikethrough  = True              '设置删除线有效
    Command1. Font. Underline  = True                  '设置下画线有效
End Sub
```

程序运行后的按钮标题如图 2.15 所示。

图 2.15　按钮标题示例

（3）Enabled 属性：用于设置按钮是否可用。若值为 False 时，按钮呈灰色，表示不可用。

（4）Visible 属性：用于设置按钮是否可见。若值为 False 时，按钮不可见。这时会让人产生按钮不存在的错觉，其实按钮仍在内存中，只要将其值设为 True，按钮又会重新出现。例如，将 Command1 按钮设置为可见，但不可用，相应的程序代码如下：

```
Private Sub Form _ Load( )
    Command1. Visible  = True          '设置按钮为可见状态
    Command1. Enabled  = False         '设置按钮为不可用状态
End Sub
```

（5）Style 属性：用于设置按钮的外观样式。该属性有两种取值。

• 0-Standand：按钮为标准样式，不能在其中显示图形和设置背景颜色，这是默认值。

• 1-Graphical：按钮为图形样式，可在按钮上显示图形或设置背景颜色。

（6）Default 属性：用于确定哪个是当前窗体的缺省按钮，即按【Enter】键与单击该按钮的效果相同。该属性的默认取值为 False，当将其值设为 True 时，该按钮就成为缺省按钮。一个窗体上只能有一个命令按钮的 Default 属性被设定为 True，若将另一个按钮的 Default 属性也设为 True，则先前设定的按钮的 Default 属性值自动变为 False。

（7）Cancel 属性：用来设置按钮是否为取消按钮，即按【Esc】键与单击该按钮的效果相同。该属性的默认取值为 False，当将其值设为 True 时，该按钮就成为取消按钮。一个窗体上只能有一个取消按钮。

其他一些属性见表 2.4。

表 2.4　命令按钮的其他一些属性

属性	说明
Name（名称）	控件的标识,在程序中调用的代号,如 Command1。用户在指定控件名时最好赋予一个有意义的名字,以增强程序的可读性。每一个控件均有该属性,作用也相同,后面的控件将不再重复介绍
Picture	当 Style 属性值为 1 时,指定粘贴到按钮上的图形文件
Down Picture	当 Style 属性值为 1 时,指定按钮按下时显示的图形文件
Disable Picture	当 Style 属性值为 1 时,指定按钮无效时显示的图形文件

2.常用事件

Click 事件是使用频率最高的事件,单击控件时将触发该控件的 Click 事件,并调用 Click 事件过程代码。单击命令按钮后,也伴随着 MouseDown 和 MouseUp 事件的发生。命令按钮控件没有双击事件,如果用户双击命令按钮,系统会将每次单击分别进行处理。

命令按钮的常用事件及触发的条件见表 2.5。

表 2.5　命令按钮的常用事件

事件	触发条件
Click	鼠标单击命令按钮时发生
GetFocus	当命令按钮获得焦点时发生
LostFocus	当命令按钮失去焦点时发生
KeyDown	当命令按钮具有焦点时按下一个按键时发生
KeyUp	当命令按钮具有焦点时释放一个按键时发生
KeyPress	当用户按下和松开一个 ANSI 按钮时发生
MouseDown	当在命令按钮上按下鼠标左键时发生
MouseMove	当在命令按钮上移动鼠标时发生
MouseUp	当在命令按钮上释放鼠标左键时发生

【例 2.2】　在窗体上建立两个命令按钮,要求运行时,当用户单击下边的"设置字体"按钮时,上边的"字体样式"按钮上的标题文字就显示出事先设置好的文字效果。

操作步骤如下。

步骤 1:按图 2.16 设计用户界面。

步骤 2:按表 2.6 设置窗体和命令按钮控件的属性。

图 2.16 例 2.2 设计的用户界面

步骤 3：编写 Command1 的 Click 事件过程。代码如下：

```
Private Sub Command1 _ Click()
    Command2. Font. Name = "楷体"
    Command2. Font. Italic = True
    Command2. Font. Size = "20"
    Command2. Font. Strikethrough = True
    Command2. Font. Underline = True
End Sub
```

表 2.6 命令按钮属性初始设置

控件名称	属性	属性值
Form1	Caption	命令按钮的使用
Command1	Caption	设置字体
Command2	Caption	字体样式

步骤 4：当程序运行时，单击"设置字体"按钮，窗体显示如图 2.17 所示。

2.4.2 标签 Label A

标签控件是用来显示文本的，通常用来标识那些本身不带 Caption 属性的控件，如 Textbox、ScrollBar 等。标签不能被用户直接修改，常用来为标题、列表框、组合框等控件添加描述性的内容。标签也可以用来显示处理结果、事件进程以及帮助等信息。

图 2.17 例 2.2 运行时的窗体效果

标签控件在默认的情况下无边框，背景色与窗体默认的背景色相同，只有 Caption 属性是可见的。改变标签的 Left 属性和 Top 属性就可改变标签文字的位置。

1. 常用属性

（1）Caption 属性：用于设置标签中显示的文本内容，其值可以是一个任意的字符串。例如，要将 Label1 标签上显示的文本设为"欢迎使用 VB6.0"，可在窗体装载事件中，编写如下程序代码：

```
Private Sub Form _ Load()
    Label1. Caption = "欢迎使用 VB6.0"
End Sub
```

（2）Font 属性：用于设置标签上文本的字体、字形、字体大小及效果。设置方法同命令按钮的 Font 属性。

（3）BackColor 和 ForeColor 属性：用于设置标签的背景颜色和文本的颜色。例如，要将 Label1 标签的背景颜色设置为蓝色，标题颜色设为黄色，可在窗体装载事件中编写如下程序代码：

```
Private Sub Form _ Load( )
    Label1. BackColor = vbBlue        '设置标签的背景颜色为蓝色
    Label1. ForeColor = vbYellow      '设置标签的标题颜色为黄色
End Sub
```

（4）AutoSize 属性：该属性决定标签是否可以根据内容自动调整大小。其默认取值为 False，表示标签会保持原设计时的大小，若标签的文字太长则自动被裁剪掉；若其值为 True 时，标签会自动调整大小，若标签的文字超出标签范围，则会根据内容自动调整大小进行显示。

（5）Alignment 属性：用于设置标签中标题文字的对齐方式。默认值为 0，表示左对齐；1 表示右对齐；2 表示居中对齐。

标签的其他属性见表 2.7。

表 2.7　标签控件的其他一些属性

属性	说明
BorderStyle	设置标签是否具有边框。0 表示标签不带边框（默认值），1 表示标签带立体边框
BackStyle	设置标签的背景样式。0 表示标签透明，1 表示标签不透明（默认值）
WordWrap	设置标签内容是否能自动换行并垂直扩充。False 为默认值，表示不能自动换行；True 表示能自动换行但前提条件是 AutoSize 必须为 True，且标签内容要以空格作为换行符

【例 2.3】　设计如图 2.18 所示的界面，当单击"带边框"按钮后，标签内容以带边框的样式显示，同时按钮的标题变为"无边框"；当单击"无边框"按钮后，标签内容变为无边框的样式，同时按钮的标题又变回"带边框"。同样，当单击"透明"按钮后，标签内容以透明的方式显示，同时按钮的标题变为"不透明"；当单击"不透明"按钮后，标签内容以不透明的方式显示，同时按钮的标题又变回"透明"。

本题的操作步骤如下。

步骤 1：界面设计。在窗体中添加 1

图 2.18　标签属性设置的界面

个标签 Lbl 和 4 个大小相同的命令按钮 Cmd1～Cmd4，将 Cmd3 和 Cmd4 放置到如图

2.18 所示的位置,然后将 Cmd1 重叠放置在 Cmd3 的上方,Cmd2 重叠放置在 Cmd4 的上方。这样按钮 Cmd3 和 Cmd4 将被覆盖,在程序启动时只有按钮 Cmd1 和 Cmd2 是可见的。

步骤 2:设置属性。按表 2.8 设置窗体和各控件的属性。

表 2.8   窗体及各控件的属性设置

控件名称	属性	属性值
Form1	Caption	标签属性的设置
	Picture	D:\VB 应用程序\例 2.3\ bg1.jpg
Lbl	Caption	标签属性的设置
	Alignment	2-Center
	AutoSize	True
	BackColor	&H8000000F&(淡蓝色)
	Font	楷体,粗体,二号
	ForeColor	红色
Cmd1	Caption	带边框
Cmd2	Caption	透明
Cmd3	Caption	无边框
Cmd4	Caption	不透明

步骤 3:编写事件过程。

①单击"带边框"按钮的事件过程代码如下:

```
Private Sub Cmd1 _ Click( )
    Lbl. BorderStyle = 1              '标签带边框
    Cmd1. Visible = False            '"带边框"按钮不可见
    Cmd3. Visible = True             '"无边框"按钮可见
End Sub
```

②单击"无边框"按钮的事件过程代码如下:

```
Private Sub Cmd3 _ Click( )
    Lbl. BorderStyle = 0              '标签无边框
    Cmd1. Visible = True             '"带边框"按钮可见
    Cmd3. Visible = False            '"无边框"按钮不可见
End Sub
```

③单击"透明"按钮的事件过程代码如下:

```
Private Sub Cmd2 _ Click( )
    Lbl. BackStyle = 0               '标签透明
    Cmd2. Visible = False            '"透明"按钮不可见
```

```
    Cmd4. Visible  =  True              '"不透明"按钮可见
End Sub
```

④单击"不透明"按钮的事件过程代码如下：

```
Private Sub Cmd4 _ Click( )
    Lbl. BackStyle  =  1                ' 标签不透明
    Cmd2. Visible  =  True              ' "透明"按钮可见
    Cmd4. Visible  =  False             '"不透明"按钮不可见
End Sub
```

步骤 4：运行程序，结果如图 2.19 和图 2.20 所示。

图 2.19 标签带边框的效果   图 2.20   标签带边框且透明的效果

2. 事件和方法

一般很少使用标签的事件和方法，在此就不做介绍了，需要时请查阅相关资料。

2.4.3 文本框 TextBox ［abl］

文本框又称编辑框，是最常用的输入输出文本数据的控件。用户可在文本框中输入、编辑、修改和显示文本内容，但也可以将文本框锁定，使其变为只读。TextBox还具有多行显示、根据控件尺寸大小自动换行以及设置基本格式的功能。

TextBox 控件与 Label 控件都可以用来显示文本。但区别也是明显的。如果只需要在窗体中显示文本信息，如提示、说明等，可以使用 Label 控件；如果需要用户能够输入文本，如口令输入、选项输入等，则要使用 TextBox 控件。另外，Label 中的文本为只读文本，而 TextBox 中的文本可以进行编辑。

1. 常用属性

（1）Text 属性：用于设置或取得文本框中显示的文本内容，也可以保存程序运行时在文本框中输入的字符串。它是文本框最重要的属性，可以在设计阶段设置，也可在程序中通过代码设置。例如,将文本框 Text1 的 Text 属性设为"文本内容",可在窗体装载事件中编写如下程序代码:

```
Private Sub Form _ Load( )
    Text1 . Text = "文本内容"
End Sub
```

(2)PasswordChar 属性:用于设置密码输入时显示的字符。例如,设置为"＊"时,无论键入什么字符,文本框中一律显示"＊"号。该属性对于设置输入口令很有用。该属性值为空时对输入无影响。例如,将文本框 Text1 的输入/显示字符作加密处理,显示为"＊",可在窗体装载事件中,编写如下程序代码:

```
Private Sub Form _ Load( )
    Text1 . PasswordChar = "＊"
End Sub
```

(3)Locked 属性:用于设置文本框内容是否锁定,默认值为 False,表示允许编辑。如果将其值设为 True,则表示文本框内容为只读,不能编辑。例如,将文本框 Text1 设为内容只读,可在窗体装载事件中,编写如下程序代码:

```
Private Sub Form _ Load( )
    Text1 . Locked = True
End Sub
```

(4)MaxLength 属性:用于设置文本框内能容纳的最大字符数。其默认值为 0,表示可容纳任意多个字符;若将其设置为正整数,则输入的字符数不得超过 Maxlength 属性值,如果超出,超出部分的字符将被截去。

> **提示:** 在使用中文时要注意,每一个汉字作为一个字符处理,与以前的每个汉字作两个字符处理不同。

(5)MultiLine 属性:用于设置文本框是否可以输入多行文字。该属性的默认值是 False,表示文本框为单行格式,最多可容纳 2 048 个字符,当输入的文本超出文本框边界时,只能显示一部分文本,且不会对文本中的回车键作换行的响应;若将 MultiLine 属性值设为 True,则表示文本框可容纳多行文本,最大容量为 32 kB,当行宽超出文本框边界时,会自动换行。

(6)Scrollbars 属性:用于设置文本框中是否带有滚动条。只有当 MultiLine 属性为 True 时,Scrollbars 属性才有效。该属性有 4 种取值,其属性值及含义见表 2.9。

表 2.9　Scrollbars 属性取值及含义

属性值	说　明
0-None(缺省值)	无滚动条
1-Horizontal	有水平滚动条
2-Vertical	有垂直滚动条
3-Both	有水平和垂直滚动条

其他常用属性见表 2.10。

表 2.10　文本框的其他一些属性

属性	说　明
ForeColor	设置文本框内显示的文本颜色
Font	设置文本框内文本的字体、字形、字体大小及效果
SelStart	用于标识文本框中被选中的字符串的开始位置,第一个字符的位置为 0
SelText	用于标识文本框中被选中的字符串。此属性为只读,且仅在运行阶段有效
SelLength	用于标识文本框中被选中的字符个数。此属性为只读,且仅在运行阶段有效

【例 2.4】　设计如图 2.21 所示的界面,从"原字符串"文本框中选取子串,然后单击"截取子串"按钮,可将选取的子串复制到另一个文本框中,并将子串在原字符串中的位置及子串的长度显示在窗体上。

本题的具体操作步骤如下。

步骤 1:设计界面。在窗体中添加 6 个标签、2 个文本框和 1 个命令按钮,放置到如图 2.21 所示的位置。

步骤 2:设置属性。按表 2.11 设置窗体和各控件的属性。

表 2.11　窗体及各控件的属性设置

控件名称	属性	属性值
Lbl _ Origin	Caption	原字符串:
Lbl _ Target	Caption	选取的字串:
Lbl _ Start	Caption	起始位置:
Lbl _ Len	Caption	子串长度:
Lbl _ Start _ Value	Caption	(空)
Lbl _ Len _ Value	Caption	(空)
Txt _ String	Text	This is a string.
	MaxLength	20

续表

控件名称	属性	属性值
Txt _ SubString	Text	（空）
	MaxLength	20
Cmd _ Start	Caption	截取子串

步骤3：编写事件过程。单击"截取子串"按钮的事件过程代码如下：

```
Private Sub Cmd _ Start _ Click( )
    Txt _ SubString. Text = Txt _ String. SelText        '将选取的子串进行复制
    Lbl _ Start _ Value. Caption = Txt _ String. SelStart + 1    '显示子串在原字符串中的位置
    Lbl _ Len _ Value. Caption = Txt _ String. SelLength    '显示子串的长度
End Sub
```

步骤4：运行程序，首先选取原字符串中的"string"子串，然后单击"截取子串"按钮，结果如图 2.22 所示。

图2.21　文本框属性设置的窗体　　　　图2.22　文本框属性设置的运行结果

2. 常用事件

文本框的常用事件如表 2.12 所示。

表 2.12　文本框的常用事件

事件	触发条件
Change	当文本框的内容发生改变时发生
Click	当鼠标单击文本框时发生
DblClick	当鼠标双击文本框时发生
GerFocus	当文本框获得焦点时发生，即当光标在文本框中闪烁时，称该文本框获得了焦点
LostFocus	当文本框失去焦点时发生，即当光标离开文本框时，称该文本框失去焦点
KeyDown	当文本框具有焦点时按下一个键时发生
KeyUp	当文本框具有焦点时释放（抬起）一个键时发生

KeyPress	当用户按下并抬起一个键时发生,该事件发生的同时,也会发生 KeyDown 事件和 KeyUp 事件。这是程序中使用最多的键盘事件
MouseDown	当在文本框上按下鼠标左键时发生
MouseMove	当在文本框上移动鼠标时发生
MouseUp	当在文本框上释放鼠标左键时发生

提示:焦点是接收用户鼠标或键盘输入的能力。当对象具有焦点时,可接收用户的输入。

3. SetFocus 方法

该方法是将光标移动到指定的文本框中,使其获得焦点。这也是文本框较常使用的方法,当在窗体上建立了多个控件后,可以使用该方法把光标置于所需要的文本框中。

【例 2.5】　设计如图 2.23 所示的界面,当用户在左边的文本框中输入任意文本时,右边的文本框中会显示相同的文本。当单击"重置"按钮时,则清空两个文本框中的内容,同时,光标置于左边的文本框中。

本题的具体操作步骤如下。

步骤 1:设计界面。在窗体中添加 2 个多行文本框和 1 个命令按钮,放置到如图 2.23 所示的位置。

步骤 2:设置属性。按表 2.13 设置窗体和各控件的属性。

图 2.23　文本框的使用界面

表 2.13　窗体及各控件的属性设置

控件名称	属性	属性值
Form1	Caption	文本框的使用
Text1	Text	(空)
	MultiLine	True
	ScrollBars	2
Text2	Text	(空)
	MultiLine	True
	ScrollBars	2
	Locked	True
Cmd _ Reset	Caption	重置

步骤 3：编写事件过程。单击"重置"按钮的事件过程代码如下：

```
Private Sub Text1 _ Change( )
    Text2. Text = Text1. Text
End Sub
Private Sub Cmd _ Reset _ Click( )
    Text1. Text = ""
    Text1. SetFocus
End Sub
```

本章小结

Visual Basic 是一种面向对象的程序设计语言，所谓对象即现实生活中每个可见的实体。在 VB 中，可视化对象分为两大类，即窗体和控件。窗体就是窗口，控件是在窗体上构成用户界面的一些基本组成部件。

每个对象都具有自己的状态和行为，即属性和方法。属性用于描述对象的状态或特征；方法是指各种可在对象上进行的操作，它是对象本身所包含的过程或函数。在 VB 中，每个对象都能接受多个不同的事件，并能通过程序代码对这些事件做出响应，这体现出 VB 的事件驱动机制。在 VB 程序设计中，基本的设计机制就是改变对象的属性、使用对象的方法和为对象事件编写事件过程代码。

建立一个完整的 VB 应用程序应包括以下步骤：建立工程、设计界面、设置对象的属性、编写事件代码、运行程序、保存程序、生成可执行文件。

任何一个 VB 应用程序至少要有一个窗体。窗体是用户界面的载体，是所有控件的容器。通过窗体的属性可进行窗体的外观设计，使用 Print 方法可在窗体上输出字符串，使用 Cls 方法可清除运行时在窗体中显示的文本。窗体常用的事件有 Click、DblClick、Load、Unload、Activate、Deactivate 等。

可视化的用户界面是通过各种控件来实现的，其中最基本的和最常使用的 3 种控件是 CommandButton 命令按钮控件、Label 标签控件和 TextBox 文本框控件。CommandButton 控件常常用来接收用户的操作信息，来执行特定的代码段，完成一定的操作；Label 控件主要用来在窗体上相对固定的位置上显示文本信息；TextBox 控件用于动态地输入、编辑、修改或显示文本信息。

从本章开始，例题与习题互相呼应，在习题中要求初学者对例题进行分析和改进。通过完成习题，不但能进一步深入理解本章的基本内容，还能找出当前程序设计的不足，并对后续内容的学习提出要求。

思考题与习题 2

一、选择题

1. 窗体标题栏显示的内容是由窗体对象的_____属性决定的。

   A. BackColor   B. BackStyle   C. Text   D. Caption

   2. 窗体的边框风格是由窗体对象的_____属性来设置的。

   A. BackStyle   B. BorderStyle   C. WindowState   D. FillStyle

   3. 在代码窗口中将窗体 Form1 的标题设置为"时钟",正确的程序代码是

_____。

   A. Form1. Caption"时钟"   B. Form1. Caption = 时钟"

   C. Caption = 时钟   D. Form1. Caption ("时钟")

   4. 若要设置文本框中文字的显示颜色,则可用_____属性来实现。

   A. BackColor   B. ForeColor   C. FillColor   D. BackStyle

   5. 若使文本框中输入的密码都显示成"#"号,则应在此文本框的属性窗口中设

置_____。

   A. Caption 属性值为#   B. Text 属性值为#

   C. PasswordChar 属性值为#   D. PasswordChar 属性值为真

   6. 标签的边框风格是由_____属性决定的。

   A. BorderStyle   B. BackStyle   C. BackColor   D. AutoSize

   7. 若要使文本框中的文字成为只读,可将_____属性值设为 True。

   A. ReadOnly   B. Lock   C. Locked   D. Enabled

   8. 若要使一个命令按钮无效,则应设置其_____属性值。

   A. Visible   B. Enabled   C. Default   D. Cancel

   9. 构成对象的三要素是_____。

   A. 属性、事件、方法   B. 控件、属性、事件

   C. 窗体、控件、过程   D. 窗体、控件、事件

   10. 事件过程是指_____时所执行的代码。

   A. 运行程序   B. 使用控件   C. 设置属性   D. 响应事件

二、填空题

   1. 将标签 Label1 的字号设置为 20,实现的语句是_____。

   2. 将名称为 Cmd1 的命令按钮设置为不可用,实现的语句是_____。

   3. 若要使文本框 TextBox 的 ScrollBar 属性有效,必须将其_____属性设为

True。

   4. 若用户单击命令按钮 Command1,则此时被执行的事件过程名为_____。

   5. 扩展名为 . frm 的文件是_____文件。

   6. 扩展名为 . vbp 的文件是_____文件。

三、判断题

   1. 用于设定窗体标题栏左端的控制菜单图标的属性是 Picture。(   )

   2. 窗体的标题、风格、背景颜色等属性只能在设计时通过属性窗口设置。

(   )

3. 语句 Label1. Caption ＝ "你好" 与语句 Label1 ＝ "你好" 均可以改变标签标题，且结果完全相同。（　　）

4. 若要使命令按钮不可见，则可设置 Enabled 属性为 False 来实现。（　　）

5. 事件是 VB 预先设置好的、能够被对象识别和响应的动作。（　　）

6. VB 采用的是事件驱动的编程机制。（　　）

四、简答题

1. 命令按钮的常用属性和事件分别是什么？

2. 文本框中的 Change 事件何时发生？

3. 总结标签的 AutoSize 和 WordWrap 属性的作用。

4. Click、MouseDown 和 MouseUp 事件都是鼠标事件，它们之间有什么联系？

5. 工程包括的主要文件有哪几种？它们的主要作用是什么？

6. 如何在窗体上调整控件的位置？如何调整控件的大小？

7. 如何理解 VB 对象的属性、事件和方法？试用生活中的实例加以说明。

8. 简述创建 VB 应用程序的操作步骤。

五、程序设计题

1. 设计如图 2.24 所示的用户界面，当单击不同的按钮时，窗体背景将设置为相应的颜色。

2. 设计如图 2.25 所示的用户界面，当单击"窗体变大"按钮时，窗体的宽度和高度都增大；当单击"窗体变小"按钮时，窗体的宽度和高度都缩小；当单击"窗体右下移"或"窗体左上移"按钮时，窗体的位置随之改变。

图 2.24　改变窗体颜色的界面　　　　图 2.25　改变窗体位置和大小的界面

3. 设计如图 2.26 所示的用户界面，当在文本框中输入被加（减）数和加（减）数后，单击"加法"或"减法"的按钮，就会将结果显示在相应的文本框中。

注意：文本框中的数字都是字符串类型，且加号和字符串的连接符号相同，都是" ＋"号，所以在进行运算时，要使用 Val（ ）函数将字符串转换成数值，否则运算会出现错误。

4. 设计如图 2.27 所示的用户界面，当单击各个按钮时，会将标签中的文本进行相应的设置。具体的要求如下：

（1）初始状态"显示文本"和"变小"两个按钮不可用；

（2）当单击"变大"按钮后，标签中的文字变大，同时"变大"按钮变得不可用，而"变小"按钮可用；

（3）同理，当单击"变小"按钮后，字体变小，"变小"按钮又变得不可用，而"变大"按钮可用；

（4）当标签中有文本时，"显示文本"按钮不可用，而当标签中无文本时，"清除文本"按钮不可用。

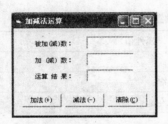

图 2.26 加减法运算的界面

图 2.27 标签文字样式的界面

实验 2 创建简单的登录程序

一、实验目的

（1）掌握 VB 程序设计的步骤及方法；

（2）熟练应用窗体的常用属性；

（3）熟练应用 CommandButton、Label 和 TextBox 这 3 种最基本的控件；

（4）初步了解 VB 程序的调试方法。

二、实验内容及简要步骤

1. 任务

创建如图 2.28 所示的登录程序，当在两个文本框中分别输入姓名和所在地后，单击"提交"按钮，则会出现如图 2.29 所示的欢迎文字；若单击"重置"按钮，则会清空欢迎文字和文本框中的文字，恢复到初始状态。

2. 设计思路及步骤

（1）新建一个工程。

（2）设计界面。在窗体中添加 3 个标签、2 个文本框和 2 个命令按钮，分别放置到如图 2.29 所示的位置。

（3）设置属性。按表 2.14 设置窗体和各控件的属性。

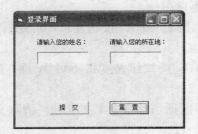
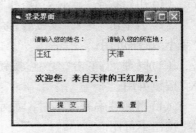

图 2.28　初始的登录界面　　　　　　图 2.29　运行后的登录界面

表 2.14　窗体及各控件的属性设置

控件名称	属性	属性值
Form1	Caption	登录界面
Lbl _ Name	Caption	请输入您的姓名：
Lbl _ City	Caption	请输入您的所在地：
Label	Caption	（空）
	Alignment	2-Center
	AutoSize	True
	Font	宋体，粗体，小四号
	ForeColor	蓝色
Txt _ Name	Text	（空）
Txt _ City	Text	（空）
Cmd _ Submit	Caption	提　交
Cmd _ Reset	Caption	重　置

（4）编写事件过程代码。

①编写"提交"按钮的 Click 事件过程，代码如下：

```
Private Sub Cmd _ Submit _ Click( )
    Label. Caption = "欢迎您，来自" + Txt _ City. Text + "的" + Txt _ Name. Text + "朋友！"
End Sub
```

此题中的"＋"号为字符串连接符号，VB 字符串要由双引号括起来。

②编写"重置"按钮的 Click 事件过程，代码如下：

```
Private Sub Cmd _ Reset _ Click( )
    Txt _ Name. Text = ""
    Txt _ City. Text = ""
    Label. Caption = ""
End Sub
```

（5）运行程序。如果运行结果不是所预期的，或出现错误提示，要单击工具栏上的"结束"工具按钮,然后检查并修改程序代码,直至运行正确。

(6)保存程序。将本实验程序的窗体保存为"Form1(实验2).frm",工程保存为"实验2.vbp"。

(7)生成可执行文件。选择"文件"菜单中的"生成实验2.exe"命令,在打开的对话框中单击"确定"按钮。

(8)脱离 Visual Basic 集成开发环境后,双击"实验2.exe"文件,观察运行是否正常。

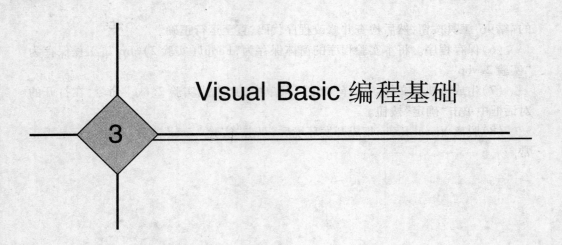

Visual Basic 编程基础

☞ 本章知识导引

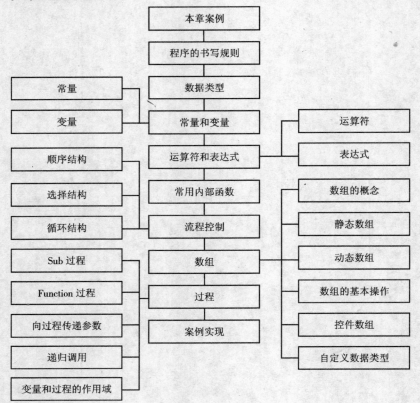

本章案例

程序的书写规则

数据类型

常量和变量

常量

变量

运算符和表达式

运算符

表达式

常用内部函数

顺序结构

选择结构

循环结构

流程控制

数组

数组的概念

静态数组

动态数组

数组的基本操作

控件数组

自定义数据类型

Sub 过程

Function 过程

向过程传递参数

递归调用

变量和过程的作用域

过程

案例实现

► 本章学习目标

通过前两章的介绍，我们已经了解了 VB 程序设计语言是一种可视化的 Windows 编程语言。本章介绍 VB 语言的基本概念、基本语句等程序设计基础知识。通过本章的学习和上机实践，读者应掌握以下内容：

☑ VB 程序的书写规则；

☑ VB 语言中数据类型、常量和变量、运算符和表达式、数组的基本知识；

☑ 一些常用的内部函数的使用；

☑ 流程控制的 3 种基本结构；

☑ 使用过程或函数进行编程。

3.1　本章案例

项目名称：简易计算器

本章案例将制作一个简易的计算器，设计界面如图 3.1 所示，运行后界面如图 3.2 所示。该计算器功能与一般计算器相差不大，可以进行四则运算，当按下 O 键时，转换为八进制数；当按下 H 键时，转换为十六进制数；当按下 CE 键时，上方显示区数字变为"0"，准备进行下次运算。那么，VB 的程序是怎样实现计算器应用程序功能的呢？让我们带着疑问来学习 VB 程序设计语言的编程基础知识吧！

图 3.1　简易计算器应用程序
设计界面

图 3.2　简易计算器应用
程序运行界面

3.2　程序的书写规则

任何程序设计语言的代码编写都有一定的书写规则，VB 语言也不例外，其主要编码规则如下。

1. 在 VB 代码中字母不区分大小写

（1）VB 对用户程序代码自动进行转换，对 VB 中的关键字，其首字母总被转换成大写字母，其余字母一律转换为小写字母。

（2）如果 VB 中的关键字是由多个英文单词组成的，则系统自动将每个单词的首字母转换成大写字母。

（3）对于用户自定义的变量名、过程名、函数名，VB 以第一次定义的为准，以后输入的自动转换成首次的形式。

2. VB 中的语句书写自由

（1）VB 程序由若干行组成，在同一行上可以书写一条语句或多条语句。如果多条语句写在同一行上，语句间用冒号"："隔开。例如：

Form1. width =4000：Form1. Height　=　2000　：Form1. Caption ="VisualBasic6. 0"

但为了方便阅读,通常一行写一条语句。

(2)一条语句如果在一行内写不下,VB 允许将长语句分为若干行书写,在行后加入续行符(一个空格后面跟一个下画线" _ ")将长语句分成多行。例如:

```
number(i). Top = number(i - 1). Top _
    - number(i - 1). Height - 100
```

原则上,续行符应加在运算符的前后,不应将变量名和属性名分隔在两行上,也不能在字符串表达式中用续行符来继续一行代码。

3. 在 VB 中使用注释

在程序中使用注释是提高程序可读性的很好方法,通过使用注释语句来说明自己编写某段代码的作用或声明某个变量的目的。这样做,既方便了开发者自己,也为以后阅读这些源代码的人员提供了方便。VB 中注释有 3 种方法。

(1)用 Rem 开头引导的注释行。例如:

Rem 单击清屏按钮,清除显示的数字

(2)用单引号"'"开始引导注释内容。例如:

Dim inta As Integer 　　　　　　　'声明一个整型变量 inta

(3)使用"设置/取消注释块"命令将若干语句行或文字设置为(或取消)注释块。在 VB 中,选择"视图"菜单中的"工具栏"命令,通过选择"注释块"或"删除注释块"按钮来对代码块添加或删除注释符号。

应注意的是,在同一行内,续行符之后不能加注释。

4. VB 中的关键字与标识符

(1)关键字:又称为系统保留字,是具有固定含义和使用方法的字母组合。如 Private,Sub,Caption,Print,Exp 等。关键字用来表示系统提供的标准过程、方法、属性、函数和各种运算符等。

(2)标识符:由程序开发人员定义的,用作变量名、符号常量名、函数名、过程名和控件名称等的字母组合。

VB 要求标识符必须符合以下语法规定:

(1)组成标识符的字符有 A～Z,a～z,0～9 或下画线;

(2)标识符必须是以字母或汉字开头,后跟字母、汉字、数字或下画线组成的字符串;

(3)标识符不能分行书写;

(4)关键字不能被定义为标识符。

3.3　　数据类型

计算机程序设计语言中所讲的数据与日常生活中所用到的数据有些不同。平常讲的数据都是一些数值信息,如某人年龄、身高的多少等等;计算机中的数据是表示信息的方式,它不仅能表示数值信息,还能表示如出生日期、姓名、婚否等其他类型的信息。VB 将数据分为多种不同的类型,这就是数据类型。

数据类型分为基本数据类型与用户自定义类型两大类。本节仅讲述基本数据类型,自定义数据类型见"数组"一节。

VB 具有丰富的基本数据类型。基本数据类型是系统定义好的标准数据类型,可以直接使用,分为 6 类:数值型、日期型、逻辑型、字符型、对象型和变体型。表 3.1 列出了 VB 中的基本数据类型、关键字、类型说明符、习惯前缀、存储空间大小及可表示的数值范围。

表 3.1　VB 中的基本数据类型

数据类型			关键字	类型符	前缀	存储空间大小	范围
数值型	整型数	整型	Integer	%	Int	2 个字节	−32 768 ~ +32 767
		长整型	Long	&	Lng	4 个字节	−2 147 483 648 ~ +2 147 483 647
	浮点型数	单精度型	Single	!	Sng	4 个字节	负数范围: −3.402 823 E38 ~ −1.401 298 E −45 正数范围: 1.401 298 E −45 ~ 3.402 823 E38
		双精度型	Double	#	Dbl	8 个字节	负数范围: −1.797 693 134 862 32 D308 ~ −4.940 656 458 412 47 D −324 正数范围: 4.940 656 458 412 47 D −324 ~ 1.797 693 134 862 32 D308
	货币型		Currency	@	Cur	8 个字节	−922 337 203 685 447.580 8 ~ +922 337 203 685 447.580 7
	字节型		Byte	无	Byt	1 个字节	0 ~255
日期型			Date	无	Dtm	8 个字节	00 年 1 月 1 日 ~9999 年 12 月 31 日
逻辑型			Boolean	无	Bln	2 个字节	True 或 False
对象型			Object	无	Obj		任何对象的引用
字符型			String	$	Str	与字符串长度有关	0 到 65 535 个字符
变体型			Variant	无	Vnt	根据需要分配	

1. 数值(Numeric)数据类型

数值数据类型有整型(Integer)、长整型(Long)、单精度型(Single)、双精度型(Double)、货币型(Currency)和字节型(Byte)。

（1）整型（Integer）和长整型（Long）用于保存整数。它可以是正整数、负整数或者0。整型数在计算机中用2个字节存储，可表示数值范围为 $-32\,768 \sim +32\,767$，在 VB 中数尾常加"%"表示整型数据，也可省略，如 $-34,78\%$；长整型数在计算机中用4个字节存储，可表示数值范围为 $-2\,147\,483\,648 \sim +2\,147\,483\,647$，在 VB 中数尾常加"&"表示长整型数据，也可省略，如 $-334\&,67\,785\,649$。整型数运算速度快、精确，但表示数的范围小。

（2）单精度浮点型（Single）用来表示带有小数部分的实数。在计算机中用4个字节存储，可表示数的范围为 $\pm 1.40 \times 10^{-45} \sim \pm 3.40 \times 10^{38}$。单精度浮点数最多有7位有效数字，如果整数部分的绝对值大于 999 999，那么该数将用科学记数法表示：

$$\pm aE \pm c \text{ 或 } \pm ae \pm c$$

其中，a 为数字，可以是整数，也可以是浮点数；E（或 e）表示该数为单精度数；+、-则表示数是正数还是负数；c 为 10 的指数值。例如：

$1.234E+4$ 表示 1.234×10^4

-3.456 表示 -3.456×10^0

如果某个数的有效数字位数超过7位，当把它赋给一个单精度变量时，超出的部分会自动四舍五入。

在 VB 中数尾常加"!"表示单精度数据，也可省略，如 $-234.78,45.56!,267e+3,-2.89E-2$。

（3）双精度浮点型（Double）与单精度数类似，用来表示更大范围的实数。在计算机中，每个双精度浮点数用8个字节存储。双精度浮点数的科学记数法格式与单精度浮点数类似，只是把 E（或 e）换为 D（或 d）：

$$\pm aD \pm c \text{ 或 } \pm ad \pm c$$

例如 $314.159\,265\,358\,979D-2$ 表示 $3.14\,159\,265\,358\,979$。双精度浮点数最多可有15位有效数字。

在 VB 中数尾常加"#"表示双精度数据，也可省略，如 $-374.778\#,5.678D+2,-2.67d+3\#$。

（4）货币型（Currency）是一种专门为处理货币而设计的数据类型，是一种特殊的小数，保留小数点右边4位和小数点左边15位。货币型数据的范围为 $-922\,337\,203\,685\,477.580\,8 \sim +922\,337\,203\,685\,477.580\,7$，在计算机中用8个字节存储。如果变量已定义为货币型，且赋值的小数点后超过4位，那么超过的部分自动四舍五入。例如，将 3.121 25 赋给货币型变量 aa，在内存中 aa 的实际值是 3.121 3。在 VB 中数尾常加"@"表示货币型数据，如 3.4@ ,565@ 。

（5）字节型（Byte）用来存储二进制数。如果变量包含二进制数，则将它声明为 Byte 数据类型。因为 Byte 是从 0~255 的无符号类型，所以不能表示负数。

2. 日期(Date)数据类型

日期型数据在计算机中按 8 个字节的浮点数存储,用来表示从公元 00 年 1 月 1 日至公元 9999 年 12 月 31 日的日期,时间范围则从 0 点 0 分 0 秒至 23 点 59 分 59 秒即 0:00:00 ~ 23:59:59。其表示方法有两种:一种是任何可以作为日期和时间的字符被"#"符号括起来时,都是日期型数值;另一种是以数字序列表示。例如#03/10/2002#、#2002 - 03 - 10#、#March 1,2000#、#2000 - 3 - 15 13:30:15#等都是合法的日期型数据。

当以数字序列表示时,小数点左边的数字代表日期(Date),小数点右边的数字代表时间(Time)。其中,"0"为午夜 0 点、"0.5"为中午 12 点;负数代表 1899 年 12 月 31 日之前的日期和时间。

3. 逻辑(Boolean)数据类型

逻辑数据类型用于逻辑判断,只有两个值"真"(True)和"假"(False)。若变量的值是"true/false","yes/no","on/off"信息,则可将它声明为 Boolean 类型。Boolean 的默认值为 False。当把逻辑数据转换成整型数据时,"真"转换为 - 1,"假"转换为 0;当把其他类型数据转换为逻辑数据时,非 0 数转换为"真",0 转换为"假"。

4. 字符(String)数据类型

字符型数据是一组由计算机字符组成的序列,每个字符都以 ASCII 编码表示,在计算机中,一个字符占用一个字节。在 VB 中,字符串要用双引号括起来。例如,"Visual Basic"、"中国天津"、"123.456"等都是合法的字符串。VB 中有两种字符串:变长字符串和定长字符串,其中变长字符串的最大长度为 $2^{31} - 1$ 个字符,定长字符串的最大长度为 65 535 个字符。

5. 对象(Object)数据类型

对象数据用 4 个字节来存储,该 32 位地址可以引用应用程序中的对象,可以指定一个被声明为对象的变量去引用应用程序中别的任何实际对象。该数据类型在 VB 的较高层次编程中使用。

6. 变体(Variant)数据类型

变体(Variant)型数据是一种通用的、可变的数据类型,它可以代表上述任何一个数据类型。在 VB 中所有未定义而直接使用的变量默认的数据类型均为变体型。

3.4　常量和变量

3.3 节介绍了 VB 中使用的数据类型。在程序中,不同类型的数据既可以常量的形式出现,也可以变量的形式出现。常量是指在整个应用程序运行期间值不会发生变化的量;而变量则是指在整个应用程序运行期间值可能发生变化的量,它代表内存中指定的存储单元。

3.4.1　常量

VB 使用的常量可分为直接常量和符号常量两种。常量的数据类型可以是数值型、日期型、字符串型、逻辑型等数据类型。

1. 直接常量

直接常量是指在程序中直接给出的数值、字符串、日期等具体的数据值，如表 3.2 所示。

表 3.2　直接常量举例

数据类型	数据值
整型常量	5，-6，200，123，68，-8
长整型常量	10 000，-1 234 567，123 456
单精度型常量	1.234 5，1.23E5，1.2E-4，2.563
双精度型常量	2.123 456 789，2.12D5，2.1D-4
字符型常量	"ABCD"，"1234"，"程序设计"
日期型常量	#2007/8/12#，#August 11 2007#
逻辑型常量	False，True

其中，E 是单精度数据的指数符号，1.23E5 相当于 1.23×10^5；D 是双精度数据的指数符号，2.12D5 相当于 2.12×10^5；对字符常量要用双引号括起来；对日期型常量要用字符"#"括起来，日期可以是计算机系统能识别的各种日期格式；对逻辑型常量，False 表示"假"，True 表示"真"。

在 VB 中还允许使用八进制数和十六进制数，以 &O 开头的数为八进制数，以 &H 开头的数为十六进制数，例如：

&O32，&O155，&H2F，&H2C4

2. 符号常量

在进行 VB 程序设计时，经常会遇到这样的情况：一些数据在程序中反复使用。在这种情况下，可用一个符号名来代替这个数据。这一方面可大大减少程序中的出错率，另一方面可以大幅度改进代码的可读性和可维护性。

符号常量是在程序中用符号表示的常量。符号常量可分为两大类。一类是系统内部定义的符号常量，这类常量用户随时可以使用。例如系统定义的颜色常量 vbBlack(代表黑色)，vbRed(代表红色)等。另一类符号常量是用户用 Const 语句定义的，这类常量必须先声明后才能使用。Const 语句的语法格式如下：

[Public|Private]Const <符号常量名> [As 数据类型] = <表达式>

功能:将表达式表示的数据值赋给指定的符号常量名。

有以下几点说明。

(1)关键字 Public(有"公有的、全局的"含义)为可选项,用于在标准模块的通用部分声明常量,声明的常量在所有模块中的所有过程都可以使用。

(2)关键字 Private(有"私有的、局部的"含义)为可选项,用于在模块级的通用部分声明常量,声明的常量只能在包含该声明的模块中使用。若省略 Public 和 Private,则默认为 Private。

(3)关键字 As 是可选的,用来定义常量的数据类型。常量的数据类型可以是数值型、日期型、字符串型、逻辑型等。所声明的每个常量都要使用一个单独的[As 数据类型]子句。如果在声明常量时没有指定常量的数据类型,则该常量的数据类型是最适合其表达式的数据类型。

(4)符号常量名是必需的,一般由字符(包含汉字)、数字构成,但应以字符开头。具体可参考标识符的语法规定。

(5)表达式是必需的,由直接常量、其他符号常量和算术运算符、逻辑运算符等构成。

如要在一行中声明多个常量,可以使用逗号将每个常量赋值分开。用这种方法声明常量时,如果使用了 Public 或 Private 关键字,则该关键字对本行中所有常量都有效。

注意,在给常量赋值的表达式中,不能使用变量、用户自定义的函数或 VB 的内部函数。在给常量命名时,要避免与系统内部定义的常量同名,还要避免相同的常量名表示不同的数据值,否则会发生错误。

下面给出一些符号常量声明语句的例子:

```
Const PI = 3. 1415                          '默认单精度型常量是局部的
Public Const MyStr = "Hello"                '声明公用的字符串常量
Private Const MyInt As Integer = 100        '声明局部的整型常量
Const MyStr As String = "China",MyDouble As Double = 3. 4567
'在一行中声明多个常量,一个是字符串型常量,一个是双精度型常量
```

3.4.2 变量

变量是内存中保存信息(值)的内存区域,它的内容在程序运行过程中是可变的。在 VB 中可以定义某个数据类型的变量。一旦以一种数据类型定义变量后,VB 会在内存中为其分配相应的存储空间,可以使用变量名来访问该存储空间。

1. 变量的命名规则

VB 中变量的命名遵从标识符命名原则:必须以字母或汉字开头;变量中间不能有空格;不能使用 VB 关键字,但可以在变量名中嵌入关键字,如 Double 是关键字,不能作变量名,但 MyDouble 可以作为变量名。VB 的变量不区分大小写,如 MyStr 和

MYSTR 是指同一变量。在变量命名时,最好采用一种易读、易理解的命名方式。

另外,变量命名时还有一些非强制性的原则:变量名称最好和变量在程序内的意义相关,变量的名称就像标签,不能随便乱写,最好是做到看它的名字就知道这个变量在程序中的作用;变量名中可含少量大写字母,以便在编写程序代码时,系统能及时发出校验信息;变量名不要过长,虽然原则上变量名称可以使用 255 个字符,但是一个过长的变量名不但输入不方便,在程序代码的阅读上也会造成麻烦。

2. 变量的声明

在程序中,使用变量前一般应先声明变量名及其数据类型,系统根据声明语句为变量分配存储空间,在 VB 中可以显式或隐式声明变量及其类型。

1)显式声明

所谓显式声明,就是用声明语句来定义变量的类型,以决定系统为它分配的存储单元个数以及存储数据的类型。

变量声明语句的第一种格式为:

Dim ＜变量名＞ ［As ＜类型＞］

其中,＜变量名＞是用户定义的标识符,遵循变量命名规则;［As ＜类型＞］定义被声明(变量名)的数据类型。变量的数据类型可以是表 3.1 中的类型,也可以是用户自定义的类型;省略时,则声明变量为 Variant 型。例如:

Dim Count As Integer   '声明 Count 为整型变量

Dim Sum As Single,Yn As Boolean   '声明 Sum 为单精度变量,Yn 为逻辑型变量

Dim Aa   '声明变量 Aa 是 Variant 类型变量

对于字符串变量,其类型分为变长字符串变量和定长字符串变量两种,声明变量为变长的字符串的格式为:

Dim 变量名 As String

该类变量最多可存放 2 MB 个字符。例如:

Dim str1 As String   '声明 str1 为变长字符串变量

声明变量为定长字符串的格式为:

Dim 变量名 As String * 字符数

该类变量存放字符的个数由字符数确定。例如:

Dim Str2 As String * 6   '声明 Str2 为字符串变量可存放 6 个字符

对于变量 str2,若赋予的字符数少于 6 个,则右补空格;若赋予的字符超过 6 个,则多余部分被截去。

提示:在 VB 中,1 个汉字与 1 个西文字符一样都算 1 个字,占 2 个字节,上述声明的 str2 字符串变量,表示可存放 6 个西文字符或 6 个汉字。

对于有尾符的数据类型可以采用第二种格式,那就是声明时直接在变量名后加尾符来说明数据类型,其格式为:

Dim ＜变量名＞尾符

例如：

Dim Count%   '声明 Count 为整型变量

Dim Sum!   '声明 Sum 为单精度变量

无论采用第一种格式还是第二种格式，都须注意以下问题。

（1）一条 Dim 语句可以同时声明多个变量，但每个变量必须有自己的类型声明，不能公用，变量声明之间用逗号分隔。

例如：Dim Count% ，Sum!

或   Dim Count as Integer, Sum as single

两种声明格式作用相同，声明 Count 为整型变量，Sum 为单精度变量。

若是下面的形式：

Dim   Sum, Count%

或   Dim   Sum, Count   as   Integer

定义 Count 为整型变量，而 Sum 为变体类型变量。

（2）使用声明语句说明一个变量后，VB 自动将数值类型的变量赋初值 0，将字符型或 Variant 类型变量赋空串，将逻辑型的变量赋 False，将日期型变量赋 00：00：00。

2）隐式声明

所谓隐式声明，是指在程序中直接使用了未声明的变量，该类变量默认的数据类型为 Variant 型。这样做似乎很方便，但常常因为变量名输入错误，而使程序运行结果不正确，这种类型的错误初学者又难以查找，因此应养成使用变量前先声明变量的良好习惯，以提高程序的正确性和可读性。

在 VB 中，可以强制规定每个变量都要经过显式声明才可使用。这样，当遇到一个未经声明的变量名时，就会发出错误警告。为此，可在窗体的通用声明段或标准模块的声明段中加入强制声明语句：

Option Explicit

也可以选择"工具"菜单中的"选项"命令，在弹出的对话框中选择"编辑器"选项卡，选中"要求变量声明"选项，这样 VB 系统会在新建的类模块、窗体模块或标准模块的声明中，自动加入 Option Explicit 语句。

现在介绍一下简易计算器应用程序（本章案例）中变量的声明。

（1）在"通用声明"段中声明如下：

Option Explicit

Dim Op1 , Op2   '预先输入的两个操作数

Dim firstInput As Boolean

Dim OpFlag, lastinput

（2）在 Form _ Load( )事件过程中声明：

Dim i As Integer, NumWidth As Integer

3.5 运算符和表达式

在前面两节中,已经介绍了 VB 中的数据类型、常量和变量,它们是程序要进行加工和处理的运算对象,即数据。而要对这些数据进行加工、处理和运算,还需要运算符,以表明对数据实施何种操作。由运算对象、运算符及圆括号即可组成表达式。

3.5.1 运算符

运算符是表示实现某种运算的符号。VB 中的运算符可分为算术运算符、字符运算符、关系运算符和逻辑运算符 4 类。

1. 算术运算符

算术运算符用来对数值型数据执行简单的算术运算。在 VB 中共有 8 种算术运算符,如表 3.3 所示。

表3.3 算术运算符

运算符	含义	算术运算符举例		说明	优先级
		实例	运算结果		
^	幂运算	3^3	27	进行乘方运算,3^3 是 3^3	1
−	取负	−10	−10	进行单目运算,10 取负	2
*	乘	8 * 2	16		3
/	除	5/2	2.5		3
\	整除	5\2	2	结果取商的整数部分	4
Mod	求余	5 Mod 2	1	结果是两个数相除的余数	5
+	加	10 + 2	12	" + "也可以是字符串连接符	6
−	减	5.2 − 3	2.2		6

有以下几点说明。

(1) 算术运算符中,除取负" − "是单目运算符外,其余都是双目运算符(要求有两个运算量)。

(2) 除法运算有两种。

"/":一般除法,运算结果一般为单精度数。如果操作数有一个为双精度数,则结果为双精度。如 7/3 = 2.333 333 333 333 33。

"\":整除,结果为整数。如 7\3 = 2。

(3) Mod 运算符是求两数相除后的余数。例如:

20 Mod 5   '结果为 0

(4) 参加整除和求余数的运算对象一般为整型值,当运算对象中含有小数点时,此时 VB 会自动将操作数四舍五入为整型或长整型后再进行运算。

例如,表达式 3^2 Mod 3^2\3.55 的结果为 1。

(5)算术运算符两边的操作数应为数值型。若是数字字符或逻辑型,则自动转换为数值型后再运算。例如:

30 - True   '结果是 31,逻辑型量 True 转为数值 - 1,False 转为数值 0

2. 字符串运算符

可以用字符串连接运算符"&"或" + "将两个或多个字符串连接起来,生成一个新的字符串。例如:

"ABCD" + "EFG"   '结果为:ABCDEFG

"VB"&"程序设计教程"   '结果为:VB 程序设计教程

说明:当连接符两边的操作量都为字符串时,上述两个连接符等价,它们区别如下。

+(连接运算):两个操作数均应为字符串类型。若均为数值型则进行算术运算;若一个为数字字符型,另一个为数值型,则自动将数字字符转换为数值,然后进行算术加运算;若一个为非数字字符型,另一个为数值型,则出错。

&(连接运算):两个操作数既可为字符型也可为数值型,当是数值型时,系统自动先将其转换为数字字符,然后进行连接操作。

例如:

"100" + 123   '结果为 223

"100" +"123"   '结果为 100123

"abc" + 123   '出错

"100"& 123   '结果为 100123

100 & 123   '结果为 100123

"abc"&"123"   '结果为 abc123

"abc"& 123   '结果为 abc123

注意:使用运算符"&"时,变量与运算符"&"之间应加一个空格。这是因为符号"&"还是长整型的类型定义符,如果变量与符号"&"连接在一起,VB 系统就把它作为类型定义符处理,因而就会出现语法错误。

3. 关系运算符

关系运算符都是双目运算,用来比较两个运算量之间的关系,关系表达式的运算结果为逻辑量。若关系成立,结果为 True;若关系不成立,结果为 False。

VB 提供的关系运算符如表 3.4 所示。

表 3.4　关系运算符

运算符	含义	关系运算符举例		说明
		实例	结果	
=	等于	"abc" = "ABC"	False	小写"abc"不等于大写 "ABC",所以结果为假
>	大于	(3 +5) >7	True	先计算 3 +5 =8,8 大于 7,所以结果为真

续表

运算符	含义	关系运算符举例		说明
		实例	结果	
> =	大于等于	$8 >= (10-2)$	True	或大于或等于都为真，$8 = 10-2$，所以结果为真
<	小于	$3 < 5$	True	3 小于 5，所以结果为真
< =	小于等于	$200 <= 100$	False	或小于或等于都为真，200 大于 100，所以结果为假
< >	不等于	$"a" <> "b"$	True	"a"不等于"b"，所以结果为真

关系运算的规则如下。

（1）当两个操作项均为数值型时，按数值大小比较。

（2）字符串比较，则按字符的 ASCII 码值从左到右一一比较，直到出现不同的字符为止。例如，"ABCDE" > "ABRA"，结果为 False。

（3）数值型与可转换为数值型的数据比较。例如，10 > "12"按数值比较，结果为 False。

（4）数值型与不能转换为数值型的字符型比较。例如，10 > "ab"不能比较，系统出错。

（5）日期型数据进行比较时，首先将日期看成"yyyymmdd"的八位整数，然后再按数值进行比较。

（6）常见的字符值的大小比较关系如下：

"空格" < "0" < … < "9" < "A" < … < "Z" < "a" < … < "z" < "所有汉字"

4. 逻辑运算符

逻辑运算符又称为布尔运算符，用来对逻辑型数据进行运算，其结果为 True 或 False。VB 中的逻辑运算符有 6 种，如表 3.5 所示。

表 3.5 逻辑运算符

运算符	含义	逻辑运算符举例		说明
		实例	结果	
Not	逻辑非	$Not("a" > "b")$	True	"a" > "b"为假，再进行取反运算，结果为真
And	逻辑与	$(5 >= 3) And(8 > 2)$	True	两个表达式的值都为真，结果为真
Or	逻辑或	$(3 < 2) Or(4 < 5)$	True	两个表达式的值一个为真，结果为真
Xor	逻辑异或	$(2 = 3) Xor(5 > 3)$	True	两个表达式的值一真一假，结果为真
Eqv	逻辑等于	$(12 > 8) Eqv(4 > 5)$	False	两个表达式的值一真一假，结果为假
Imp	逻辑蕴含	$(2 = 2) Imp(3 > 5)$	True	第一个表达式值为真，第二个为假，结果为真

有以下几点说明。

（1）各逻辑运算符的优先级不相同，逻辑运算符的优先级从高到低依次为：

Not→And→Or→Xor→Eqv→Imp

（2）VB 中常用的逻辑运算符是 Not、And 和 Or。它们用于将多个关系表达式进行逻辑判断。例如，数学上表示某个数在某个区域时用表达式 $10 \leqslant X < 20$，在 VB 程序中写成：

X > = 10 And X < 20

（3）参与逻辑运算的量一般都应是逻辑型数据，如果参与逻辑运算的两操作数是数值量，则以数值的二进制值逐位进行逻辑运算（0 表示 False，1 表示 True）。

3.5.2　表达式

表达式由常数、变量、函数、运算符及圆括号按一定规则组成。在上述有关运算符中所举的例子均为 VB 表达式。表达式通过运算后有一个结果，运算结果的类型由数据和运算符共同决定。

在进行数学运算时，若表达式中的运算对象具有不同的数据类型，则 VB 规定运算结果的数据类型取精度高的类型。VB 所规定的数据精度从低到高依次为：

Integer→Long→Single→Double→Currency

即若一个整数与一个单精度数相加，结果是单精度类型。但也有一些情况例外，如：单精度数（Single）和长整数（Long）运算时，结果为双精度类型（Double）。初学者若一时难以判断运算结果的数据类型，可使用 VarType 函数测试变量当前的数据类型。

如果在一个表达式中包含了前面所叙述的各种运算符号，则运算次序由运算符的优先级决定，即优先级别高的运算符先运算。优先级别相同时，从左向右依次运算。一个表达式中若同时出现多种运算符号，其运算次序（优先级）如下。

1）圆括号（）

2）算术运算

^　　　　　　　　　　　　　　　优先级高

—（负号）

*　/

Mod

+　—　　　　　　　　　　　　　优先级低

3）字符串运算

字符串运算的两个运算符（ + 、&）优先级相同。

4）关系运算

关系运算的 6 个运算符优先级相同。

5）逻辑运算

Not	优先级高
And	
Or	
Xor	
Imp	优先级低

3.6 常用内部函数

VB 函数分为两种类型：一种由系统提供，称为标准函数；另一种为程序设计者根据需要自己创建，称为自定义函数。本节先介绍标准函数，自定义函数在 3.9 节中介绍。

VB 提供了多个标准函数，程序设计者在需要时可直接使用。这里仅介绍一些常用的函数。

1. 数学函数

数学函数用于各种数学运算。常用数学函数如表 3.6 所示。

表 3.6　常用数学函数

函数名	含义	调用实例	结果
Abs(x)	取绝对值	Abs(−2.5)	2.5
Sqr(x)	平方根	Sqr(4)	2
Sin(x)	正弦值	Sin(0)	0
Cos(x)	余弦值	Cos(0)	1
Tan(x)	正切值	Tan(0)	0
Exp(x)	以 e 为底的指数函数，即 e^x	Exp(0.5)	1.649
Log(x)	以 e 为底的自然对数	Log(10)	2.3
Rnd[()]	产生随机数	Rnd()	0~1 之间的小数
Sgn(x)	符号函数	Sgn(−2.5)	−1
Int(x)	取小于或等于 x 的最大整数	Int(−3.5)	−4
Fix(x)	截尾函数	Fix(−3.5)	−3
Round(x1[,x2])	四舍五入（若省略 x2 则取整）	Round(−3.5) Round(−3.534,2)	−4 −3.53

有以下几点说明。

（1）函数名括号中的 x 代表函数的自变量。它可以是一个常数、变量、表达式或函数。

（2）三角函数 Sin、Cos、Tan 的自变量均以弧度表示，因此不能直接用角度计算。

例如,计算 Sin60°、Cos45°的函数值,在 VB 程序中应写成:

$$Sin(60 * 3.1416/180)$$
$$Cos(45 * 3.1416/180)$$

(3)Int 函数和 Fix 函数对于负数有所区别。如果 x 为负数,则 Int 函数返回一个小于等于 x 的值,Fix 为截尾函数。例如:

Int(-3.5)　　　　函数值为 -4

Fix(-3.5)　　　　函数值为 -3

(4)Rnd( )函数返回值的范围为[0,1),即小于 1 但大于或等于 0 的双精度随机数,调用时可以为 Rnd( )、Rnd 等形式。利用该函数与取整函数或截尾函数配合,可产生任意范围内的随机整数。通常用表达式 Int(Rnd * (b - a + 1)) + a 来产生[a,b]之间的随机整数,如:

Int(100 * Rnd( ))　　 '得到[0,99]之间的随机整数

Int(21 * Rnd +30)　　 '得到[30,50]之间的随机整数

Rnd( )函数的运算结果取决于称为随机种子(seed)的初始值。默认的情况下,每次运行应用程序时 VB 提供相同的种子,Rnd 函数将产生相同序列的随机数。为了每次运行时产生不同序列的随机数,可先执行 Randomize 语句。

(5)Sgn(x)为符号函数,当 x 为正数时,函数值为 1;当 x 为负数时,函数值为 -1;当 x 为 0 时,函数值为 0。

(6)四舍五入函数 Round(x1[,x2]),用来对 x1 进行按照指定的小数位数 x2 进行四舍五入运算,若省略 x2 则表示取整。

2. 字符串函数

VB 提供了大量的字符串函数,具有强大的字符串处理能力。常用的字符串函数如表 3.7 所示。

表 3.7　字符串处理函数

函数名	功能	实例	结果
Ltrim(c)	去掉字符串 c 前导空格	Ltrim("□□123")	"123"
Rtrim(c)	去掉字符串 c 后置空格	Rtrim("123□□□")	"123"
Trim(c)	去掉字符串 c 两侧的空格	Trim("□1□23□□")	"1□23"
Left(c,n)	取字符串 c 左边 n 个字符	Left("abcd",3)	"abc"
Right(c,m)	取字符串 c 右边 m 个字符	Right("abcd",2)	"cd"
Mid(c,n,m)	从字符串 c 中间第 n 个字符开始向右取 m 个字符	Mid("abcd",2,1)	"b"
Len(c)	返回字符串包含字符的个数	Len("中国 china")	7
LenB(c)	返回字符串所占的字节数	LenB("中国 china")	14
InStr([n1],c1,c2)	在字符串 c1 中从 n1 开始找字符串 c2 的位置,若省略 n1 就从头开始找,找不到为 0	InStr(2,"abcd","cd")	3

续表

| Space(n) | 产生 n 个空格的字符串 | Space(3) | "□□□" |
| String(n,c) | 产生由 n 个由 c 中第一个字符构成的字符串 | String(3, "abcdef") | "aaa" |

注:表3.7中的"□"表示空格,以下同。

有以下几点说明。

（1）字符串函数括号中的 c 可以是字符串常数、字符串变量或字符串表达式。

（2）Mid 函数中的 n 和 m 是数值表达式,n 表示子串在字符串 c 中的起始位置,m 表示子串的字符个数。若省略 m,则从 n 指定的起始位置开始一直到最后一个字符。例如:

        Mid("ABCDEFG",3,3)   函数值为"CDE"
        Mid("ABCDEFG",3)   函数值为"CDEFG"

（3）String 函数中的参数 c 可以是 ASCII 代码,也可以是字符串。若是字符串,则 String 函数值为 n 个该字符串的首字符。例如:

        String(4,97)   函数值为"aaaa"(小写字母 a 的 ASCII 代码为97)
        String(4,"abcd")   函数值亦为"aaaa"

3. 转换函数

常用的 VB 转换函数如表3.8所示。

表3.8 转换函数

函数名	功能	实例	结果
Lcase(c)	大写字母转换为小写字母	Lcase("Xyz")	"xyz"
Ucase(c)	小写字母转换为大写字母	Ucase("Xyz")	"XYZ"
Str(n)	将数值型数据 n 转换为字符型	Str(123.45)	"□123.45"
Val(c)	将字符 c 转换为数值型	Val("123.45")	123.45
Asc(c)	返回字符串 c 中第一个字符的 ASCII 码值	Asc("abcd")	97
Chr(n)	返回 ASCII 码值为 n 所对应的字符	Chr(65)	"A"

转换函数要注意以下几点。

（1）在使用 Str 函数时,当被转换的数据为正数时,符号"＋"显示为一个空格。

（2）Val 函数只转换数字形式的字符串,否则函数结果为 0。例如:

        Val("A123d")   '结果为0

（3）Chr 函数的自变量应是一个对应于可打印字符的 ASCII 代码,若不在此范围内,则函数值为一个空字符。例如:

        Chr(0)   '函数值为空

4. 日期和时间函数

常用的日期和时间函数如表3.9所示。

表 3.9　　日期和时间函数

函数	返回值类型	功能	实例	结果
Day(C|N)	Integer	返回日期,1~31 的整数	Day(#2007/8/10#)	10
Month(C|N)	Integer	返回月份,1~12 的整数	Month(#2007/8/10#)	8
Year(C|N)	Integer	返回年份	Year(#2007/8/10#)	2007
Weekday(C|N)	Integer	返回星期几	Weekday(#2007/8/10#)	1
Time[()]	Date	返回当前系统时间	Time	系统时间
Date[()]	Date	返回当前系统日期	Date	系统日期
Now	Date	返回当前系统日期和时间	Now	系统日期和时间
Hour(C|N)	Integer	返回钟点,0~23 的整数	Hour(#4:35:17PM#)	16
Minute(C|N)	Integer	返回分钟,0~59 的整数	Minute(#4:35:17PM#)	35
Second(C|N)	Integer	返回秒数,0~59 的整数	Second(#4:35:17PM#)	17

有以下几点说明。

（1）日期函数中的参数“C\|N”可以是数值表达式或字符串表达式,其中“N”表示相对于 1899 年 12 月 31 日前后的天数。

（2）除上述日期函数之外,函数 DateAdd( ) 和 DateDiff( ) 也比较有用。

①DateAdd 函数的功能为增加或减少日期。函数格式为：

DateAdd(字符串表达式,数值表达式,日期)

其中,字符串表达式是所需加上的时间间隔形式,可以是 yyyy(年)、y(一年的天数)、q(季)、m(月)、d(日)、ww(星期)、w(一周的日数)、h(时)、n(分)、s(秒)等;数值表达式是所需加上的时间间隔的具体数字,可以是正数(得到给定日期的以后日期),也可以是负数(得到给定日期的以前日期)。例如：

DateAdd("m",1,#8/13/2007#)　　'此函数为 2007 年 8 月 13 日再加上一个月,结果为 2007 - 9 - 13。

②DateDiff 函数的功能为给出指定的两个日期之间的时间间隔。函数格式为：

DateDiff(字符串表达式,日期 1,日期 2)

其中,字符串表达式与 DateAdd 中的字符串表达式相同。它用来表示日期 1 和日期 2 之间时间间隔的单位。例如：

DateDiff("d",now,#6/22/2007#)　　'此函数为计算 2007 年 6 月 22 日与当前日期之间的天数。

5. 格式化函数

格式化函数 Format( ) 可以将数值、日期、时间或字符串转换成指定的格式,并按此格式显示。格式化函数可用在 Print 方法中,或在文本框中显示数据时使用。其一般格式如下：

Format(表达式[,格式字符串])

其中,表达式是需要进行格式化的数值、日期、时间或字符表达式;格式字符串表示指定转换的格式。

1)数值格式化

数值格式化是将数值(或数值表达式的值)按指定的格式输出(显示)。常用的数值格式化符号及举例见表3.10所示。

表3.10 常用数值格式化符号及举例

符号	作用	数值表达式	格式字符串	显示结果
0	数字位。若与0对应的表达式位置上无数字,则该位显示0	1234.567	"00000.0000"	01234.5670
		1234.567	"000.00"	1234.57
#	数字位。若表达式中的数字对应于格式中的#,则显示该数字;若无数字对应于格式中的#,则不显示	1234.567	"#####.####"	1234.567
			"###.##"	1234.57
.	加小数点	1234	"0000.00"	1234.00
,	千分位	1234.567	"##,##0.0000"	1,234.5670
%	数值乘以100,加百分号	1234.567	"####.##%"	123456.7%
$	在数字前加 $	1234.567	"$###.##"	$1234.57
+	在数字前加 +	−1234.567	"+###.##"	+−1234.57
−	在数字前加 −	1234.567	"−###.##"	−1234.57
E+	用指数表示	0.1234	"0.00E+00"	1.23E−01
E−	与 E+ 相似	1234.567	".00E−00"	.12E04

说明:符号“0”或“#”的相同之处是若要显示数值表达式的整数部分位数多于格式字符串的位数,按实际数值显示;若小数部分的位数多于格式字符串的位数,按四舍五入显示。不同之处是“0”按其规定的位数显示,“#”对于整数前的0或小数后的0不显示。例如程序语句:

a = 12.345

b = 12

Print Format(a, "000.00"), Format(b,"0.00")

Print Format(a, "###.##"), Format(b,"#.##")

程序执行后结果为:012.35   12.00

12.35   12

2)日期和时间格式化

日期、时间格式化是将日期(或日期表达式的值)按指定的日期、时间格式输出(显示)。常用的日期、时间格式化符号如表3.11所示。

表 3.11　常用日期和时间格式符

符号	作用	符号	作用
d	显示某日(1~31),个位前不加 0	dd	显示某日(01~31),个位前加 0
ddd	显示星期缩写(Sun~Sat)	dddd	显示星期全名(Sunday~Saturday)
ddddd	显示完整日期(yy/mm/dd)	dddddd	显示完整长日期(yyyy 年 m 月 d 日)
w	显示星期几(星期日为1,星期六为7)	ww	显示一年中的第几个星期(1~53)
m	显示月(1~12),个位前不加 0	mm	显示月(01~12),个位前加 0
mmm	显示月缩写(Jan~Dec)	mmmm	显示月全名(January~December)
y	显示一年中的天(1~366)	yy	两位数显示年份(00~99)
yyyy	四位数显示年份(0100~9999)	q	季度数(1~4)
h	显示小时(0~23),个位前不加 0	hh	显示小时(00~23),个位前加 0
m	显示分(0~59),个位前不加 0	mm	显示分(00~59),个位前加 0
s	显示秒(0~59),个位前不加 0	ss	显示秒(00~59),个位前加 0
tttt	显示完整的时间(小时、分和秒),默认格式 hh:mm:ss	AM/PM am/pm	午前为 AM 或 am,午后为 PM 或 pm
A/P 或 a/p	中午前为 A 或 a,中午后为 P 或 p		

有以下几点说明。

(1)时间分钟的格式说明符 m、mm 与月份的说明符相同,区分的方法是:跟在 h、hh 后的为分钟,否则为月份。

(2)格式字符串中的非格式说明符如"-"、"/"、":"等按原样显示。例如:

```
Print Format(#1/1/2007#,"dd-mmm-yyyy")          输出后为 01-Jan-2007
Print  Format(#1/1/2007#,"yyyy 年 m 月 d 日")     输出后为 2007 年 1 月 1 日
Print  Format("10:50","hh:mm:ss AM/PM")          输出后为 10:50:00 AM
```

3)字符串格式化

字符串格式化是将字符串(或字符串表达式的值)按指定的格式输出(显示)。常用的字符串格式化符号如表 3.12 所示。

表 3.12　常用字符串格式化符号

符号	作用	字符串表达式	格式字符串	显示结果
<	强迫以小写显示	"HELLO"	"<"	hello
>	强迫以大写显示	"hello"	">"	HELLO
@	若与@对应的字符串位置上无字符,则显示空格	"ABCDEF"	"@@@@@@@@"	□□ABCDEF
&	若与 & 对应的字符串位置上无字符,则不显示	"ABCDEF"	"&&&&&&&&"	ABCDEF
!	强制字符位从左向右对字符串中的字符进行格式化	"ABCDEF"	"!@@@@@@@@"	ABCDEF□□

6. Shell( )函数

在 VB 中,Shell 函数的功能是调用各种能在 Windows 或 Dos 下运行的应用程序,如我们非常熟悉的 Windows 中的"记事本"、"时钟"等等。Shell 函数的格式是:

Shell("应用程序路径"[,窗口类型])

有以下两点说明。

(1)应用程序必须是扩展名为.COM,.EXE,.BAT 的可执行文件。

(2)窗口类型是一个 1~9 的整数,该数字表示应用 Shell 函数后所打开的窗口的不同风格。各数字与窗口类型的对应关系如下所示:

1,5,9——普通活动窗口

2——最小化活动窗口(缺省值)

3——最大化活动窗口

4,8——普通非活动窗口

6,7——最小化非活动窗口

例如:

a = Shell("c:\windows\notepad. exe",4)

执行该语句后,打开了"记事本"窗口,但该窗口是一非活动窗口。

3.7 流程控制

面向对象的编程采用的是事件驱动的编程机制,即程序在运行时,过程的执行顺序是由事件的触发顺序来控制的。但不管事件过程的代码是简单还是复杂,其编程思路仍遵循结构化程序设计的方法,即用流程控制语句来控制程序的执行。结构化程序设计方法有 3 种基本结构,分别是顺序结构、选择结构和循环结构。

3.7.1 顺序结构

顺序结构是 3 种基本结构中最简单的一种结构,顾名思义,顺序就是一个接一个,没有跳跃,即语句一条一条的简单排列,程序执行时也就按照书写顺序从上往下顺序执行。顺序结构只能完成最简单的任务。

顺序结构中使用的典型语句有赋值语句、输入/输出语句等。在 VB 中输入/输出可以通过文本框控件、Print 方法等实现,也可以通过使用系统提供的与用户交互的函数和过程来实现。

1. 赋值语句

用赋值语句可以把指定的值赋给某个变量或赋给对象的某个属性,赋值语句的格式有如下两种。

格式 1:变量名 = 表达式

格式 2:对象名. 属性名 = 表达式

其中"="是赋值号。格式 1 用于给变量赋值,格式 2 用于修改对象的属性值。其赋值过程是先计算右边表达式的值,再赋给左边的变量或属性。例如:

SngSum！=1.5　　　　　　　'将 1.5 赋值给单精度变量 SngSum

'给文本框 Text1 的文本属性赋值,在文本框中显示字符串"您好"

Text1. text ="您好"

'给命令按钮 Command1 的显示属性赋值,使命令按钮不可见

Command1. Visible = False

使用赋值语句应注意如下问题。

(1)赋值号左边只能是变量名,不能是常量、函数或表达式。例如,以下形式的赋值语句就是错误的:

cos(x) = y　　　　　　　'左边是函数

5 = y　　　　　　　　　'左边是常量

x + 3 = y　　　　　　　'左边是表达式

(2)赋值号和关系运算符等于号都用"="表示,但 VB 系统不会产生混淆,会根据所处的位量自动判断是何种意义的符号。也就是在条件表达式中出现的是等号,否则是赋值号。

(3)不能在同一个赋值语句中为多个变量赋值。如要对 x,y,z 3 个变量赋初值均为 1,则必须分别赋值,即:

x = 1 : y = 1 : z = 1

但若写成 x = y = z = 1 的形式,VB 在编译时,将右边两个"="作为关系运算符处理,最左边的一个"="作为赋值运算符处理。执行该语句时,先进行 y = z 比较,结果为 True(-1)。接着进行 True = 1 比较,结果为 False(0),最后将 False 赋值给 x。因此最后 3 个变量中的值都为 0。

另外,在执行赋值操作时,有时赋值号左边变量类型与右边表达式类型不一致,可分下面 4 种情况进行处理。

(1)若均为数值型,而类型不同时,强制转换成左边变量的类型。例如:

n% = 1.5　'n 为整型变量,转换时四舍五入,n 中的值为 2

(2)当变量为数值型,而表达式为数字字符串,则自动转换成数值型再赋值。当表达式中有非数字字符或是空字符串时,出现"类型不匹配"的错误。例如:

n% ="123"　　'n 中的值为 123

n% ="1a23"　'出现"类型不匹配"的错误

(3)当变量为数值型,而表达式为逻辑型数据时,VB 系统自动将 True 转换成 -1,将 False 转换成 0;反之,数值型数据赋给逻辑型变量时,VB 系统自动将非 0 转换为 True,0 转换成 False。

(4)任何非字符类型赋值给字符类型,自动转换为字符类型。

2. 用户交互的函数和过程

VB 中输入/输出的功能可以通过 InputBox 函数、MsgBox 函数和 MsgBox 过程来

实现。

1) InputBox 函数

在程序的运行过程中通过键盘提供数据,程序接收到数据后再继续运行,最后得到结果,这种提供数据的方式称为交互提供数据方式。在 VB 中可使用 InputBox 函数完成。InputBox 函数可以弹出一个对话框接收用户从键盘输入的值,其调用格式为:

变量 = InputBox(提示信息[,标题][,默认值][,x 坐标][,y 坐标])

其中各参数说明如下。

(1)"变量"是用于指定接收输入值的变量。由于该函数接收的是字符信息,如要接收数值型数据时,需要用 Val 函数将数字字符串转换成数值型数据。

(2)"提示信息"为字符串表达式,用于指明在对话框中的提示信息。当内容太多,需要多行显示时,可在字符串表达式中加回车"Chr(13)"或换行"Chr(10)"控制符。

(3)"标题"是一个字符串表达式,指明窗口标题内容,如果没有指明标题,则显示工程名。

(4)"默认值"是字符串表达式,即当出现对话框时,如果不输入内容而直接回车或单击"确定"按钮,则将这个值赋给变量。

(5)"x 坐标"与"y 坐标"是整型表达式,用于指定对话框的位置(相对于屏幕左上角),若省略,则出现在屏幕中央。

例如:x = InputBox("请输入你的住址" + Chr(10) +"请注意写完整!"),程序运行时出现对话框窗口,如图 3.3 所示。输入内容后单击"确定"按钮或按【Enter】键,输入的内容就赋给变量 x。

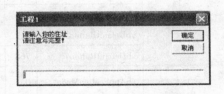

图 3.3　InputBox 应用示例

使用时注意以下几点。

(1)InputBox 函数的各项参数次序是固定的,除了"提示信息"一项不能省略外,其余各项均可省略。但要省略中间项时,必须用逗号将其位置留下。

(2)若出现对话框时单击"取消"按钮,变量得到一个空字符串。

(3)InputBox 函数返回值的数据类型为字符串。

2) MsgBox 函数

在 VB 中,除了有上述用于接收信息的 InputBox 函数之外,还有一个用于输出信息的 MsgBox 函数。MsgBox 函数可以用对话框的形式向用户输出一些必要信息,还可以让用户在对话框内进行相应的选择,然后将该选择结果传输给程序。MsgBox 函数用法如下:

MsgBox(提示信息[,按钮][,标题])

其中的参数说明如下。

(1)"提示信息"和"标题"的用法与 InputBox 函数中对应的参数相同。

（2）"按钮"是整型表达式，决定信息框按钮的数目和类型及出现在信息框上的图标类型，其设置见表3.13所示。

表3.13　"按钮"设置值及说明

类型	常量	数值	功能说明
按钮种类和数目	vbOkOnly	0	只显示"确定"按钮
	vbOkCancel	1	显示"确定"和"取消"按钮
	vbAbortRetryIgnore	2	显示"终止"、"重试"和"忽略"按钮
	vbYesNoCancel	3	显示"是"、"否"和"取消"按钮
	vbYesNo	4	显示"是"、"否"按钮
	vbRetryCancel	5	显示"重试"和"取消"按钮
图标类型	vbCritical	16	显示停止图标"×"
	vbQuestion	32	显示提问图标"?"
	vbExclamation	48	显示警告图标"!"
	vbInformation	64	显示输出信息"i"
默认按钮	vbDefaultButton1	0	第一个按钮为默认按钮
	vbDefaultButton2	256	第二个按钮为默认按钮
	vbDefaultButton3	512	第三个按钮为默认按钮
	vbDefaultButton4	768	第四个按钮为默认按钮
模式	vbApplicationModal	0	当前应用程序挂起，直到用户对信息框作出响应才继续工作
	vbSystemModal	4096	所有应用程序挂起，直到用户对信息框作出响应才继续工作

注意：在使用Button参数时，只需在以上4类中分别选出合适的数值或相应的常量，将数值直接相加或者将常量用加号连接即可得到Button参数的值。在每一类中选择不同的值会产生不同的效果，一般对于选择的值最好用常量表示，这样可以提高程序的可读性。此参数可以省略，若省略时代表值为0，只显示一个"确认"按钮，而且此按钮为默认按钮。

例如，要在消息框中显示"终止"、"重试"、"忽略"3个按钮，默认按钮为"忽略"，并在对话框中显示一条警告错误信息，可在过程中输入下面的程序段：

```
Dim Msg,Style,Title,Response
Msg ="是否继续?"                    '定义消息
Style =2 +48 +512                  '定义按钮数目和样式
Title ="MsgBox 函数示例"           '定义标题
Response = MsgBox(Msg,style,Title)  '显示消息，等待用户选择
```

运行结果如图3.4所示。

MsgBox 函数的返回值是一个整数数值,此数值的大小与用户选择的不同按钮有关。函数的返回值分别与 7 种按钮相对应,为从 1 到 7 的 7 个数值。具体对应情况如表 3.14 所示。

图 3.4   消息框

表 3.14   MsgBox 函数返回值

返回常量	返回值	被单击的按钮
VbOk	1	确定
VbCancel	2	取消
VbAbort	3	终止
VbRetry	4	重试
VbIgnore	5	忽略
VbYes	6	是
VbNo	7	否

3) MsgBox 语句

语法格式:

MsgBox 提示信息[,按钮][,标题]

MsgBox 语句中的各参数与 MsgBox 函数中的参数用法相同,由于 MsgBox 语句无返回值,因而常用于简单的信息提示。例如:

MsgBox "是否确定要删除?" _

,vbYesNo + vbInformation,"提示"

执行上面语句后,显示的信息框如图 3.5 所示。

图 3.5   MsgBox 语句

3.7.2   选择结构

选择结构是计算机科学中用来描述自然界和社会生活中分支现象的重要手段,是一种分支结构,它是结构化程序设计方法中 3 种基本控制结构之一,它所要解决的是根据条件判断结果决定程序执行的流向,因此该结构也称为判断结构。在执行选择结构时按照所指定的条件进行判断并选择其中一组语句执行。在 VB 中,实现选择结构的语句有 If 条件语句、Select Case 语句等,下面分别介绍。

1. If 条件语句

If 条件语句有多种形式:If...Then 语句(单分支结构)、If...Then...Else 语句(双分支结构)和 If...Then...ElseIf 语句(多分支结构)等。

1) If...Then 语句(单分支结构)

If 语句具有多种形式,其最简单的应用就是单分支结构,相应的流程图如图 3.6

所示。

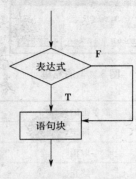

图 3.6　单分支结构

语法格式 1：

　　If < 表达式 > Then

　　语句块

　　End If

语法格式 2：

　　If < 表达式 > Then < 语句 >

功能：当条件表达式的值为"真"时，执行 Then 后面的语句或语句块；否则不执行任何操作。

有以下几点说明。

（1）表达式一般为关系表达式或逻辑表达式，也可以是算术表达式。表达式的值按非零为 True，零为 False 进行判断。

（2）语句块可以是一条或多条语句。如果使用格式 2 单行简单形式表示，则只能是一条语句，或用冒号隔开的多条语句，但这些语句必须书写在一行上。

（3）If…Then 的单行格式不用 End If 语句。

例如：已知两个变量 a 和 b，比较它们的大小，使得 a 中的值大于 b。语句如下：

```
If a < b Then
    ′a 与 b 中的值交换
    t = a
    a = b
    b = t
End If
```

或

```
If a < b Then t = a:a = b:b = t
```

2）If…Then…Else 语句（双分支结构）

用 If…Then…Else 定义两个语句块，根据条件成立与否执行其中一个语句块。

格式 1：

```
If < 表达式 > Then
    < 语句块 1 >
Else
    < 语句块 2 >
End If
```

格式 2：

```
If < 表达式 > Then < 语句 1 > Else < 语句 2 >
```

功能：当表达式的值为非零（True）时，执行 Then 后面的语句块 1（或语句 1），否则执行 Else 后面的语句块 2(或语句 2),流程图见图 3.7 所示。

说明:块结构的条件语句可以嵌套,即把一个 If...Then...Else 块放在另一个 If...Then...Else 块内。嵌套必须完全嵌套,也就是内层条件语句必须完全包含在外层条件语句之中。

例如:计算分段函数

$$y = \begin{cases} 1 + x & (x \geqslant 0) \\ 1 - 2x & (x < 0) \end{cases}$$

(1)用单分支结构实现

一句单分支语句:

y = 1 - 2 * x

If x > = 0 Then y = 1 + x

或两句单分支语句:

If x > = 0 Then y = 1 + x

If x < 0 Then y = 1 - 2 * x

(2)用双分支结构实现

If x > = 0 Then

  y = 1 + x

Else

  y = 1 - 2 * x

End If

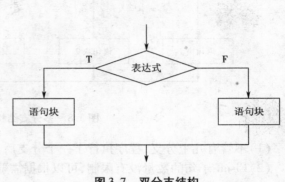

图 3.7　双分支结构

3)If...Then...ElseIf 语句(多分支结构)

上述两种 If 语句只能实现简单条件的选择,当遇到选择条件比较复杂或某条件下有较多要处理的问题时,可使用多分支 If 结构来实现,多分支 If 语句也称为块 If 语句。语法格式:

If <表达式 1> Then

  <语句块 1>

ElseIf <表达式 2> Then

  <语句块 2>

   ...

  [Else

  <语句块 n + 1>]

End If

功能:根据不同的表达式确定执行哪个语句块。过程为:如果"表达式 1"为真,即表达式值为非零,则执行"语句块 1";否则,如果"表达式 2"为真,则执行"语句块 2"……如果条件都不成立,则执行 Else 后的语句块,即"语句块 n + 1"。其流程图见图 3.8 所示。

有以下几点说明。

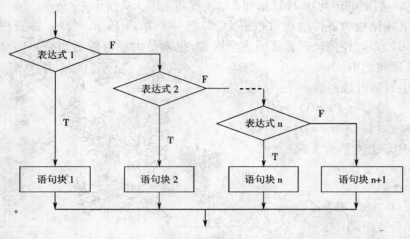

图 3.8 多分支结构

（1）不管有几个分支，程序执行了一个分支后，其余分支不再执行。

（2）ElseIf 子句的数量没有限制，可以根据需要使用任意多个 ElseIf 子句。

（3）语句中的 ElseIf 子句和 Else 子句都是可选项，如果省略这些子句，则成为单分支结构。

2. Select Case 语句

Select Case 语句的功能与 If…Then…ElseIf 语句类似，但对多重选择的情况，Select Case 语句使代码更加易读。其语法格式如下：

Select Case 测试变量或表达式

Case 表达式列表 1

　语句块 1

Case 表达式列表 2

　语句块 2

　…

　［Case Else

　语句块 n + 1］

End Select

功能：根据测试变量或表达式的值，从多个语句块中选择符合条件的一个语句块执行。执行流程如图 3.9 所示。

有以下几点说明。

（1）测试变量或表达式一般为数值表达式或字符串表达式。

（2）语句块是由一行或多行 VB 语句组成的。

（3）表达式列表与测试变量或表达式的类型必须相同，每一个表达式列表是一个或几个值的列表。如果在一个列表中有多个值，就用逗号把值隔开。表达式列表

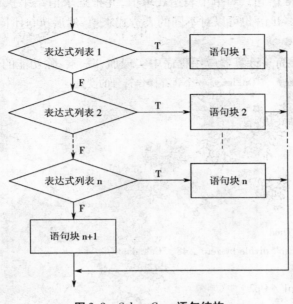

图 3.9 Select Case 语句结构

有 4 种形式。

• 一个表达式。如：

Case 1

• 一组枚举表达式，即多个表达式，表达式之间用逗号隔开。如：

Case 1,3,5,7

Case "a", "b", "c"

• 表达式 1 To 表达式 2，该形式指定某个数值范围。较小的数值放在前面，较大的数值放在后面；字符串常量则按字母的 ASCII 码顺序从低到高排列。如：

Case 1 to 10

Case "a" To "e"

• Is <关系运算符> <表达式>。如：

Case Is > = 80

Case Is < > "Y"

另外，在一个情况语句中，上述 4 种形式可以混合使用。

（4）Select Case 语句在执行时，先求测试表达式的值，然后寻找该值与哪一个 Case 子句的表达式值相匹配，找到后则执行该 Case 子句后面的语句块，之后自动转到 End Select 后的语句执行；如果没有找到与 Case 子句中的表达式相匹配的值，则执行 Case Else 子句后面的语句块，然后转到 End Select 后面的语句执行。

（5）当有多个 Case 子句的取值范围与测试表达式的值域相符时，只执行符合要求的第一个 Case 子句后的语句块。

（6）Select Case 语句只对单个表达式求值,并根据求值结果执行不同的语句块;而 If...Then...ElseIf 语句可以对不同的表达式求值,然后执行不同的操作。这是两者的主要区别。

现在我们来看简易计算器应用程序中实现加、减、乘、除功能的部分。

```
Select Case OpFlag        'OpFlag 是一个暂存操作符号的变量
    Case " + "
        Op1  =  Op1  +  Op2
    Case " - "
        Op1  =  Op1  -  Op2
    Case " × "
        Op1  =  Op1  *  Op2
    Case " ÷ "
        If Op2  =  0 Then
            MsgBox "Can't divide by zero", 48, "Calculator"
        Else
            Op1  =  Op1  /  Op2
        End If
End Select
```

3. 选择结构的嵌套

嵌套是一个控制结构内又包含另一个控制结构,选择结构的嵌套就是在一个选择结构中又包含另一个选择结构。可以有两层嵌套或多层(三层以上)嵌套。

选择结构嵌套方式有多种,常用的选择结构嵌套方式有:在 If 语句的 Then 分支和 Else 分支中可以完整地嵌套另一 If 语句或 Select Case 语句,同样 Select Case 语句每一个 Case 分支中都可以嵌套另一 If 语句或另一 Select Case 语句。下面举出两种嵌套形式。

形式 1:

```
If  <表达式 1 > Then
        ...
        If  <表达式 2 > Then
            ...
        Else
            ...
        End If
    ...
Else
    ...
    If  <表达式 3 > Then
```

```
        ...
        Else
        ...
        End If
    ...
End If
```

形式 2:

```
If <表达式 1> Then
        ...
    Select Case 测试变量或表达式
        Case ...
            If <表达式 2> Then
            ...
            Else
            ...
            End If
        ...
        Case ...
        ...
    End Select
...
End If
```

使用时注意以下几点。

（1）只要在一个分支内嵌套，不出现交叉，满足结构规则，其嵌套的形式可有很多种，嵌套层次也可以任意多。

（2）为了增强程序的可读性，书写时尽量采用锯齿形，即缩进对齐方式。

（3）If 语句形式若不在一行上书写，必须与 End If 配对。多个 If 嵌套，End If 总是与它最近的 If 配对。

4. 条件函数

IIf 和 Choose 为两个条件判断函数，前者可以代替 If 语句，后者可以代替 Select Case 语句，适用于简单的判断场合。

1）IIf 函数

格式：IIf(条件,表达式 1,表达式 2)

说明：当条件成立时，该函数返回表达式 1 的值，否则返回表达式 2 的值。

例如，求 x,y 中较大的数，并将其放入 Tmax 变量中，语句如下。

方法一（用 If 语句）：

```
If x > y Then
    Tmax = x
Else
    Tmax = y
End If
```

方法二(用 IIf 函数):

Tmax = IIf(x > y, x, y)

可见使用 IIf 函数代替双分支 If 结构,使程序更加紧凑。但要注意的是,只有当双分支结构中的两个分支是为同一个变量赋值时,才可以用 IIf 函数代替。

2)Choose 函数

格式:Choose(整数表达式,选项列表)

说明:根据整数表达式的值,决定函数返回选项列表中的某个值。如果整数表达式的值是 1,则返回选项列表中的第一个选项值;如果是 2,则返回第二个选项值,依次类推。若整数表达式的值小于 1 或大于列出的选项数时,函数返回空值(Null)。

例如,根据 Nop 的值(1～4),转换成 + 、− 、× 、÷ 四个运算符,语句如下:

Op = Choose(Nop, " + "," − "," × "," ÷ ")

当 Nop 值为 1 时,返回字符串" + ",然后放入 Op 变量中;当 Nop 值为 2 时,返回字符串" − ",依次类推。当 Nop 是 1～4 的非整数时,系统会自动使用取 Nop 的整数部分进行判断;若 Nop 的值不在 1～4 之间,函数返回 Null 值。

3.7.3　循环结构

循环结构是一种可以根据条件实现程序循环执行的控制结构,即在程序中从某处开始有规律地反复执行某一操作块(或程序块)的现象。被重复执行的该操作块(或程序块)称为循环体,循环体的执行与否及执行次数多少视循环类型与条件而定。

VB 提供了多种不同风格的循环结构语句,包括 Do...Loop 语句、While...Wend 语句、For...Next 语句、For Each...Next 语句等,以及传统的 GoTo 语句。本节主要介绍前 3 种循环结构,关于 For Each...Next 循环将在数组一节中进行讲解。

1. Do...Loop 循环

Do...Loop 循环一般用于控制循环次数未知的循环结构。此语句有两类语法形式,分别介绍如下。

1)Do while|Until... Loop 语句

格式:Do [{while|Until} <条件表达式 >]

　　　　<语句块 >

　　　　[Exit Do]

　　　　<语句块 >

Loop

有以下几点说明。

(1)条件表达式可以是一个逻辑表达式,也可以是一个关系表达式,其值应是逻辑型。

(2)当省略{while|Until} <条件表达式>子句时,即循环结构仅由 Do...Loop 关键字构成,表示无条件循环,这时在循环体内应该有 Exit Do 语句,否则为死循环。

(3)循环体中要有控制循环的语句,以免出现死循环。

(4)由于该循环的特点是先判断条件,然后再决定是否要执行循环体里的语句,所以,这种循环可以一次也不执行循环体。

对于 Do While...Loop 语句,首先判断 Do While 后面的"条件表达式"是否成立,如果成立(条件表达式值为 True),则执行循环体;执行完循环体后,再对"条件表达式"的值进行判断,以决定是否进行下一次循环;依次进行下去,当 Do While 后面的"条件表达式"不成立(条件表达式值为 False)时,则退出循环体,执行 Loop 后面的语句。其流程图如图 3.10 所示。Do Until...Loop 语句则正好相反,即当"条件表达式"不成立时执行循环体,流程图如图 3.11 所示。

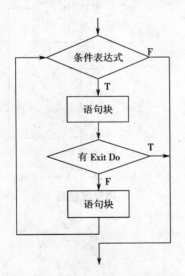

图 3.10　Do While...Loop 语句流程图

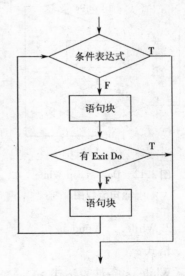

图 3.11　Do Until...Loop 语句流程图

(5)Exit Do 表示当遇到该语句时,强制退出循环,执行 Loop 后的语句。

2)Do...Loop While|Until 语句

格式:Do

　　　<语句块>

　　　[Exit Do]

<语句块 >

Loop［｛While|Until｝<条件表达式 >］

说明：Do...Loop While|Until 语句与 Do While|Until...Loop 语句常常可以进行互换，不同的是 Do...Loop While|Until 语句的执行过程为"先执行循环，后判断条件"，所以这种类型的循环至少要执行一次循环体。

对于 Do...Loop While 语句，首先执行一次循环体，然后判断 Loop While 后面的条件，如果成立（条件表达式值为 True），则返回到 Do，继续执行下一次循环，依次进行下去；当 Loop While 后面的"条件表达式"不成立（条件表达式值为 False）时，则退出循环体，执行 Loop While 后面的语句，流程图如图 3.12 所示。Do...Loop Until 语句正好相反，即当"条件表达式"不成立时执行循环体，流程图如图 3.13 所示。

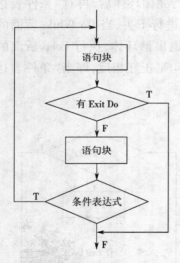

图 3.12　Do...Loop While
语句流程图

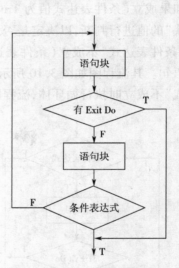

图 3.13　Do...Loop Until
语句流程图

2. While...Wend 语句

格式：

While ＜条件表达式 ＞

＜循环体 ＞

Wend

功能：当 While 的条件表达式的值是 True 时执行循环体内的代码，当 While 的条件表达式的值为 False 时退出循环。

说明：它与 Do...Loop 语句的差别是 While...Wend 语句中不能使用 Exit 语句跳出循环。

3. For…Next 语句

For…Next 语句是一种计数型循环语句,用于控制循环次数预知的循环结构。语句形式如下:

For <循环变量> = <初值> To <终值> [Step <步长>]

   [语句序列 1]

   [Exit For]

   [语句序列 2]

Next[循环变量]

有以下几点说明。

(1)"循环变量":也称作计数器,是一个变量,专门用于控制循环体执行的次数。

(2)"初值"、"终值":均是数值表达式,用以表示循环变量的变动范围。

(3)步长:是一个数值表达式,用来确定循环变量每次变化时需增加的数据值,增量可为正数也可为负数。如果增量为正数,则终值应大于或等于初值;如果增量为负数,则终值应小于或等于初值。若省略步长,默认为 1。

(4)循环体:由若干条语句组成,并可有 Exit For 语句。Exit For 语句表示无条件退出 For 循环。Exit Por 语句经常与 If 语句一起配合使用,表示当某条件满足时退出循环。

(5)Next[循环变量]:循环体每执行一次后,循环变量的值就变化一次。

For…Next 循环的执行步骤(流程图如图 3.14 所示)如下。

步骤 1:首先把初值赋给循环变量。

步骤 2:判断循环变量的值是否超过终值。当步长为正时,终值应大于等于初值,即判断"循环变量 > 终值"为 True 时结束循环;如果步长为负,终值应小于等于初值,即判断"循环变量 < 终值"为 True 时结束循环。若判断的结果为 False 时,继续步骤 3,但当初值等于终值时,不管步长是正数还是负数,都执行一次循环体。

步骤 3:执行一次循环体。

步骤 4:把"循环变量 + 步长"的值赋给"循环变量",然后再转到步骤 2 步重复执行。

步骤 5:循环体的执行次数由"初值"、"终值"和"步长"3 个因素确定,即:

循环次数 = Int(终值 - 初值)/步长 + 1

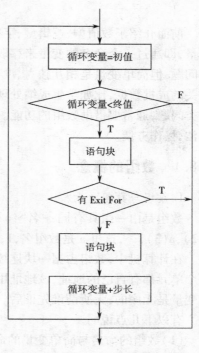

图 3.14　For…Next 语句流程图

4. 循环的嵌套

循环语句允许嵌套。所谓循环的嵌套就是在一个循环结构的循环体内包含另一个或多个循环结构,也称为多重循环。

使用嵌套循环时必须注意以下两点。

(1)内外层循环不能交叉,例如:

```
For  i = 1   To 5
   For j = 1   To  5
   …
   Next i
Next j
```

(2)循环变量名不可相同,例如:

```
For  i = 1   To 5
   For i = 1   To  5
   …
   Next i
Next i
```

3.8 数组

前面介绍了数值型、逻辑型、字符型等数据类型,这些类型定义的变量都是简单变量,即通过一个命名的变量来存取一个数据。在实际应用中,简单变量可以解决不少问题,但简单变量是相互独立、没有顺序的,难以处理那些既与取值有关又与顺序有关的成批数据,比如学生成绩处理,就隐含着学号顺序和具体成绩,要方便地解决此类问题,通常要借助数组的功能。数组和循环语句结合使用,使得程序结构清晰、简洁,操作方便。

3.8.1 数组的概念

1. 数组与数组元素

数组是由一组具有同一名字、不同下标的有序变量组成的集合。例如,a(1),a(2),a(3),…,这里 a 是数组名,1,2,3…是下标,数组中的变量称为数组元素。

在计算机中,数组占据一块连续的内存区域,数组名是这个区域的名称。区域的每个单元都有自己的地址,该地址用下标表示。因此,数组中的单元是有序的,而简单变量是无序的,无所谓谁先谁后。

有以下几点说明。

(1)数组的命名与简单变量的命名规则相同。

(2)数组的数据类型与简单变量一样,也有数值型、逻辑型、字符型等等。数组中的元素一般具有相同的数据类型,但当数组为变体型(Variant)时,各个元素能够包含不同类型的数据。

（3）下标必须用括号括起来，不能把数组元素 a(2) 写成 a2。

（4）下标可以是整数、变量或表达式，还可以是数组元素，如 b(a(2))，若 a(2)＝3，则 b(a(2)) 就是 b(3)。但结果必须是整数，否则将截取整数部分（舍去小数部分），如 b(2.8) 将被视为 b(2)。

（5）下标的最大值和最小值分别称为数组的上界和下界。一般情况下，下标的下界默认为 0，如果希望下标从 1 开始，则可通过 Option Base 语句来设置，其格式为：

　　Option　Base　n

格式中的 n 为数组下标的下界，只能是 0 或 1。Option Base 语句只能出现在窗体层或模块层，不能出现在过程中，并且必须放在数组定义之前。

2. 数组的维数

下标的个数代表数组的维数，如果一个数组的元素只有一个下标，则称该数组为一维数组，例如，数组 a 有 20 个元素 a(1)，a(2)，…，a(20)，依次保存 20 个学生的一门课的成绩，则 a 为一维数组。

如果一个数组的元素有两个下标，则称该数组为二维数组。例如，有 20 个学生，每个学生有 5 门功课的成绩，这些成绩可以使用两个下标的数组表示，如第 i 个学生第 j 门课的成绩可以用 a(i,j) 表示，其中 i(i＝1,2,…,20) 称为行下标，j(j＝1,2,…,5) 称为列下标。

VB 中可以使用更多维的数组，但实际中数组的维数增加将使数组元素以几何级数增长，这将受到内存容量的限制。

3.8.2　静态数组

数组必须先声明后使用。数组声明时，如果数组元素的个数是固定不变的，则称为静态数组（固定大小的数组）；如果数组元素的个数在运行时是可以改变的，则称为动态数组。

1. 一维数组

声明一维数组形式如下：

Dim 数组名(下标)〔As 类型〕

其中的参数说明如下。

（1）下标：必须为常数，不可以为表达式或变量。

（2）下标的形式：〔下界 to〕上界，可根据需要指定数组下标的下界，若省略下界，则其值只能是 0 或 1。一维数组的大小为（上界－下界＋1）。

（3）As 类型：可以省略，与简单变量的声明一样，默认为是变体类型数组。

声明数组实际上是为系统编译程序提供了相关信息，如数组名、数组类型、数组的维数和数组的大小等。

例如：Dim a(20) As Integer 声明了数组名为 a 的一维数组，数据类型为整型，有

21 个元素,下标范围为 0 ~ 20。若程序中出现 a(21),则系统会认为下标越界。a 数组内存分配如下:

a(0)	a(1)	a(2)	⋯	a(19)	a(20)

再如:Dim s(- 2 to 6)As String 声明了数组名为 s 的一维字符型数组,有 9 个元素,下标的范围为 - 2 ~ 6。

2. 多维数组

声明多维数组形式如下:

Dim 数组名(下标1[,下标2…])[As 类型]

例如:Dim aa(2,3)As Integer 声明了数组名为 aa 的二维数组,数据类型为整型,该数组有 3 行(0 ~ 2)4 列(0 ~ 3),占据 12(3 × 4)个整型变量的空间(24 个字节)。

二维数组中元素排列的顺序是按行存放,即在内存中先顺序存放第一行元素,再存放第二行的元素。aa 数组内存分配如下:

aa(0,0)	aa(0,1)	aa(0,2)	aa(0,3)	← 第 0 行
aa(1,0)	aa(1,1)	aa(1,2)	aa(1,3)	← 第 1 行
aa(2,0)	aa(2,1)	aa(2,2)	aa(2,3)	← 第 2 行

    ↑   ↑   ↑   ↑
第 0 列   第 1 列   第 2 列   第 3 列

要注意以下几点。

(1)在声明语句中,数组的下标与数组名结合在一起,说明了数组的整体;在程序其他地方,数组的下标与数组名结合在一起,表示数组中的一个元素。例如:

```
Dim a(5) As Integer                  '声明了 a 数组,有 6 个元素
a(5) = 10                            '对 a(5)这个数组元素赋值
```

(2)数组的类型通常在 As 子句中给出,也可以通过类型说明符来指定数组的类型。例如:

```
Dim a%(5),b! (2 to 5)                '定义了整型数组 a 和单精度型数组 b
```

(3)可以通过 Lbound 和 Ubound 函数来测试数组的上界值和下界值,其格式为:

Lbound(数组名[,维])

Ubound(数组名[,维])

这两个函数分别返回一个数组中指定维的下界和上界。对于一维数组来说,参数"维"可以省略;对多维数组则不能省略。例如:

```
Dim a(2 to 20, - 3 to 4)
```

定义了一个二维数组,那么执行下列语句:

```
Print Lbound(a,1),Ubound(a,1)
```

```
Print Lbound(a,2),Ubound(a,2)
```

输出结果为：

```
    2    20
   -3     4
```

3.8.3 动态数组

在定义数组时，一般已经指定了上下界，这样数组的大小就确定了。但有时可能事先无法确定需要多大的数组；或者如果在程序一开始就声明一个大数组，则内存被一直占用，会降低程序的效率。此时就用到动态数组。动态数组在声明时没有给出大小，在程序未运行时，不占用内存；在程序运行过程中，可重新声明数组的大小。

1. 建立动态数组

建立动态数组的方法是：使用 Dim、Private 和 Public 语句声明括号内为空的数组，然后在过程中用 ReDim 语句指明该数组的大小。具体步骤如下。

步骤 1：声明一个未指明大小及维数的数组。语句格式为：

Public│Private│Dim 数组名()［As 类型］

例如：Dim a( ) as Integer

步骤 2：在实际使用数组的过程中，用 ReDim 语句指定实际的元素个数。语句格式为：

ReDim 数组名(下标1[,下标2…])［ As 类型］

例如：

```
Dim a( ) As Integer
  Sub Form _ Load( )
  …
  n = Val(InputBox("输入 n 的值:"))
  m = Val(InputBox("输入 m 的值:"))
  ReDim a(n,m)
  …
End Sub
```

在窗体级声明了动态数组 a，在 Form _ Load( )事件函数中又重新指明了该二维数组的大小。

使用时注意以下两点。

(1)在声明动态数组 ReDim 语句中，数组下标可以是常量，也可以是有确定值的变量。

(2)在过程中可多次使用 ReDim 语句来改变数组的大小。

2. 保留动态数组的内容

每次使用 ReDim 语句都会使原来数组中的值丢失，可以在 ReDim 语句后加 Preserve 参数来保留数组中的数据，例如：

ReDim a(2,3)

······

ReDim Preserve a(2,5)

此时数组中原有的数据均可保留,同时增加了 a(1,4)、a(1,5)、a(2,4)和 a(2,5)四个元素。但必须注意,使用 Preserve 只能改变最后一维的大小,而且只能改变最后一维的上界,不能改变它的下界,前面几维的上下界均不能改变。比如,前面例子中 a(2,3)可以重新声明为 a(2,5),但不能声明为 a(3,3),也不能声明为 a(1,5)。声明为 a(3,3),则改变了第一维;声明为 a(1,5),则两维都改变了,这都是不合法的。

3.8.4 数组的基本操作

数组在声明时是针对整个数组而言,但在具体的操作中是针对每个元素进行的。由于数组元素的批量性,处理数组的问题往往要与循环程序结合起来。

前面介绍的例子中,已经用到了一些数组的基本操作,下面再做个较详细的总结。

1.数组元素赋初值

1)利用循环结构

Ⅰ.给一维数组赋初值

```
Dim a(1 to 10)as integer ,i%
  For i = 1 to 10
    a(i) = 0                              '每个元素赋初值0
  Next i
```

Ⅱ.给二维数组赋初值

```
Dim aa(3,4)as integer, i% ,j%
  For i = 1 to 3
    For j = 1 to 4
      aa(i) = 0
    Next j
  Next i
```

2)利用 Array 函数

其格式为:数组变量名 = Array(数组元素值)

这里"数组变量名"是预先定义的数组名,它作为数组使用,但作为变量定义。例如:

```
Dim a1 As Variant, a2 As Variant, i%
a1 = Array(1, 2, 3, 4)                    'a1 数组有 4 个元素
a2 = Array("aa", "bb", "cc")              'a2 数组有 3 个元素
For i = 0 To UBound(a1)
  Print a1(i)
Next i
For i = 0 To UBound(a2)
```

```
    Print a2(i)
  Next i
```

使用 Array 函数时注意以下三点。

(1)数组变量不能是具体的数据类型,只能是变体(Variant)类型。

(2)数组的下界默认为零,也可用 Option Base 语句设定为 1,上界由 Array 函数括号内的参数个数决定,也可通过 UBound 函数获得。

(3)Array 函数只适用于一维数组。即只能对一维数组进行初始化,不能对二维或多维数组进行初始化。

3)数组对数组赋值

若要将一个已知数组的各个元素的值赋值给另一个数组,可通过一条简单的赋值语句实现。例如:

```
Dim a1(3) As Integer, a2( ) As Integer
a1(0) = 0：a1(1) = 1：a1(2) = 2
a2 = a1                      '将 a1 数组各个元素的值对应地赋值给 a2 数组
```

数组对数组赋值时注意以下两点。

(1)赋值号左边的数组应声明为括号内为空的数组,不能是大小固定的数组。

(2)赋值号两边的数据类型必须一致。

2. 数组元素的输入

数组元素一般通过 InputBox 函数输入,并用 For 循环语句反复输入多个数据。例如:

```
Dim aa(3,4)as integer, i% ,j%
For i = 0 To 2
  For j = 0 To 3
    aa(i, j) = InputBox("输入 12 个数:")    '提示用户从键盘输入 12 个数,给二维数组的 12
                                              个元素赋初值
  Next j
Next i
```

对大批量的数据输入,采用文本框控件再加某些技术处理,效率会更高。

3. 数组元素的输出

数组元素可以像其他数据一样,用 Print、Label、Textbox 等实现输出。

例如:输出上例中 aa 数组的 12 个元素,代码如下。

```
For i = 0 To 2
  For j = 0 To 3
    Print aa(i, j); " ";
  Next j
  Print                      '换行
Next i
```

4. For Each...Next 语句

与 For...Next 语句类似,两者都用来执行指定重复次数的一组语句,For Each...Next 语句专门用于数组或对象"集合"。其一般格式为:

For Each 成员 In 数组

    循环体

  [Exit For]

  ...

Next[成员]

其中"成员"是一个变体变量,它为循环提供,并在 For Each...Next 语句中重复使用,它实际上代表的是数组中的每个元素;"数组"是一个数组名,没有括号和上下界。

用 For Each...Next 语句可以方便地对数组进行处理,它重复执行的次数由数组中的元素个数确定,数组中有多少个元素,就自动执行多少次。例如:

Dim aa(1 to 8)

For Each x In aa

  Print x;

Next x

由于数组 aa 有 8 个元素,程序会重复执行 8 次,每次输出数组的一个元素的值。其中 x 类似 For...Next 语句中的循环变量,但不需要指定其初值和终值,而是根据数组元素的个数确定执行循环体的次数。x 是一个变体变量,它可以代表任何类型的数组元素。在程序执行过程中,x 的值在不断的变化,开始是数组第一个的值,执行完一次循环,x 变为数组的第二个元素……当 x 为最后一个元素的值时,执行最后一次循环。

3.8.5   控件数组

在实际程序中,有时候会用到多个类似功能的命令按钮,或是菜单内设计多个类似功能的选项。若是能将它们处理成控件数组,将使得程序代码的设计更加简洁、清晰。

1.控件数组的基本概念

控件数组是由一组相同类型的控件组成。这些控件共用一个相同的控件名,具有相同的属性设置。数组中的每一个控件都有唯一的索引号,即下标,下标值由 Index 属性指定。其所有元素的 Name 属性必须相同,所以 Index 属性与控件数组中的某个元素有关。也就是说,控件数组的名字由 Name 属性指定,而数组中的每个元素则由 Index 属性指定。和普通数组一样,控件数组的下标也放在圆括号中,例如,控件数组 Command1(2)表示控件数组名为 Command1 的第 3 个元素。

控件数组通常用于需要对若干个控件执行大致相同的操作,控件数组共享同样的事件过程。例如,控件数组 Command1 有 3 个命令按钮,不管单击其中的哪个,都会调用同一个单击事件过程,即 Command1 _ Click( )事件过程。为了区别控件数组中的各个元素,VB 会把下标值传送给一个过程。例如,单击上述 3 个命令按钮中的任意一个,都会调用以下事件过程:

    Private Sub Command1 _ Click(Index As Integer)

        …

    End Sub

按钮的 Index 属性将传递给过程,由它指明单击了哪一个按钮。

    控件数组元素通过数组名和括号中的下标来引用。例如:

```
Private Sub Command1 _ Click( Index As Integer)
    Command1( Index) . Caption = Format $ ( Date, "yy:mm:dd")
End Sub
```

当单击某个命令按钮时,该按钮的 Caption 属性被设置为当前日期。

2. 控件数组的建立

控件数组可以在设计时建立,也可以在程序运行时动态地生成。

1)在设计时建立

在界面设计时,可有两种方法来建立控件数组。

(1)给控件起相同的名称,步骤如下。

步骤 1: 在窗体上画出作为数组元素的各个控件。

步骤 2: 分别在各个控件的属性窗口的"名称"属性中键入相同的名称。

当对第二个控件键入与第一个控件相同的名称后,VB 将会提示:"已有了命名的控件,是否要建立控件数组"。

步骤 3: 单击"是"按钮后,就建立了一个控件数组元素,单击"否"按钮将放弃建立。

(2)利用复制的方法,步骤如下。

步骤 1: 在窗体上画出第一个控件,将其激活。

步骤 2: 选择"编辑"菜单中的"复制"命令,或者按下组合键【Ctrl + C】。

步骤 3: 选择"编辑"菜单中的"粘贴"命令,或者按下组合键【Ctrl + V】,此时 VB 将会提示:"已有了命名的控件,是否要建立控件数组"。

步骤 4: 单击"是"按钮,然后进行若干次的粘贴操作,就可建立所需个数的控件数组元素。

2)在运行时添加

建立的步骤如下。

步骤 1: 在窗体上画出某一控件,设置该控件的 Index 属性值为 0,表示该控件为数组。

步骤 2: 在程序的代码中通过 Load 方法添加其余的若干个元素,也可以通过 Unload 方法删除已建立的元素。

步骤 3：每个新添加的控件数组通过 Left 和 Top 属性，确定其在窗体的位置，并将 Visible 属性设置为 True。

现在我们来看简易计算器应用程序中数字键的生成。（界面如图 3.1 和图 3.2）

在窗体上画一控件，名称设为 number，设置该控件的 Index 属性值为 0。然后在 Form _ Load 事件过程中写入如下代码，即可产生 0 ~ 9 十个数字键。

```
Dim i As Integer, NumWidth As Integer
    NumWidth = (number(0). Width)
    For i = 1 To 9
    Load number(i)
    If i Mod 3 = 1 Then
      number(i). Top = number(i - 1). Top - number(i - 1). Height - 100
      number(i). Left = number(0). Left
    Else
      number(i). Top = number(i - 1). Top
      number(i). Left = number(i - 1). Left + number(i - 1). Width + 100
    End If
      number(i). Caption = i
      number(i). Visible = - 1
    Next i
    number(0). Width = number(1). Width * 3 + 100
```

3.8.6　自定义数据类型

一般情况下，数组中的各个元素的数据类型应该是相同的，而实际工作和生活中，常常会遇到一些相互联系、不同类型数据组合而成的对象。虽然可以把数组声明为变体型（Variant），从而使各个数组元素存放不同类型的数据，但这样会降低应用程序的运行速度。可行的方法是将这些描述同一对象的数据声明为用户自定义数据类型。

用户自定义数据类型，也可称为记录类型，类似于 C 语言中的结构类型和 Pascal 语言中的记录类型。它是用户在程序设计中以基本数据类型为基础，按照一定语法规则自己定义而成的数据类型。

1. 自定义数据类型的定义

定义的一般形式：

Type 自定义类型名

　元素名[（下标）] As 类型名

　　…

　[元素名[（下标）] As 类型名]

End Type

其中各参数说明如下。

(1)元素名:表示用户自定义类型中的一个成员。

(2)下标:带有下标时,表示该成员为数组。

(3)类型名:为基本数据类型,如整型、字符型等。

例如,声明一个关于学生情况的自定义数据类型:

```
Type StudType
    Num As Integer                    '学号
    Name As String * 20               '姓名
    Sex As String * 2                 '性别
    Mark(1 To 5) As Integer           '5 门课成绩
End Type
```

使用时注意以下 3 点。

(1)关键字 Type 表示自定义类型的开始,End Type 表示自定义类型的结束,两者必须成对出现。

(2)自定义类型名是用户定义的数据类型名称,表示如同 Integer、Single 等的类型名,其命名规则与简单变量的命名规则相同。

(3)自定义类型一般在标准模块(.bas)中定义,默认是 Public。若在窗体模块中定义,必须是 Private。不能声明过程级自定义类型。

2. 自定义类型变量的声明和使用

自定义类型定义好之后,就可以像基本数据类型那样,用来定义该类型的变量。一般形式:

```
Dim 变量名 As 自定义类型名
```

例如,定义一个具有 StudType 类型的变量 Student:

```
Dim Student As StudType
```

自定义类型变量引用其成员的一般形式为:变量名.元素名

若要表示 Student 变量中的每个元素,可用 With 语句进行简化。例如,对 Student 变量的各个元素赋初值,语句如下:

```
With Student
    .No = 0408
    .Name = "波仕"
    .Sex = "男"
    For i = 1 to 4
    .Mark(i) = Int(Rnd * 101)
    Next i
End With
```

3. 用户自定义类型数组

如果一个数组中元素的数据类型是用户自定义类型,则称为自定义类型数组或记录数组。它在解决实际问题时非常有用。

3.9　过程

　　在程序设计过程中,有时问题比较复杂,按照结构化程序设计的原则,可将程序分割成若干个较小的逻辑部件,称这些部件为过程,即一个功能相对独立的程序逻辑单元。用过程编程有两大好处:其一,过程可使程序划分成离散的逻辑单元,每个单元都比无过程的整个程序容易调试;其二,一个程序中的过程,往往不必修改或只需稍作改动,便可以为另一个程序使用。

　　VB 中的过程有两种:系统提供的内部函数过程和事件过程;用户根据应用的需要而设计的自定义过程。VB 中的自定义过程分为以下 4 种:

　　(1)以 Sub 开始的过程;

　　(2)以 Function 开始的函数过程;

　　(3)以 Property 开始的属性过程;

　　(4)以 Event 开始的事件过程。

　　本节主要讲述 Sub 过程和 Function(函数)过程。

3.9.1　Sub 过程

　　在 VB 中,根据某个 Sub 过程是否与窗体和控件的事件有关,可以将 Sub 过程分为事件过程和通用过程两类。

　　1.事件过程

　　事件过程与窗体或控件的某一事件相联系,当用户对一个对象发出动作时,就会触发一个事件,然后自动地调用与该事件相关的程序代码。

　　1)窗体事件过程

　　一个窗体的事件过程的名字是"Form _事件名",其一般格式为:

Private Sub Form _事件名([参数表])

　　[语句组]

End Sub

　　例如,运行程序后,单击窗体,窗体上会显示"使用窗体过程"字样,代码如下:

```
Private Sub Form _ click( )
    Print "使用窗体过程"
End Sub
```

　　有以下两点说明。

　　(1)不管窗体名字如何定义,但在事件过程中只能使用 Form,而在程序代码中对窗体引用时才会用到窗体名字。

　　(2)如果使用 MDI(Multiple Document Interface)窗体,则事件过程定义为"MDI-

Form _事件名"。

2）控件事件过程

一个控件的事件过程的名字是"控件名_事件名"。控件事件过程定义的一般格式为：

Private Sub 控件名_事件名（［参数表］）

　　［语句组］

End Sub

例如，一个命令按钮的单击事件过程代码如下：

Private Sub Command1 _ Click( )

　　Print "hello world!"

End Sub

2.通用过程

通用过程是指必须由其他过程显式调用的代码块，由用户自己创建。它可以存储在窗体模块或标准模块中，供其他事件过程共同调用，告诉应用程序如何完成一项指定的任务，因而有了通用过程，可减少程序代码的重复，也使得应用程序更加容易维护。

1）定义通用过程

通用过程定义的一般格式为：

［Private|Public］［Static］Sub 过程名［（形式参数列表）］

　　［语句块］

　　［Exit Sub］

　　［语句块］

End Sub

定义时有以下几点说明。

（1）Public 和 Private：用来声明 Sub 过程是公有（全局）的，还是私有（局部）的。系统默认为 Public，即可在应用程序中随意调用它们；但如果声明为 Private，则只有该过程所在模块中的程序才能调用该过程。

（2）Static：如果使用 Static（静态）关键字，则该过程中的所有局部变量的存储空间只分配一次，且这些变量的值在整个程序运行期间都存在，即在每次调用该过程时，各局部变量的值一直存在。如果省略 Static，过程每次被调用时重新为其变量分配存储空间，当过程结束时释放其变量的存储空间。

（3）过程名：与变量名的命名规则相同。一个程序只能有一个唯一的过程名。

（4）语句块：是程序代码段，语句块中可以用一个或多个 Exit Sub 语句从过程中退出。

（5）形式参数列表：类似于变量声明，它指明了调用过程传递给过程的变量个数和类型，称为形式参数（简称形参），各变量之间用逗号隔开。形参并不代表一个实

际存在的变量,也没有固定的值,在调用此过程时它被确定的值所代替。形参的格式为:

[Optional][ByVal|ByRef][ParamArray]变量名[()][As 类型]

其中各参数说明如下。

①Optional 表示参数不是必需的关键字,如果使用了该选项,则形参表中的后续参数都必须是可选的,而且必须都使用 Optional 关键字声明。如果使用了 ParamArray,则任何参数都不能使用 Optional。

②ByVal 表示该参数按值传递。

③ByRef 表示该参数按地址传递。ByRef 是 VB 的缺省选项。

④ParamArray 必须是参数列表的最后一个参数,指明最后这个参数是一个 Variant 元素的 Optional 数组。使用 ParamArray 关键字可以提供任意数目的参数。ParamArray 关键字不能与 ByVal、ByRef 或 Optional 一起使用。

⑤变量名代表参数的变量的名称,遵循标准的变量名的约定。如果是数组变量,要在数组后加上一对小括号。

⑥As 类型代表传递给该数组的参数的数据类型,可以是 Integer、Long、Single、Double、String、Byte、Currency、Date、Object 或 Variant。如果没有选择参数 Optional,则可以指定用户自定义类型或对象类型。

(6)过程间的定义必须是平行的、独立的,不能嵌套定义。

2)创建通用过程

通用过程可以在窗体模块中建立,也可以在标准模块中建立。

如果是在窗体模块中建立通用过程,可以在代码编辑窗口中完成。打开代码窗口,单击"对象"下拉列表,从中选择"通用",然后在代码编辑窗口中输入需要建立的过程代码。例如,编写一个计算加法的 Sub 过程:

```
Private Sub add( a As Integer, b As Integer)
    c = a + b
    Print c
End Sub
```

这里形参 a、b 为整型变量,它们的值由调用程序传过来,然后在 Sub 子程序中运算和输出。

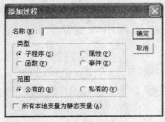

图 3.15   "添加过程"对话框

如果是在标准模块中建立通用过程,可以使用"添加过程"对话框。首先进入要添加过程的代码编辑器窗口,然后选择"工具"菜单中的"添加过程"命令,打开"添加过程"对话框(如图 3.15 所示),在"名称"文本框中输入过程名,从"类型"组中选择过程类型,从"范围"组中选择范围,最后单击"确定"按钮。

3）调用通用过程

要执行一个过程,必须调用该过程。每次调用过程都会执行 Sub 和 End Sub 之间的代码。调用 Sub 过程有两种方法。

（1）使用 Call 语句:Call 过程名（[实际参数列表]）

Call 语句把程序控制传送到一个 Sub 过程。如果调用过程中不需要传递参数,则"实际参数列表"和括号可以省略。实际参数是传送给 Sub 过程的变量或常数。

例如:Call MySub(a,b)

（2）直接使用过程名:过程名[实际参数列表]

这种形式省略了关键字 Call,去掉了"实际参数列表"的圆括号。

例如:MySub a,b

注意:实际参数的个数、顺序、类型要与形参完全一致。

3.9.2　Function 过程

VB 中提供了大量的内部函数(标准函数)供用户在编程时调用。当在程序中需要多次用到某一功能模块,而又没有现成的内部函数可调用时,这时可以使用 Function 语句编写用户自定义的 Function(函数)过程。Function 过程定义后,在程序中就可以像调用内部函数那样使用它。

1. Function 过程的定义

定义 Function 过程的语句格式为:

[Private|Public][Static] Function 函数过程名[(形式参数列表)][As 类型]

　　[语句块]

　　　　函数过程名 = 返回值

　　　　[Exit Function]

　　[语句块]

　　　　函数过程名 = 返回值

End Sub

有以下 4 点说明。

（1）函数过程名即 Function 过程的名称,命名规则与简单变量命名规则相同。

（2）As 类型即函数返回值的类型,默认为变体类型。

（3）形式参数列表的一般形式为:

[ByVal|ByRef] 变量名[()][As 类型][, [ByVal|ByRef] 变量名[()][As 类型],…]

当过程被调用时,ByVal 表示参数是值传递,ByRef 表示参数是地址传递。当无形式参数时,函数过程名后的括号不能省略。

（4）在函数体内至少对函数名赋值一次。

例如,编写一个计算加法的 Function 过程:

Private Function add(a As Integer, b As Integer) As Integer

  add = a + b

End Function

形参 a、b 接受实参传来的值,计算结果赋值给了 Function 函数过程名 add。

可见,Function 过程与 Sub 过程不同。Function 过程有返回值,过程名也就有类型,同时在函数过程体内必须对函数过程名赋值;而 Sub 过程没有值,过程名也就没有类型,不能对其进行赋值。

2. Function 过程的调用

由于 Function 过程几乎包含了 Sub 的所有功能,所以调用 Sub 过程的方法也可以用来调用 Function 过程。具体调用 Function 过程的格式有如下几种。

1)Call 函数过程名([实际参数列表])

如:Call add(1, 2)add 1, 2

2)函数过程名[实际参数列表]

如:add 1, 2

以上两种方法都忽略了函数的返回值。返回值是 Function 过程最重要的功能。要使用函数的返回值,必须使用以下调用方法:

函数过程名([参数列表])

此时函数过程名可用于赋值语句、表达式中,再配以其他语法成分构成语句。

3.9.3　向过程传递参数

在程序运行期间,过程之间必然存在着数据的相互传递。主调过程把条件告诉被调过程;反过来,被调过程把结果返回给主调过程,过程间是通过参数进行传递数据的。

1. 形式参数与实际参数

形式参数是在 Sub、Function 过程的定义中出现的变量名,是接收数据的变量;实际参数则是在调用过程时传递给 Sub、Function 过程的常数、变量、表达式或数组。通常把形式参数简称为形参,把实际参数简称为实参。

1)形式参数列表

形式参数列表中的各个变量之间用逗号分隔,形参表中的变量可以是以下形式。

(1)除定长字符串之外的合法变量名。对于字符型形参,只能用如 x As String 之类的变长字符串作为形参,不能用如 x As String * 8 之类的定长字符串作为形参。但定长字符串可以作为实际参数传递给过程。

(2)其后带有左、右圆括号的数组名。

2)实际参数列表

实际参数列表中各参数用逗号分隔,实参可以是常量、表达式、合法的变量名或是后面带有左、右圆括号的数组名。

3) 实参与形参的对应关系

在调用一个过程时必须完成形参与实参的结合,即把具有实际值的量传递给形式参数。实参表和形参表中对应的变量名不必相同,但变量的个数必须相等,而且各实参的数据类型必须与相应形参的数据类型相符。所谓类型相符,即对于值参数传递则要求实参对形参赋值相容;对于变量、数组参数传递则要求实参与形参的数据类型相同(当形参是变体类型时,也可以不同)。

实际参数与形式参数的对应关系如下。

调用过程中的实参:Call Mysub(10,　　　　a( ),　　　　"abc",　　　　No)

　　　　　　　　　　　　　↓　　　　　　↓　　　　　　↓　　　　　　↓

定义过程中的形参:Sub Mysub(m As Integer,s( )as Single,x as String,y as Long)
在调用过程中第一个实参传递给第一个形参,第二个实参传递给第二个形参……

2. 按值传递和按地址传递

在 VB 中,实参与形参的结合有两种方法,即传值(ByVal)和传址(ByRef),其中传址又称为引用,是默认的方法。区分二者的方法是要在使用传值的形参前加 By-Val 关键字。

1) 传址

传址就是当调用一个过程时,将实参的地址传递给形参。因而形参与实参使用相同的内存地址单元,在被调过程体中对形参的任何操作都变成了对实参的操作,实参的值就会随形参的改变而改变。

在传址调用中,实参必须是变量,常量和表达式无法传址。

传址调用示例:使用过程编程,实现两个数的交换。

交换两个数的通用过程为:

```
Public Sub swap( x As Integer, y As Integer)
    Dim t As Integer
    t = x: x = y: y = t
    Print "x ="; x, "y ="; y
End Sub
```

窗体单击事件代码如下:

```
Private Sub Form _ click( )
    Dim a As Integer, b As Integer
    a = 3: b = 5
    swap a, b
    Print "a ="; a, "b ="; b
End Sub
```

当程序运行后,输出结果为:

x = 5　　　y = 3

a = 5　　　b = 3

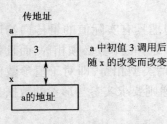

图 3.16　传址方式示意图

传址
a 中初值 3 调用后随 x 的变化而改变

可见 a、b 的值发生了交换,实参和形参是以传址方式传递的,实参的值随形参的改变而改变,如图 3.16 所示。

2)传值

传值就是当调用一个过程时,系统将实参的值复制给形参,即传送实参的值而不是传送它的地址。这种情况下,实参和形参分别占用独立的内存单元,被调过程中的操作是在形参自己的存储单元中进行的,当过程调用结束时,形参所占用的内存单元也同时被释放。因此,被调过程体内对形参的任何操作不会影响到实参。

传值调用示例:将传址调用过程改用传值方式编写。

```
Public Sub swap( ByVal x As Integer, ByVal y As Integer)
    Dim t As Integer
    t = x: x = y: y = t
    Print "x = "; x, "y = "; y
End Sub
```

此时,程序运行的结果为:

x = 5　　　y = 3

a = 3　　　b = 5

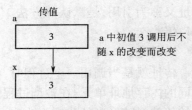

传值
a 中初值 3 调用后不随 x 的变化而改变

图 3.17　传值方式示意图

可见 a、b 的值没有发生交换,实参和形参是以传值方式传递的,形参的任何操作不会影响到实参,即实参的值并不随形参的改变而改变,如图 3.17 所示。

3. 传递数组

在 VB 中可以将数组或数组的元素作为参数进行传递。在传递整个数组时,只能通过传址的方式进行传递。数组作为过程参数时,应在数组名的后面加上一对括号,例如,定义一个过程如下:

```
Sub S(x( ),y( ))
    …
End Sub
```

此过程中有两个数组参数。可以用下面的语句来调用该过程:

```
Call S(a( ),b( ))
```

这样就把数组 a 和 b 传送给过程中的数组 x 和 y,即把 a、b 数组的首地址分别传送给过程,使得 x、y 数组也分别具有与 a、b 数组相同的起始地址。

在传递数组时还要注意以下几点。

（1）当传递整个数组时，应在实参列表和形参列表中放入数组名，并略去数组的上、下界，但括号不能省略。

（2）当传递指定的单个数组元素时，需要在数组名后面的括号中写上指定元素的下标。例如：

Call Test(3,x(3))

（3）如果被调过程不知道实参数组的上下界，可用 Lbound 和 Ubound 函数确定实参数组的下界和上界。

3.9.4 递归调用

在一个过程中调用另外一个过程，称为过程的嵌套调用；如果过程直接或间接地调用其自身，则称为过程的递归调用。

直接递归的例子：　　　　　间接递归的例子：

Function Fun1(n)	Function Funa(n)	Function Funb(n)
…	…	…
Fun1(m)	Funb(m)	Funa(m)
…	…	…
End Function	End Function	End Function

在过程的递归调用中，由于存在着自身调用，程序控制将反复地进入自身过程体，为了防止自调用过程无休止地继续下去，必须在过程体内设置程序结束调用的条件。

递归调用在完成阶乘运算、级数运算、幂指数运算等方面特别有效。比如计算阶乘(n!)代码如下：

```
Public Function fac(n As long) As long
    If n = 1 Then
        fac = 1
    Else
        fac = n * fac(n - 1)
    End If
End Function
Private Sub Form _ click( )
    Dim m As long
    m = Val( InputBox("输入求其阶乘的一个整数:"))
    Print m; "的阶乘ᵢ="; fac(m)
End Sub
```

从 Function 过程的内容上看出，过程体中出现了 fac(n - 1)，这正是调用该过程自己，所以它是个递归调用。假如在程序中要求计算4!，则从调用 fac(4) 开始了过程的递归调用，包括自调用和返回两个过程，如图3.18所示。

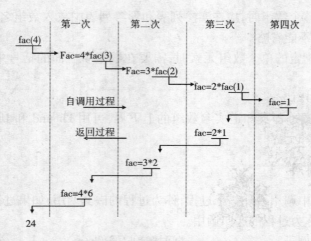

图 3.18 递归调用的执行过程

第一次调用时,形式参数 n 的值是 4,进入函数体后,由于不满足 n = 1 的条件,所以执行 Else 后面的语句;执行语句时需要计算,即执行 fac(3),从而开始了第二次调用该 Function 过程;在第二次调用时 n 的值是 3,仍不满足 n = 1 的条件,所以进入第三次调用 fac(2)……如此下去,直至调用 fac(1)时,n = 1 的条件成立了,这时执行 If 后的 fac = 1 语句。自调用过程终止,程序控制开始逐步返回。每次返回时,函数的返值乘以 n 的当前值,其结果作为本次调用的返回值返回给上次调用中。最后返回的是第一次调用 fac(4)的值,即计算出了 4!的结果为 24。

从上述递归调用的执行中可以看到,在每次调用时,Function 过程的形式参数 n 有不同的值。随着自调用过程的层层进行,n 在每层都取不同的值。在返回过程中,返回每层时,n 恢复该层的原来值。递归调用中形式参数的这种性质是由它的存储特性决定的。形式参数在自调用过程中,它们的值依次被压入堆栈存储区;在返回过程中,它们的值按先后顺序逐一恢复。

注意:利用递归算法能有效解决一些特殊问题,但是由于递归调用过程比较频繁,消耗的上机时间多,占据的内存空间大,所以执行效率降低,所以在选择递归时要慎重。

3.9.5 变量和过程的作用域

在 VB 中,应用程序由若干个过程组成,这些过程一般保存在窗体文件(.frm)或标准模块文件(.bas)中。一个变量、过程随所处的位置不同,可被访问的范围不同,变量、过程可被访问的范围称为变量、过程的作用域。

1. 代码模块

在建立 VB 应用程序时,应首先设计代码的结构,代码存储在 3 个不同的模块中:窗体模块、标准模块和类模块。VB 应用程序的结构通常如图 3.19 所示。

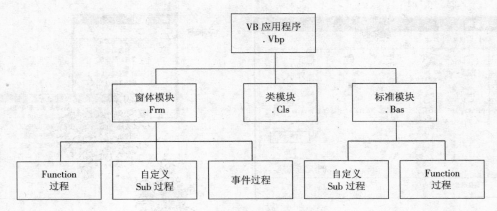

图 3.19　VB 应用程序结构

在 3 种模块中,可以包含声明(常量、变量、动态连接库 DLL 的声明)和过程(Sub、Function、Property 过程),如图 3.20 所示。它们形成了工程的一种模块层次结构,可以较好地组织工程,同时也便于代码的维护。

1)窗体模块

每个窗体都对应一个窗体模块,窗体模块包含窗体及其控件的属性设置、窗体变量的说

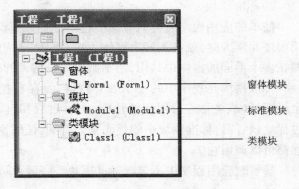

图 3.20　工程中的模块

明、事件过程、窗体内的自定义 Sub 过程和 Function 过程以及外部过程的窗体级声明。

窗体模块保存在扩展名为. frm 的文件中。默认时应用程序中只有一个窗体,因此有一个以. frm 为扩展名的窗体模块文件。在多窗体应用程序中,可以有多个以. frm 为扩展名的窗体模块文件。

当新建一个工程时,会自动建立一个窗体(Form1),如果需要添加窗体,可以有两种方法。

(1)从“工程”菜单中选择“添加窗体”命令,打开“添加窗体”对话框的“新建”选项卡(如图 3.21 所示),在对话框中双击需要添加的类型,即可在工程中建立一个窗体。

(2)打开“工程资源管理器”,在“工程 1”上单击鼠标右键,在弹出的右键菜单下选择“添加”下拉菜单中的“添加窗体”命令(如图 3.22 所示),打开如图 3.21 所示的“添加窗体”对话框,即可添加一个窗体。

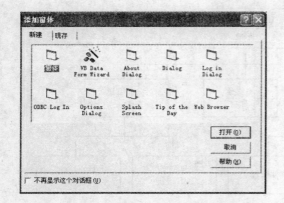

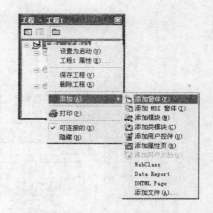

图 3.21 "添加窗体"对话框   图 3.22 "工程 1"上的右键菜单

2）标准模块

简单的应用程序通常只有一个窗体,所有的代码都存放在该窗体模块中。当应用程序非常大时,就需要多个窗体。在多窗体结构的应用程序中,有些变量和过程需要在多个不同的窗体中共用,为了避免代码键入的重复,就需要创建标准模块。

标准模块是程序中的一个独立容器,保存在扩展名为.bas 的文件中,可以包含全局变量(或者称作公用变量)、Function 过程和自定义的 Sub 过程,但不能存储事件过程。缺省时,标准模块中的代码是公有的,任何窗体或模块中的事件过程或通用过程都可以调用它。

缺省时应用程序中不包含标准模块。一般也可用两种方法在工程中添加标准模块。

(1)选择"工程"菜单中的"添加模块"命令,打开"添加模块"对话框的"新建"选项卡,如图 3.23 所示,双击该对话框中的"模块"图标,即可打开新建标准模块窗口,如图 3.24 所示,然后在其中输入代码。

(2)打开"工程资源管理器",在"工程 1"上单击鼠标右键,在弹出的右键菜单下选择"添加"下拉菜单中的"添加模块"命令,如图 3.22 所示,打开如图 3.23 所示"添加模块"对话框,也可新建一个标准模块。

3）类模块

在 VB 中,类模块是面向对象编程的基础。程序设计者可在类模块中编写代码建立新对象,这些新对象可以包含自定义的属性和方法,可以在应用程序内的过程中使用。

类模块保存在扩展名为.cls 的文件中,可以用建立窗体模块或标准模块类似的方法来建立类模块。

2.变量的作用域

变量的作用域是指变量能被识别的范围。当一个应用程序中出现多个过程或函

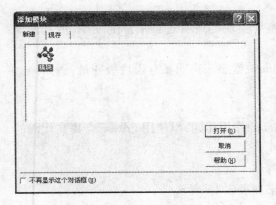

图 3.23 "添加模块"对话框图

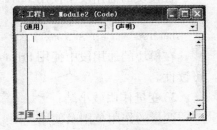

图 3.24 新建标准模块窗口

数时,由变量的作用域来确定哪些过程和函数可以访问该变量。

在 VB 中,可以在过程或模块中声明变量,根据声明变量的位置,变量分为两类:过程级变量(Procedure Level)和模块级变量(Module Level)。从作用范围上看,过程级变量属于局部变量,而模块级变量属于全局变量。

1)过程级变量

在一个过程内部使用 Dim 或 Static 关键字声明变量时,只有该过程内部的代码才能访问或改变该变量的值,因此被称为过程级变量。其作用范围只限制在该过程内部。例如:

Dim a As Integer,b as Long

Static c As Single

如果在过程中未作说明直接使用某个变量,该变量也被当成过程级变量。用 Static 说明的变量在应用程序的整个运行过程中都一直存在;而用 Dim 说明的变量只在过程执行时存在,退出该过程后,变量所占用的空间全部被释放。因而过程变量通常用于保存临时数据。

过程级变量属于局部变量,只能在建立的过程内使用,别的过程不可访问,即使是在主程序中定义的变量,也不能在被调用的过程中使用。即局部变量的作用范围仅限于它们自己所在的过程。

2)模块级变量

在模块的通用段中声明的变量属于模块级变量。根据其作用范围的不同又可分为公有的和私有的模块级变量。

(1)公有的模块级变量在所有模块中的所有过程中都能使用。它的作用范围是整个应用程序,因此公有模块级变量属于全局变量。

在模块的通用段中使用 Public 关键字来声明公有模块级变量,例如:

Public a As Integer,b As Long

全局变量的值在整个应用程序中始终存在,只有当整个应用程序执行结束时,才会消失。

(2)私有的模块级变量在声明它的整个模块的所有过程中都能使用,但其他模块却不能访问该变量。

在模块的通用段中使用 Private 或 Dim 关键字来声明私有模块级变量,例如:

Private a As Integer

Dim b As Single,c As Long

在模块的通用段中使用 Private 或 Dim 的作用相同,但使用 Private 会提高代码的可读性。

3)变量作用域小结

变量的作用范围及使用规则归纳起来如表 3.15 所示。

表 3.15 变量的作用域

作用范围	过程级变量	模块级变量		
		私有	公有	
			窗体	标准模块
声明方式	Dim,Static	Dim,Static	Public	
声明位置	在过程中	模块的"通用声明"段	模块的"通用声明"段	
能否被本模块的其他过程访问	不能	能	能	
能否被其他模块访问	不能	不能	能(在变量名前加窗体名)	

当在同一模块中定义了不同级而有相同名的变量时,系统优先访问作用域小的变量名。

4)变量的生存期

从变量的作用范围来看,变量有作用域;从变量的作用时间来看,变量又有生存期。根据变量在程序运行期间的生命周期,把变量分为静态变量(Static)和动态变量(Dynamic)。

(1)动态变量是指程序运行进入变量所在的过程时,才分配给该变量内存单元,经过处理后,退出该过程时,该变量占用的内存单元自动释放,其值消失,其内存单元被其他变量占用。

使用 Dim 关键字在过程中声明的局部变量属于动态变量。在过程执行结束后变量的值不被保留,每次调用过程时,重新初始化。

(2)局部变量除了用 Dim 语句声明外,还可用 Static 语句将变量声明为静态变量,它在程序运行中可保留变量的值。就是说,每次调用过程时,用 Static 语句说明的变量保持原来的值,当以后再次进入该过程时,原来变量的值可以继续使用,不再重新初始化。

另外,可以将 Static 放在任何 Sub 或 Function 过程的开头,例如:

Static Sub Sum(参数)

这样使得过程中的所有局部变量都变为静态变量,无论它们是用 Static、Dim 或 Private 声明的还是隐式声明的。

3. 过程的作用域

过程也有作用的范围,即作用域。在 VB 中,过程的作用域分为模块级(或称文件级)和全局级(或称工程级)。

1)模块级过程

模块级过程是指在某个窗体或标准模块内定义的过程。如在 Sub 或 Function 前加关键字 Private,则该过程只能被在本模块中定义的过程调用。

2)全局级过程

全局级过程是在定义过程时,在 Sub 或 Function 前加关键字 Public(可缺省)。全局级过程可被整个应用程序的所有模块中定义的过程使用。

在工程中的任何地方都能调用其他模块中的全局过程。调用的方法取决于该过程是在窗体模块中、类模块中还是在标准模块中。

(1)调用窗体中的过程。所有窗体模块的外部调用必须指向包含此过程的窗体模块。例如,在窗体模块 Form1 中包含 Sum 过程,则可使用下面的语句调用 Form1 中的过程:

Call Form1. Sum(参数)

(2)调用标准模块中的过程。无论是在模块内还是在模块外调用,结果总会引用唯一的过程。如果过程名是唯一的,则不必在调用时加模块名。例如,对于 Module1 和 Module2 中名为 Sum 的过程,从 Module2 中调用则运行 Module2 中的 Sum 过程,而不是 Module1 中的 Sum 过程。

如果有两个或两个以上的模块都包含同名的过程,就必须用模块名来确定了。例如,在 Module1 中调用 Module2 中的 Sum 过程,则要用以下语句:

Module2. Sum(参数)

(3)调用类模块中的过程。与调用窗体中的过程类似,调用类模块中的过程要调用与过程相一致并且指向类实例的变量。例如,DemClass 是类 Class1 的实例:

Dim DemClass As New Class1

DemClass. Sum

在引用一个类的实例时,不能用类名作限定符。必须先声明该类的实例为对象变量(此例中是 DemClass),并用变量名引用它。

4. 过程作用域小结

两种过程的作用域及调用规则如表 3.16 所示。

表 3.16　过程的作用域

作用范围	模块级		全局级	
	窗体	标准模块	窗体	标准模块
定义方式	过程名前加 Private		过程名前加 Public 或缺省	
能否被本模块的其他过程调用	能	能	能	能
能否被其他模块访问	不能	不能	能,但要在过程名前加窗体名	能,但过程名必须唯一,否则要加模块名

3.10　本章案例实现

1. 系统设计

1）工程文件的建立

打开 VB 6.0 应用程序,将当前窗体文件和工程文件分别以"calculator"为名保存。

2）界面设计

界面设计按照图 3.1 所示将控件放置在窗体的合适位置。各个控件的属性设置见表 3.17 所示。

表 3.17　控件属性设置

默认控件名	设置的控件名	标题(Caption)	索引号(Index)
Label1	Disp	（空）	（空）
Command1	tran	O	0
Command2	tran	H	1
Command3	Clea	CE	（空）
Command4	Operator	+	0
Command5	Operator	-	1
Command6	Operator	×	2
Command7	Operator	÷	3
Command8	number	0	0
Command9	Operator	=	4

2. 代码编制

①在窗体的通用声明段声明变量,代码如下:

```
Option Explicit
Dim Op1 , Op2
```

```
Dim firstInput As Boolean
Dim OpFlag, lastinput
```

②窗体加载事件的代码如下：

```
Private Sub Form _ Load( )
  '建立数字数组控件
    Dim i As Integer, NumWidth As Integer
    NumWidth = ( number(0). Width)
    For i = 1 To 9
    Load number( i )
    If i Mod 3 = 1 Then
      number(i). Top = number(i - 1). Top - number(i - 1). Height - 100
      number(i). Left = number(0). Left
    Else
      number(i). Top = number(i - 1). Top
      number(i). Left = number(i - 1). Left + number(i - 1). Width + 100
    End If
      number(i). Caption = i
      number(i). Visible = - 1
    Next i
      number(0). Width = number(1). Width * 3 + 100
    firstInput = True
    lastinput = ""
End Sub
```

③"CE"按钮事件：单击清屏按钮,清除显示的数字。代码如下：

```
Private Sub Clea _ Click( )
  Disp = Format(0, "0")
  Op1 = 0
  Op2 = 0
  firstInput = True
  lastinput = ""
End Sub
```

④"0"按钮事件：显示所按的数字键。代码如下：

```
Private Sub Number _ Click( Index As Integer)
  If lastinput < > "NUMS" Then
    Disp = number( Index). Caption
  Else
    Disp = Disp + number( Index). Caption
  End If
  lastinput = "NUMS"
```

```
End Sub
```

⑤"＋"、"－"、"×"、"÷"按钮事件：单击运算符键，表示数字键结束，判断前面按的数字键是第一个还是第二个操作数。是第一个操作数，把键入的运算符暂存；是第二操作数，才取暂存的运算符进行运算。代码如下：

```
Private Sub Operator _ Click( Index As Integer)
    If firstInput = True Then
        Op1 = Val( Disp)
        firstInput = False
    Else
        Op2 = Val( Disp)
            Select Case OpFlag
        Case " + "
            Op1 = Op1 + Op2
        Case " - "
            Op1 = Op1 - Op2
        Case " × "
            Op1 = Op1 * Op2
        Case " ÷ "
            If Op2 = 0 Then
                MsgBox "Can't divide by zero", 48, "Calculator"
            Else
                Op1 = Op1 / Op2
            End If
        End Select
        If Operator( Index). Caption = " = " Then Disp = Op1
    End If
    lastinput = "oper"
    OpFlag = Operator( Index). Caption
End Sub
```

⑥"O"、"H"按钮事件：单击转换键，进行八（O）或十六（H）数制转换。代码如下：

```
Private Sub tran _ Click( Index As Integer)
    Select Case Index
    Case 0
        Disp = Oct( Val( Disp))
    Case 1
        Disp = Hex( Val( Disp))
    End Select
End Sub
```

3. 保存文件,运行工程

启动程序之后,就可以进行简单的计算,如图 3.2 所示。

本章小结

本章首先介绍了 VB 中的基本数据类型、常量、变量、常用标准函数的基本概念和使用方法,以及如何用常量、变量、函数构成 VB 的表达式。常量、变量、函数以及由常量、变量、函数构成的表达式是构成 VB 程序设计语言的基本元素,也是学习 VB 程序设计需要掌握的重要基础知识。

其次介绍了 VB 中实现顺序结构的一些基本语句和输入、输出数据的方法,以及 VB 中实现选择结构和循环结构的语句。顺序结构是最简单的结构,计算机依次执行程序段中的语句;选择结构可以根据给出的条件选择执行不同的程序段,形成程序分支;循环结构可以根据给出的条件决定是否重复执行一段程序,形成程序循环。顺序结构不对程序的流程进行控制,而选择结构和循环结构能对程序的流程进行控制。

之后又介绍了一般数组的基本概念,详细讲解了在 VB 中使用固定大小的数组和动态数组的方法,以及控件数组的概念和建立方法。

最后介绍了过程的基本概念和过程的调用方法,详细讲解了在 VB 中各种过程的具体建立和调用方法,调用过程时实参和形参的对应关系,以及按地址传递参数和按值传递参数的使用方法。

思考题与习题 3

一、填空题

1. 闰年的条件是:年号(Y)能被 4 整除,但不能被 100 整除;或者年号能被 400 整除。表示该条件的逻辑表达式是_____。

2. 由 Array 函数建立的数组的名字必须是_____类型。

3. 若动态数组 a 有两个元素 a(0) 和 a(1),现要令该数组有 3 个元素 a(0),a(1) 和 a(2),则应当使用_____语句。

4. VB 有两种类型的数组:_____和在运行时可以改变的_____。

5. 以下程序用于计算 $N = 1 + (1 + 3) + (1 + 3 + 5) + \cdots + (1 + 3 + 5 + \cdots + 39)$

```
Private Sub Command _ Click( )
    T = 0
    M = 1
    Sum = 0
    Do
        T = T + _____
```

```
    Sum = Sum + _____
    M = M + 2
  Loop While _____
  Print "Sum =";Sum
End Sub
```

二、选择题

1. 下列_____是日期型常量。

A. "2/1/02"　　　　B. 2/1/02　　　　C. #2/1/02#　　　　D. {2/1/02}

2. 下面_____不是字符串常量。

A. "你好"　　　　B. " "　　　　C. "True"　　　　D. #False#

3. 表达式 Int(8 * sqr(36) * 10&^(-2) * 10 + 0.5)/10 的值是_____。

A. . 48　　　　B. . 048　　　　C. . 5　　　　D. . 05

4. 下列符号常量的声明中,_____是不合法的。

A. Const　a　AS　Single = 1. 1　　　　B. Const　a　AS Integer = "12"

C. Const　a　AS　Double = Sin(1)　　D. Const　a = "Ok"

5. 要强制显式声明变量,可在窗体模块或标准模块的声明段中加入语句_____。

A. Option Base 0　　　　　　B. Option Explicit

C. Option Base 1　　　　　　D. Option Compare

6. 假设 X = 3,Y = 6,Z = 5,则表达式(X^2 + Y)/Z 的值是_____。

A. 1　　　　B. 5　　　　C. 3　　　　D. 2. 4

7. 假设 A = 3,B = 7,C = 2,则表达式 A > B OR B > C 的值是_____。

A. True　　　　B. False　　　　C. 表达式有错　　D. 不确定

8. 产生[10,37]之间的随机整数的 VB 表达式是_____。

A. Int(Rnd(1) * 27) + 10　　　　B. Int(Rnd(1) * 28) + 10

C. Int(Rnd(1) * 27) + 11　　　　D. Int(Rnd(1) * 28) + 11

9. 表达式 Int(-17. 8) + Abs(17. 8)的值是_____。

A. 0　　　　B. 0. 8　　　　C. -0. 2　　　　D. -34. 8

10. 变量未赋值时,数值型变量的值为_____,字符串变量的值为_____。

A. 0　　　　B. 空串" "　　　　C. Null　　　　D. 没任何值

11. InputBox( )函数返回值的类型为_____。

A. 数值　　　　　　B. 字符串

C. 变体　　　　　　D. 数值或字符串(视输入的数据而定)

12. 下列程序段的执行结果为_____。

```
    x = 1 : y = 2
```

z = x = y
Print x;y;z

A. 1 1 2   B. 1 1 1   C. False False   D. 1 2 False

13. 在窗体上画一个名称为 Command1 的命令按钮,然后编写如下事件过程:

Private Sub Command1 _ Click( )

x = −5
If Sgn(x)   Then
    y = Sgn(x^2)
Else
    y = Sgn(x)
End If
    Print y

End Sub

程序运行后,单击命令按钮,则窗体上显示的是_____。

A. −5   B. 25   C. 1   D. −1

14. 在窗体上画一个命令按钮,名称为 Command1,然后编写如下程序:

Private Sub Command1 _ Cllck( )

For i = 1 To 4
    For j = 0 To 1
        Print Chr $ (65 + i) ;
    Next j
    Print
Next i

End Sub

程序运行后,单击命令按钮,则在窗体上显示的内容是_____。

A. BB   B. A   C. B   D. AA
   CC   BB   CC   BBB
   DD   CCC   DDD   CCCC
   EE   DDDD   EEEE   DDDDD

15. 以下定义数组或给数组元素赋值的语句中,正确的是_____。

A. Dim a As Variant   B. Dim a(10) As Integer
   a = Array(1 ,2 ,3 ,4 ,5)   a = Array(1 ,2 ,3 ,4 ,5)

C. Dim a(10)   D. Dim a(3) ,b(3) As Integer
   a(1) = "ABCDE"   a(0) = 0
                               a(1) = 1
                               a(2) = 2

三、程序设计题

1. 编写程序,计算 N!的值(N 为键盘输入的一个整数)。

2. 编写程序,在窗体的单击事件中完成:随机产生 100 个三位正整数,按从大到小的顺序在窗体上输出,每行 10 个;当其中的数能被 3 整除时,用红色显示这些数。

3. 编写程序,利用一维数组统计一个班学生 0 ~ 9、10 ~ 19、20 ~ 29、…、90 ~ 99 及 100 各分数段的人数。学生人数及成绩由键盘输入。

4. 编写程序,打印一个 5 行 5 列的数字方阵,使两对角线上元素均为 0,其余均为 1。要求打印的数字方阵两列数字之间空 3 格,两行数字之间空一行。

5. 编写判断奇偶数的 Function 函数过程。输入一个整数,判断其奇偶性。

实验 3   Visual Basic 编程基础

一、实验目的

(1)掌握变量的定义、数据的运算;

(2)掌握程序设计的基本结构(顺序、选择、循环);

(3)掌握数组以及控件数组的使用;

(4)掌握自定义子过程的定义和调用方法。

二、实验内容及简要步骤

任务一:编一程序,由用户从输入框中输入圆的半径,输出圆的周长和面积,如图 3.25 所示。当用户单击"开始"按钮(Command1)时,程序弹出一个输入对话框,供用户输入数据。计算后把结果分别显示在文本框"圆周长"(Text1)和"圆面积"(Text2)中,同时通过消息框提示"计算已完成"。单击"结束"按钮(Command2)时则结束程序的运行。

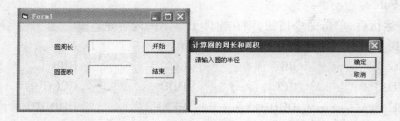

图 3.25   任务一运行界面

简要步骤如下。

①创建应用程序的用户界面和设置对象属性。

用户界面如图 3.5 所示。窗体上含有两个标签、两个文本框(Text1 和 Text2)和两个命令按钮(Command1 和 Command2)。

文本框 Text1 和 Text2 都用于输出信息,故设置 Locked 属性为 True,其 Text 属性均为空。

②编写程序代码。

任务二：已知 x、y、z 3 个变量中存放了 3 个不同的数，比较它们的大小并进行调整，使得 x > y > z。

简要步骤：x、y、z 3 个数的输入可通过 InputBox( ) 函数实现。将 3 个数有序排列，只能依次通过多次两两相比较才能实现。

任务三：打印九九乘法表，如图 3.26 所示。

简要步骤：打印九九乘法表，输出 9 行，每行输出 9 列，表中的每个数是它所在行和列的乘积，因此，只需利用循环变量作为乘数和被乘数便可实现。

任务四：设计一程序，打印如图 3.27 所示的图案。

简要步骤：使用双重 For...Next 循环，外层循环确定行数和各行起始打印位置，内层循环用来确定各行打印的个数；设外层循环的循环变量为 i，内层循环的循环变量为 j；由于图案上下对称，上下两半对应行的起始位置和字符个数完全一致，所以 i 的取值也应对称，i = −3 To 3；设 i = 0 行的起始打印位置为 5，则第 i 行的起始打印位置为 Tab(Abs(i) ∗ 5)，第 i 行的字符的个数为 2 ∗ (4 − Abs(i)) − 1。

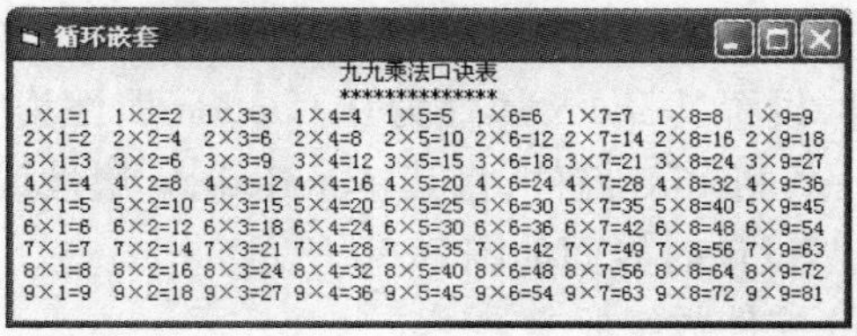

图 3.26　任务三运行后界面

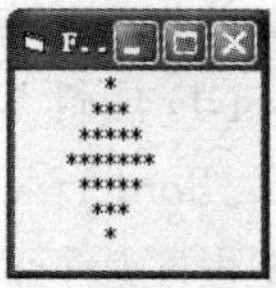

图 3.27　任务四
运行后界面

任务五：用数组计算 8 位同学的平均成绩和及格率，(假设这 8 位同学的成绩分别为 78,56,68,62,54,67,90,45) 如图 3.28 所示。

简要步骤如下。

①创建应用程序的用户界面和设置对象属性。

在窗体设计器中加入两个标签 Label1、Label2 和一个 Command1 命令按钮，调整它们的位置和大小，如图 3.29 所示。

设置对象属性，如表 3.18 所示。

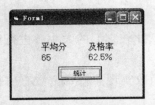

图 3.28 任务五运行后界面

图 3.29 任务五设计时界面

表 3.18 属性设置

默认控件名	标题（Caption）	字号（Fontsize）磅值
Label1	平均分	12
Label2	及格率	12
Command1	统计	12

②编写程序代码。

提示：定义一个数组，用数组的 8 个元素存放 8 位同学的成绩。

任务六：设计简单的日历，要求如下。

①首先在窗体上建立一个 Label 控件，设置其 Index 属性为 0，Caption 属性为空，BorderStyle 属性为 1-Fixed Single。再建一个 Picture 控件，将其 AutoRedraw 属性设置为 True，BorderStyle 属性为 1-Fixed Single。设计时界面如图 3.30 所示。

②程序运行时将自动产生 35 个 Label 控件数组元素。

③当程序运行后，Picture 控件上显示当前日期，显示当前日的 Label 控件呈现为白色，如图 3.31 所示。

图 3.30 任务六设计时界面

图 3.31 任务六运行后界面

简要步骤：

首先建立一个 Label 控件作为样本，如图 3.30 所示，然后在程序运行时，可以结合双重循环，产生 5 行 7 列 35 个控件数组元素，下标分别为 1~35。同时要确定每个控件的位置（由 Left、Top 决定）。控件数组产生之后，要判断一下当前的月份，月份为 1，3，5，7，8，10，12 月时，每月应有 31 天；月份为 4，6，9，11 月时，每月应为 30

天;月份为 2 月时,需要判断是否为闰年来决定是 28 天还是 29 天。

任务七:输入 4 名学生的姓名、学号、语文、英语、数学成绩,计算每名学生的个人平均成绩,并计算各科平均成绩,程序启动后界面如图 3.32 所示,任意输入 4 名学生姓名及各科成绩,程序运行后界面如图 3.33 所示。

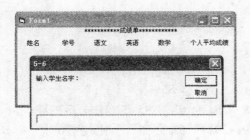

图 3.32　任务七设计时界面　　　　图 3.33　任务七运行后界面

简要步骤:选择"工程"菜单中的"添加模块"命令,建立一个标准模块,在该模块中定义如下自定义类型。

```
Type Stud                    '定义 Stud 为自定义类型名
    name As String * 8       '姓名变量定义为 8 个字符长度
    no As Integer            '定义学号变量
    ch As Single             '定义语文成绩变量
    en As Single             '定义英语成绩变量
    ma As Single             '定义数学成绩变量
    aver As Single           '定义平均成绩变量
End Type
```

任务八:输入 n 名同学的成绩,显示于文本框 Text1 中,按成绩从低到高的次序排序,并将结果显示于另一个文本框 Text2 中,程序运行后界面如图 3.34 所示。

简要步骤:

排序的方法有很多种,如选择排序法、冒泡排序法、插入排序法、希尔排序法、归并排序法等。下面用选择法进行排序。

图 3.34　任务八运行后界面

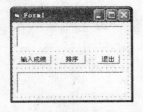

图 3.35　任务八设计时界面

设计界面如图 3.35 所示。

运行时单击"输入成绩"按钮,输入学生总人数和成绩,成绩保存到数组 a 中,同时显示在文本框 Text1 中;单击"排序"按钮对成绩进行排序,结果显示在文本框 Text2 中,单击"退出"按钮结束程序。

选择法是最为简单易理解的算法。假定对 n 个数递增顺序排序,算法步骤如下。

①从 n 个数中选出最小数的下标,然后将最小数与第 1 个数交换位置。

②除第 1 个数外,其余 n－1 个数再按①的方法选出次小的数,与第 2 个数交换位置。

③重复① n－1 遍,最后形成递增序列。

如有数据:

23 56 78 54 89 91 67 85

则选择排序的过程如下:

a(1)	a(2)	a(3)	a(4)	a(5)	a(6)	a(7)	a(8)	
23	56	78	54	89	91	67	85	
第一趟排序后:23	56	78	54	89	91	67	85	比较了 7 次
第二趟排序后:23	54	78	56	89	91	67	85	比较了 6 次
第三趟排序后:23	54	56	78	89	91	67	85	比较了 5 次
第四趟排序后:23	54	56	67	89	91	78	85	比较了 4 次
第五趟排序后:23	54	56	67	78	91	89	85	比较了 3 次
第六趟排序后:23	54	56	67	78	85	89	91	比较了 2 次
第七趟排序后:23	54	56	67	78	85	89	91	比较了 1 次

任务九:计算组合的程序。(组合的公式:$C_m^n = \dfrac{m!}{n!\ (m-n)!}$)

简要步骤:由于公式中多次用到求阶乘,可以编写一个 cmn 过程来实现求阶乘的功能,求阶乘时直接调用该过程即可。

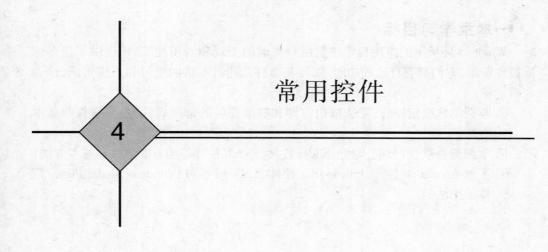

常用控件

4

☞ **本章知识导引**

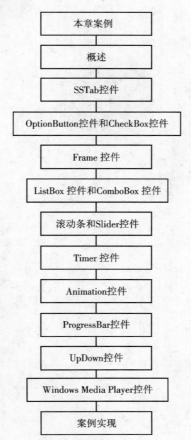

本章案例

概述

SSTab控件

OptionButton控件和CheckBox控件

Frame 控件

ListBox 控件和ComboBox 控件

滚动条和Slider控件

Timer 控件

Animation控件

ProgressBar控件

UpDown控件

Windows Media Player控件

案例实现

⊷本章学习目标

Windows 环境下的应用程序注重用户界面的美观和实用性。VB 提供了很多标准控件资源，它们都有自己的功能、属性和事件。通过本章的学习和上机实践，读者应该能够：

☑ 掌握单选按钮控件、复选按钮控件和框架控件的常用属性、重要事件和基本方法；

☑ 掌握列表框、组合框、时钟、Slider 控件、SSTab 控件等的重要事件和基本方法；

☑ 了解 Animation 控件、ProgressBar 控件、UpDown 控件、Windows Media Player 控件的用法。

4.1　本章案例

项目一名称:简易"字体"对话框

项目二名称:简易定时器

　　本章案例将制作一个简易"字体"对话框和一个简易定时器,设计界面分别如图 4.1、图 4.2 和图 4.3 所示。简易"字体"对话框程序运行后,用户可以在"字体"选项卡中设置字体、字形、字号和颜色,还可以在"对齐方式"选项卡中设置字体的对齐方式,下面文本框中的文字会根据用户的选择随时做出相应的改变。简易定时器程序运行后,用户可以输入预定时间定时,当单击"定时"按钮时,可以播放一个时钟的动画。在本章中将主要介绍一些控件使用的技巧,以及如何在代码中改变控件属性值。

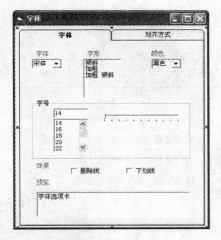

图 4.1　简易"字体"对话框"字体"选项卡

图 4.2　简易"字体"对话框
"对齐方式"选项卡

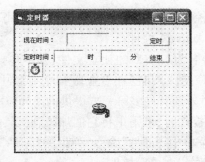

图 4.3　简易定时器

4.2　概述

在 VB 中,控件是构造应用程序用户界面的图形化工具。在程序开发环境中,控件放置在工具箱中,程序设计人员在制作用户界面时,只需使用简单拖曳操作,就可在窗体上创建对象,然后对其进行属性设置和编写事件过程代码即可,极大地减轻了繁琐的用户界面设计工作。

VB 的控件有 3 种分类:内部控件、ActiveX 控件和可插入的对象。

1. 内部控件

内部控件又称标准控件,例如 Commandbox 和 Label 等控件。这些控件都在 VB 的 .exe 文件中。内部控件总是出现在工具箱中,不像 ActiveX 控件和可插入对象那样可以添加到工具箱中,或从工具箱中删除。

VB 提供的标准控件可以分为 7 类,如表 4.1 所示。

表 4.1　VB 提供的标准控件

分类	包括	用途
按钮	CommandButton , CheckBox , OptionButton	鼠标单击时执行各种操作
文本显示	Label , TextBox , ListBox , ComBox	显示各种用户信息、文字和输入输出
文件系统	DriveList , DirList , FileList	对计算机文件系统进行访问和管理
图形	PictureBox , Image , Shape , Line	显示图像、图形并进行处理
滚动条	VscrollBar , HscrollBar	为不具有滚动功能的控件提供滚动功能
容器	Frame , OLE	提供窗体、对象的嵌入
时钟	Timer	用于定时触发事件的控件

2. ActiveX 控件

VB 工具箱上的标准控件只有 20 个。对于复杂的应用程序,仅使用标准控件是不够的,还需引用大量的 ActiveX 控件。

ActiveX 控件,是扩展名为 .OCX 的独立文件,其中包括各种版本 VB 提供的控件(DataCombo , DataList 等控件)和仅在专业版和企业版中提供的控件(例如 Toolbar、Animation 等控件),另外还有许多第三方提供的 ActiveX 控件。

用户在使用 ActiveX 控件时,可手工将它们加载到工具箱中,具体步骤如下。

步骤 1:选择"工程"菜单中 "部件"命令,弹出的"部件"对话框如图 4.4 所示,该对话框内包含了全部登记的 ActiveX 控件。

步骤 2:勾选 .ocx 控件名旁边的复选框。

步骤 3:单击"确定",即可将控件放入工具箱。之后就可像使用内部控件那样将它们添加到窗体上。

如果要将其他目录中的控件加入工具箱,则可单击"浏览"按钮,加载扩展名为.OCX 的文件。

3.可插入对象

可插入对象是 Windows 应用程序的对象,例如一个 Microsoft Excel 工作表对象等。这些对象也可添加到工具箱中,可把它们当作内部控件一样使用。其中一些对象还支持自动化(即 OLE 自动化),使用这种控件就可在 VB 应用程序中编程控制另一个应用程序的对象。

图 4.4 "部件"对话框

4.3 SSTab 控件

在软件设计中,常常需要制作具有多个选项卡的对话框,SSTab 控件就是 VB 为用户制作此类对话框而提供的控件,它位于 Microsoft Tabbed Dialog Control 6.0 部件中。在 SSTab 控件中有一组选项卡,每个都充当一个容器,包含了其他的控件。控件中每次只有一个选项卡是活动的,给用户提供了其所包含的控件,而其他选项卡都是隐藏的。

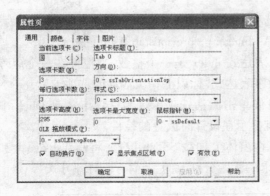

图 4.5 SSTab 控件属性页

SSTab 控件的大部分重要属性都能在其属性页(如图 4.5 所示)中设置,为了编程需要,下面再做一些详细介绍。

1.重要属性

(1)Tab 属性:返回或设置一个 SSTab 控件当前的选项卡。如果 Tab 属性值设置为 0,则第一个选项卡为当前活动的选项卡。

(2)Style 属性:返回用户设置 SSTab 控件上选项卡的样式。其设置的语法格式为:

object. Style [= value]

其中,object 为一个 SSTab 控件的对象;表达式 value 为一个常量或整数,指明选项卡的风格。value 属性值设置如下。

- 0-ssStyleTabbedDialog（缺省）：在选择该风格时，活动选项卡采用黑体。
- 1-ssStylePropertyPage：选项卡风格与 Windows 中一样。在选择该风格时，Tab-MaxWidth 属性被忽略，每个选项卡的宽度调整为标题中文本的宽度；字体不是黑体。

（3）Rows 属性：返回 SSTab 控件中选项卡的总行数。

（4）Tabs 属性：返回或设置 SSTab 控件中所有选项卡的总数。在运行时可以改变 Tabs 属性，给控件增加或删除选项卡。在设计时，使用 Tabs 属性和 TabsPerRow 属性来确定控件中显示选项卡的行数。但在运行时，使用 Rows 属性才能获得选项卡的行数。

（5）TabsPerRow 属性：返回或设置一个 SSTab 控件中每行显示的选项卡数量。

（6）TabOrientation 属性：返回或设置 SSTab 控件中的选项卡位置。其属性值设置如下。

- 0-ssTabOrientationTop：选项卡显示在控件的顶部。
- 1-ssTabOrientationBottom：选项卡显示在控件的底部。
- 2-ssTabOrientationLeft：选项卡显示在控件的左边。
- 3-ssTabOrientationRight：选项卡显示在控件的右边。

（7）ShowFocusRect 属性：返回或设置一个值，该值确定 SSTab 控件中的选项卡获得了输入焦点时，是否在选项卡上显示一个矩形边框。

- True（缺省）：控件在选项卡获取输入焦点时显示焦点矩阵。
- False：在选项卡获得输入焦点时不显示焦点矩阵。

2. 事件

SSTab 控件能响应 Click 和 DblClick 事件。

当用户选择 SSTab 控件上的一个选项卡时就产生一个 Click 事件。语法格式为：
Private Sub object _ Click（［index As Integer］, previoustab As Integer）
其中，object 是一个 SSTab 控件的对象；表达式 index 是一个整数，当控件在一个矩阵中时，唯一标识该控件；previoustab 为数字表达式，标识上一次活动的选项卡。

使用 Click 事件来确定用户什么时候单击激活选项卡。当选项卡收到 Click 事件时，该选项卡就成为活动选项卡，并且显示在设计时放置的控件。

现在来看简易"字体"对话框案例：在窗体上加载 SSTab 控件，将其 Tabs 属性和 TabsPerRow 属性都设置为 2，两个选项卡的标题分别改为"字体"、"对齐方式"。

4.4　OptionButton 控件和 CheckBox 控件

OptionButton（单选按钮 ⊙）控件用来显示选项，通常成组出现，用户可从中必须且只能选择一个选项，其余会自动关闭。主要用于在多个功能中由用户选择一种功能的情况。

　　CheckBox(复选框✔️)控件列出可供用户选择的选项,用户根据需要选定其中的一项或多项。

　　1. 重要属性

　　(1) Caption 属性:用于设置单选按钮或复选框的文本注释内容,即单选按钮或复选框边上的文本标题。

　　(2) Alignmemnt 属性:用于设置标题显示位置。有两个取值。

　　• 0-Left Justify:默认设置,控件按钮在左边,标题显示在右边。

　　• 1-Right Justify:控件按钮在右边,标题显示在左边。

　　(3) Value 属性:表示控件按钮的状态。

　　单选按钮有两个取值。

　　• True:单选按钮在被选定状态。

　　• False:默认设置,单选按钮未被选定。

　　复选框有 3 个取值。

　　• 0-UnChecked:默认设置,复选框未被选定。

　　• 1-Checked:复选框被选定。

　　• 2-Grayed:复选框变为灰色,禁止用户使用。

　　(4) Style 属性:有两个取值。

　　• 0-Standand:标准方式。

　　• 1-Graphical:图形方式。

　　2. 事件

　　单选按钮和复选框都能接收 Click 事件,根据选择的状态执行某些操作。

　　下面在简易"字体"对话框案例中添加单选和复选按钮。

　　在索引号为 0、标题为"字体"的选项卡内加载两个复选按钮 Check1,Check2,位置如图 4.1 所示,标题分别为"删除线"、"下画线"。

　　在索引号为 1、标题为"对齐方式"的选项卡内加载 3 个单选按钮 Option1,Option2,Option3,标题分别为"左对齐"、"居中对齐"、"右对齐"。

　　代码设置如下:

```
Private Sub Check1 _ Click( )
    Text1. Font. Strikethrough  =  Not Text1. Font. Strikethrough        '加删除线
End Sub
Private Sub Check2 _ Click( )
    Text1. Font. Underline  =  Not Text1. Font. Underline        '加下画线
End Sub
Private Sub Option1 _ Click( )
    Text2. Alignment  = 0        '左对齐
End Sub
```

```
Private Sub Option2 _ Click( )
    Text2. Alignment  =  2                                    '居中对齐
End Sub
Private Sub Option3 _ Click( )
    Text2. Alignment  =  1                                    '右对齐
End Sub
```

4.5　Frame 控件

Frame(框架 $\boxed{\text{xy}}$)控件用来对其他控件进行分组,可提供视觉上的区分和总体的激活或屏蔽特性。比如,当需要在同一窗体中建立几组相互独立的单选按钮时,就需要用框架将每一组单选按钮框起来,这样对它们的操作就不会影响到框架以外的单选按钮。

在窗体上使用框架控件分组其他选项时,首先应建立框架,然后再在其中建立各种控件,这样在移动框架的时候,可以同时移动它包含的控件。

1. 重要属性

(1)Caption 属性:用于设置框架上显示的标题。当 Caption 属性设置为空时,则框架在外表上看来像一个封闭的矩形框。

(2)Enabled 属性:有两个取值。

• True:用户可对框架内的对象进行操作。

• False:用户不能对框架内的对象进行操作。

(3)Visible 属性:有两个取值。

• True:程序运行时框架可见。框架内部的控件中只有 Visible 属性设置为 True 的控件可见。

• False:程序运行时,框架及其内部的控件全部隐藏起来。

2. 事件

框架可以响应 Click 和 Dblclick 事件。但在应用程序中一般不需要编写有关框架的事件过程。

下面在简易"字体"对话框案例中建立框架:在索引号为 0、标题为"字体"的选项卡内建立框架,位置如图 4.1 所示,将其 Caption 属性设置为"字号"。

4.6　ListBox 控件和 ComboBox 控件

ListBox(列表框 $\boxed{\text{三三}}$)控件用于在很多项目中做出选择的操作。在列表框中可以有多个项目供选择,用户可以通过单击某一项选择自己所需要的项目。如果有较多的选项而不能一次全部显示时,VB 会自动给列表框加上滚动条。列表框最主要的特点是只能从其中选择,而不能直接修改其中的内容。

ComboBox(组合框 )控件是组合了文本框和列表框的特性而形成的一种控件。既可以从列表中选择,也可以在框中输入数据项,但输入的内容不能自动添加到列表框中。

1. ListBox 控件和 ComboBox 控件共有的重要属性

(1)List 属性:该属性是一个字符型数组,存放列表框或组合框的选项。List 数组的下标是从 0 开始的,可通过下标访问数组中的值,其格式为:

s = [列表框|组合框.]List(下标)

List 属性可以在设计状态设置,如图 4.6 中,List1. List(0)的值是"优"。

也可以在程序中改变数组中已有的值,其格式为:

[列表框|组合框.]List(下标) = s

(2)ListCount 属性:ListCount 属性只能在程序中设置或引用。该属性列出了列表框或组合框中项目的数量。项目的排列从 0 开始,最后一项的序号为 ListCount − 1。

(3)ListIndex 属性:ListIndex 属性只能在程序中设置或引用。该属性的设置值表示程序运行时已选中的选项的序号。

图 4.6　List 属性

第一项的索引值为 0,第二项为 1,依次类推。如果没有选中任何项,ListIndex 的值将设置为 − 1。

(4)Sorted 属性:该属性用来确定在程序运行期间列表框或组合框中的项目是否按字母数字升序排列。如果 Sorted 的属性设置为 True,则项目按字母数字升序排列;如果把它设置为 False(默认),则项目按加入的先后次序排列。

(5)Text 属性:该属性是默认属性,只能在程序中设置和引用。其值是最后一次选中的选项的文本,不能直接修改 Text 属性。

2. 列表框特有的重要属性

(1)MultiSelect 属性:该属性用来设置一次可以选择的项目数。在默认的情况下,在一个列表框中只能选择一项,用户也可以在列表框中选择多个表项。MultiSelect 属性值设置如下。

• 0-None:每次只能选择一项,如果选择另一项则会取消对前一项的选择。

• 1-Simple:可以同时选择多个项,后续的选择不会取消前面所选择的项。可以用鼠标或空格键选择。

• 2-Extended:可以选择指定范围的项。其方法是:单击所要选择范围的第一项,然后按下【Shift】键不放,并单击所要选择范围的最后一项;如果按住【Ctrl】键,并单击列表框中的项目,则可不连续地选择多个项。

(2)Selected 属性：该属性只能在程序中设置或引用。

Selected 属性实际上是一个逻辑数组，各个元素值为 True 或 False，每个元素与列表框中的一项相对应。当元素的值为 True 时，表明选择了该项；如为 False，则表示未选择。用下面的语句可以检查指定的项是否被选择：

列表框. Selected(索引值)

上面语句返回一个逻辑值(True 或 False)。

3. 组合框特有的重要属性

Style 属性是组合框的一个重要属性，其取值(0、1 或 2)决定了组合框 3 种不同的类型。Style 属性设置如下。

- 0-Dropdown Combo：此时组合框称为"下拉式组合框"。看起来像一个下拉列表框，但可以输入文本或从下拉列表中选择选项。单击右端的箭头可以下拉显示选项，并允许用户选择，可识别 Dropdown 事件。

- 1-Simple Combo：此时组合框称为"简单组合框"。它由可输入文本的编辑区和一个标准列表框组成。列表框中列出了所有的选项，右边没有下拉箭头，不能被收起和拉下，可识别 DblClick 事件。可以在文本框中输入列表框中没有的选项。

- 2-Dropdown List：此时组合框称为"下拉式列表框"。与下拉组合框一样，它的右端也有个下拉箭头，可供拉下或收起列表框，但不能输入列表框中没有的选项。

4. 方法

列表框和组合框中的选项可以简单地在设计状态通过 List 属性设置，也可在程序中用来添加，用 RemoveItem 或 Clear 方法删除。

(1)AddItem 方法：该方法用来在列表框或组合框中插入一行文本。其格式为：

对象. AddItem 项目字符串[,Index]

其中，对象可以是列表框或是组合框；项目字符串是将要加入列表框或组合框的选项；Index 决定新增选项在列表框或组合框中的位置，如果 Index 缺省，则新增选项添加在最后。

(2)RemoveItem 方法：该方法用来删除列表框或组合框中指定的项目。其格式为：

对象. RemoveItem Index

其中对象可以是列表框或组合框；Index 是将被删除项目在列表框或组合框中的位置。

(3)Clear 方法：该方法用来清除列表框或组合框中的全部内容。其格式为：

对象. Clear

执行 Clear 方法后，ListCount 的值重新被设置为 0。

5. 事件

列表框能够响应 Click 和 DblClick 事件。所有类型的组合框都能够响应 Click 事件，但是只有简单组合框才能接收 DblClick 事件。

下面在简易"字体"对话框案例中建立 ListBox 控件和 ComboBox 控件。

在索引号为 0、标题为"字体"的选项卡的"字体"标签下建一个 ComboBox 控件，在其 List 属性中添加"宋体"、"黑体"、"隶书"、"华文彩云"；在"颜色"标签下建一个 ComboBox 控件，在其 List 属性中添加"黑色"、""、"隶书"、"华文彩云"；再在"字号"框架中添加一个 ComboBox 控件，将其 Sytle 属性设置为"1-Simple Combo"，在 List 属性中添加"14"、"16"、"18"、"20"、"22"、"24"、"26"、"28"。

代码设置如下：

```
Private Sub Combo1 _ Click( )
    Select Case Combo1. ListIndex
        Case 0
            Text1. FontName  = "宋体"         '文本框内容字体为"宋体"
        Case 1
            Text1. FontName  = "黑体"
        Case 2
            Text1. FontName  = "隶书"
        Case 3
            Text1. FontName  = "华文彩云"
    End Select
End Sub
Private Sub Combo2 _ Click( )
    Select Case Combo2. ListIndex
        Case 0
            Text1. ForeColor  = &H0&          '文本框内容字体颜色为"黑色"
        Case 1
            Text1. ForeColor  = &HFF&
        Case 2
            Text1. ForeColor  = &HFFFF&
        Case 3
            Text1. ForeColor  = &HFF0000&
    End Select
End Sub
Private Sub Combo3 _ Click( )
    Select Case Combo3. ListIndex
        Case 0
            Text1. FontSize  = "14"            '文本框内容字体的字号为"14"
        Case 1
            Text1. FontSize  = "16"
        Case 2
            Text1. FontSize  = "18"
```

```
        Case 3
            Text1. FontSize = "20"
        Case 4
            Text1. FontSize = "22"
        Case 5
            Text1. FontSize = "24"
        Case 6
            Text1. FontSize = "26"
        Case 7
            Text1. FontSize = "28"
    End Select
End Sub
```

4.7　滚动条和 Slider 控件

滚动条可分为 HscrollBar(水平滚动条 ◀▶)和 VscrollBar(垂直滚动条 ▲▼)两种,它与 Slider 控件通常用来附在窗体上协助观察数据或确定位置,也可用来作为数据输入的工具。

滚动条是 VB 中的标准控件,可以通过工具箱中的水平滚动条和垂直滚动条工具来建立,而 Slider 控件位于 Microsoft Windows Common Control 6.0 部件中,在"部件"对话框中设置对它的引用后才会出现在工具箱中。

1. 滚动条和 Slider 控件共有的重要属性

(1)Max(最大值)属性:该属性表示当滑块处于最大位置时所代表的值。

(2)Min(最小值)属性:该属性表示当滑块处于最小位置时所代表的值。

(3)SmallChange(最小变动值)属性:该属性表示用户单击滚动条两端箭头或拖动 Slider 控件的滑块在两端滑动时,滑块移动的增值量。

(4)LargeChange(最大变动值)属性:该属性表示用户在滚动条的空白处或 Slider 控件的滑动杆的空白处单击鼠标时,滑块移动的增值量。

(5)Value 值属性:该属性表示滑块所处位置所代表的值。

2. Slider 控件特有的重要属性

(1)TickStyle 属性:决定控件的显示样式。

(2)TickFrequency 属性:决定控件上刻度的疏密。如果值为 1,表示每隔一个单位就有一个刻度点。

(3)TextPosition 属性:用鼠标操作时会出现提示,告诉用户当前刻度值。该属性用来设置提示的位置。

在 Slider 控件上单击右键,在弹出菜单中选择"属性"命令,可打开"属性页"对话框,如图 4.7 所示。

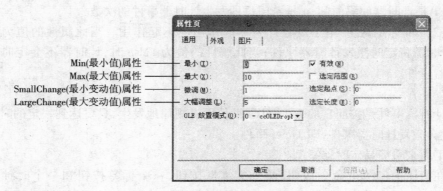

图 4.7 "属性页"对话框

3. 事件

与滚动条和 Slider 控件有关的重要事件是 Scroll 和 Change。当拖动滑块时会触发 Scroll 事件,当改变 Value 属性(滑块位置改变)时会触发 Change 事件。Scroll 事件用于跟踪滚动条或滑块中的动态变化,Change 事件则用来得到滑块最后的位置值。

4. 方法

适用于滚动条的方法有 Drag 方法、SetFocus 方法、Move 方法等。

在简易"字体"对话框案例中也可以用 Slider 控件设置文本框中的字体大小。

在"字号"框架中添加一个 Slider 控件,如图 4.1 所示,设置代码如下:

```
Private Sub Slider1 _ Scroll( )
    Slider1. Min  =  8
    Slider1. Max  =  72
    Slider1. SmallChange  =  2
    Slider1. LargeChange  =  8
    Slider1. TickFrequency  =  2
    Text1. FontSize  =  Slider1. Value
End Sub
```

4.8　Timer 控件

Timer(计时器) 控件是一种按一定的时间间隔触发事件的对象。使用计时器,可以每隔一段相同的时间,就执行一次相同的代码。

1. 重要属性

(1)Interval 属性:用于设置计时器的时间间隔。它的计时单位为 ms(毫秒)。在程序运行期间,计时器控件并不显示在屏幕上,通常用一个标签来显示时间。当 Interval 的属性值为 0 时,表示屏蔽计时器。计时器时间间隔计算公式如下:

$$T = 1000/n$$

其中,T 是计时器间隔时间,n 是希望每秒发生计时器事件的次数 。

（2）Enabled 属性：用于设置计时器起作用或不起作用。当此属性的值为 True 时,计时器将定时激发计时器事件；当此属性的值为 False 时,计时器不会定时激发计时器事件。

2. 事件

计时器事件是按照它的 Interval 属性值而有规律地发生,只要达到一定的时间间隔,就会激发计时器事件,即 Timer 事件。

下面来看简易定时器案例。

在窗体中建两个命令按钮、两个文本框按钮、一个标签按钮和一个时钟控件（Timer1）。系统当前时间显示在 Label1 按钮中,用户在 Text1 和 Text2 文本框中设置定时时间,然后单击"定时"按钮开始定时,单击"结束"按钮退出程序。代码如下：

```
Dim hour, minute
Sub Command1 _ Click( )
    hour = Format(Text1. Text, "00")
    minute = Format(Text2. Text, "00")
    End Sub
    Private Sub Timer1 _ Timer( )
    Label1. Caption = Time $
    If Mid $ (Time $ , 1, 5) = hour + ":" + minute Then
    hour = ""
    minute = ""
    MsgBox $ ("时间到!")
    End If
End Sub
Private Sub Command2 _ Click( )
    End
End Sub
```

4.9   Animation 控件

Animation 控件 是用来创建显示动画的按钮,如单击一个按钮播放一个. avi 文件。它位于 Microsoft Windows Common Control-2 6.0 部件中。

1. 方法

Animation 控件有 4 个重要方法。

（1）Open 方法：用于打开 AVI 文件。

（2）Play 方法：用于播放 AVI 文件。使用格式如下：

对象. Play[重复次数,起始帧,结束帧]

其中:如果"重复次数"省略,则默认值为 -1,可以连续重复播放下去;如果"起始帧"省略,则默认为 0,表示从第一帧开始播放;如果"结束帧"省略,则默认为 -1,表示播放到最后一帧。

(3)Stop 方法:用于停止播放文件。

(4)Close 方法:用于关闭文件。

2. 重要属性

(1)AutoPlay 属性:该属性如果设置为 True,则用 Open 方法打开文件时自动播放,否则需要用 Play 方法播放(如图 4.8 所示)。

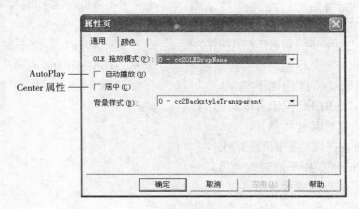

图4.8　Animation 控件属性页对话框

(2)Center 属性:用于设置动画播放的位置。Center 属性值为 True 时,动画在控件中央播放。

现在在简易定时器案例中添加一个 Animation 控件,在其属性页"通用"选项卡中选中"居中",然后在 Command1 _ Click 事件中添加如下代码:

```
Animation1. Open ( App. Path  +  "\clock. avi")
Animation1. Play
```

4.10　ProgressBar 控件

除了在工具箱上可以直接看见的内部控件外,VB 中还有一些 ActiveX 控件,比如 ProgressBar(进度栏▪▪▪)控件,进度栏显示程序离完成某一项任务大致还需要多少时间。任务开始时进度栏为空,随着程序工作的进展,进度栏逐渐被填充,当任务完成时,进度栏被填满。

进度栏位于 Microsoft Windows Common Control 6.0 部件中,其主要属性(如图4.9所示)介绍如下。

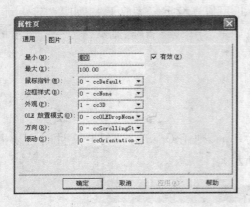

图 4.9   ProgressBar(进度栏▥) 控件

1. 决定进度的属性

(1) 最小:代表进度栏全空时的值,缺省设置为 0。

(2) 最大:代表进度栏全满时的值,缺省设置为 100。

2. 决定进度栏在窗体上位置的属性

Align 属性为进度栏在窗体定位,属性值如下。

- 0-vbAlignNone:取决于设计时的位置,为缺省值。
- 1-vbAlignTop:位于窗体顶部。
- 2-vbAlignBottom:位于窗体底部。
- 3-vbAlignLeft:位于窗体左边。
- 4-vbAlignRight:位于窗体右边。

3. 决定进度栏尺寸的属性

(1) Height:进度栏平铺时的高度。

(2) Width:进度栏平铺时的宽度。

4. 决定进度栏样式的属性

Appearance 决定进度栏的样式,属性值如下。

- 0-ccFlat:平面样式。
- 1-cc3D:立体样式。

4.11   UpDown 控件

UpDown 控件▯ 是一种 Windows 应用程序中的常见控件,位于 Microsoft Windows Common Control-2 6.0 部件中。它往往与其他控件"捆绑"在一起使用,用来设置程序的某些参数,方便用户修改与它关联的伙伴控件。比如,UpDown 控件与文本框"捆绑"在一起使用时,当单击向上或向下箭头时,使得文本框中的值也相应地增加或减少。

UpDown 控件的属性如图 4.10、图 4.11 和图 4.12 所示。

要将 UpDown 控件与其他控件关联的步骤如下。

步骤 1: 打开 UpDown 控件的属性页。

步骤 2: 在"合作者"选项卡中输入合作

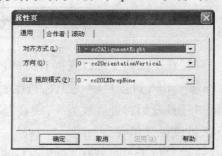

图 4.10   UpDown 控件的"通用"选项卡

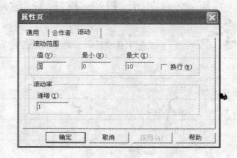

图 4.11　UpDown 控件的"合作者"选项卡　　图 4.12　UpDown 控件的"滚动"选项卡

者控件的名称和选定合作者控件的属性。

　　程序运行时,合作者控件的属性与 UpDown 控件的 Value 属性保持同步。如果选中了"AutoBuddy(自动合作者)"复选框,则 UpDown 控件自动选择在 Tab 键次序中前面的控件作为合作者控件,如果 Tab 键次序中没有前面控件,UpDown 控件将 Tab 键次序中的下一个控件作为合作者控件。

　　步骤 3:在"滚动"选项卡中设置滚动范围和滚动率。

　　如果选定了"AutoBuddy(自动合作者)"复选框,则当合作者控件的值达到最大后,又回到最小值。

　　UpDown 控件能响应 UpClick 和 DownClick 事件,它们是在单击向上或向下箭头时发生的事件,一般不需要编写它们的事件过程。

4.12　Windows Media Player 控件

1. Windows Media Player 控件的属性

Windows Media Player 控件的外观由表 4.2 中以 Show 开头的属性控制。

表 4.2　控制 Windows Media Player 控件外观的属性

属　　性	功　　能
ShowAudioCntrls	为 True 时显示 Audio
ShowCaptioning	为 True 时显示标题文本
ShowControls	为 True 时显示控件
ShowDisplay	为 True 时播放面板
ShowGoToBar	为 True 时 GoToBar
ShowPostionControls	为 True 时控制面板上的位置控制按钮
ShowStatusBar	为 True 时显示状态栏
ShowTracker	为 True 时显示滑动尺

Windows Media Player 控件的其他几个重要属性见表 4.3 所示。

表 4.3　Windows Media Player 控件的 DispalySize 属性的设置值

属　性	功　能
AutoRewind	决定是否自动回退
AutoStart	决定是否自动播放
FileNme	指定要播放的文件名
AllowChangeDispalySize	决定在运行时是否可以改变显示尺寸
AllowScan	决定在运行时是否可以扫描文件
ClickToPlay	决定是否单击播放
EnablePositionControls	决定控制面板上的位置按钮是否有效
EnableFullScreenControls	决定控件是否全屏播放
EnableTracker	决定控制面板上的滑动尺是否有效
PlayCount	决定播放次数
Rate	决定播放速度
volume	决定播放音量
DispalySize	决定图像显示的大小,属性参数见表 4.4

表 4.4 列出了 Windws Media Player 控件的 DispalySize 属性的可选值。

表 4.4　Windws Media Player 控件的 DispalySize 属性的设置值

设置值(VB 常数)	图像大小
0-mpDefaultSize	原始尺寸
1-mpHalfSize	原始尺寸的 一半
2-mpDoubleSize	原始尺寸 * 2
3-mpFullScreen	全屏幕
4-mpFitToScreen	适应屏幕
5-mpOneSixthScreen	1/6 屏幕
6-mpForthScreen	1/4 屏幕
7-mpOneHalfScreen	1/2 屏幕

2. Windows Media Player 控件的方法

Windows Media Player 控件的方法见表 4.5 所示。

表4.5 Windows Media Player 控件的主要方法

方 法	说 明
AboutBox	显示 About 对话框
Cancel	取消操作
FastFoward	向前快进
FastReverse	向后快退
Next	跳到下一项目
Open	打开要播放的文件
Pause	暂停播放
Play	从当前位置播放
Previouse	跳到前一项目
Stop	停止播放,执行该方法将重置播放位置

3. Windows Media Player 控件的应用

例如,用 Windows Media Player 控件设计简单的媒体播放器,窗体如图 4.13 所示。

本例的设计步骤如下。

步骤 1:建立用户界面并设置对象属性。

新建一个工程,命名为"媒体播放器"。将 Windows Media Payer 控件和公共对话框控件引入工具箱。进入"窗体"设计器,将窗体的标题设置为"Windows Media Player

图 4.13 Windows Media Player 媒体播放器

媒体播放器"。在窗体中增加一个 Windows Media Player 控件 MediaPlayer1、一个公共对话框控件 CmmonDialog1 和一个框架控件 Frame1。

选中 Frame1 后,在其中增加命令按钮控件数组 Command1(0) ~ Command1(4),并设置 Caption 属性如图 4.13 所示。

这 5 个按钮的功能分别如下。

• "打开"按钮:显示"打开文件"对话框,选择要播放的.avi、.vcd、.dat、.mpeg或.wav 文件并开始播放。

• "全屏"按钮:在播放视频文件时,以全屏幕显示。

• "半屏"按钮:在播放视频文件时,以一半屏幕大小显示。

• "关于"按钮:显示 Windows Media Player 控件的关于对话框。

• "退出"按钮:结束播放并关闭窗口。

步骤2:编写如下程序代码。

```
Private Sub Command1 _ Click(Index As Integer)
    Select Case Index
        Case 0
            CommonDialog1. Filter = "多媒体文件
            (∗.avi;∗.wav;∗.mid;∗.vcd;∗.dat)|∗.avi;∗.wav;∗.mid;∗.vcd;∗.dat"
            CommonDialog1. ShowOpen
            MediaPlayer1. FileName = CommonDialog1. FileName
            MediaPlayer1. play
        Case 1
            MediaPlayer1. DisplaySize = mpFullScreen
        Case 2
            MediaPlayer1. DisplaySize = mpOneHalfScreen
        Case 3
            MediaPlayer1. AboutBox
        Case 4
            MediaPlayer1. stop
            Unload Me
    End Select
End Sub
```

4.13　本章案例实现

项目一:简易"字体"对话框

1. 系统设计

1)工程文件的建立

打开 VB 6.0 应用程序,将当前窗体文件和工程文件分别以"Font"为名保存。

2)界面设计

按照图4.1和图4.2所示,将控件放置在窗体的合适位置。各个控件的属性设置见表4.6所示。

表4.6　控件属性设置

默认控件名	标题(Caption)	属性	属性值
SSTab1	字体	Tabs	2
	对齐方式	TabsPerRow	2
label1	字体	ForeColor	&H8000000D&
label2	字形	ForeColor	&H8000000D&

默认控件名	标题（Caption）	属性	属性值
label3	颜色	ForeColor	&H8000000D&
label4	效果	ForeColor	&H8000000D&
label5	预览	ForeColor	&H8000000D&
label6	预览	ForeColor	&H8000000D&
Option1	左对齐		
Option2	居中对齐		
Option3	右对齐		
Check1	删除线		
Check2	下画线		
Combo1		List	宋体 黑体 隶书 华文彩云
		Text	宋体
Combo2		List	黑色 红色 黄色 蓝色
		Text	黑色
Combo3		Style	1-Simple Combo
		List	14 16 18 20 22 24 26 28
		Text	14
List1		List	倾斜 加粗 加粗 倾斜
Frame1	字号		
Text1		Text	字体
Text2		Text	对齐方式

2. 代码编制

```
'设置字体
Private Sub Combo1 _ Click( )
    Select Case Combo1. ListIndex
        Case 0
            Text1. FontName = "宋体"        '文本框内容字体为"宋体"
        Case 1
            Text1. FontName = "黑体"
        Case 2
            Text1. FontName = "隶书"
        case 3
            Text1. FontName = "华文彩云"
    End Select
End Sub
```

```
'设置字体颜色
Private Sub Combo2 _ Click( )
    Select Case Combo2. ListIndex
      Case 0
        Text1. ForeColor = &H0&          '文本框内容字体颜色为"黑色"
      Case 1
        Text1. ForeColor = &HFF&
      Case 2
        Text1. ForeColor = &HFFFF&
      Case 3
        Text1. ForeColor = &HFF0000
    End Select
End Sub
'设置字号
Private Sub Combo3 _ Click( )
    Select Case Combo3. ListIndex
      Case 0
        Text1. FontSize = "14"           '文本框内容字体的字号为"14"
      Case 1
        Text1. FontSize = "16"
      Case 2
        Text1. FontSize = "18"
      Case 3
        Text1. FontSize = "20"
      Case 4
        Text1. FontSize = "22"
      Case 5
        Text1. FontSize = "24"
      Case 6
        Text1. FontSize = "26"
      Case 7
        Text1. FontSize = "28"
    End Select
End Sub
'设置字形
Private Sub List1 _ Click( )
    Dim str As String
    Select Case List1. ListIndex
      Case 0
```

```
        Text1. FontItalic = True              '文本框内容字形为"倾斜"
    Case 1
        Text1. FontBold = True
    Case 2
        Text1. FontItalic = True And Text1. FontBold = True
    End Select
End Sub
'字体加删除线
Private Sub Check1 _ Click( )
    Text1. Font. Strikethrough = Not Text1. Font. Strikethrough
End Sub
'字体加下画线
Private Sub Check2 _ Click( )
    Text1. Font. Underline = Not Text1. Font. Underline
End Sub
'设置字体对齐方式
Private Sub Option1 _ Click( )
    Text2. Alignment = 0
End Sub
Private Sub Option2 _ Click( )
    Text2. Alignment = 2
End Sub
Private Sub Option3 _ Click( )
    Text2. Alignment = 1
End Sub
'用 Slider 控件设置字号
Private Sub Slider1 _ Scroll( )
    Slider1. Min = 8
    Slider1. Max = 72
    Slider1. SmallChange = 2
    Slider1. LargeChange = 8
    Slider1. TickFrequency = 2
    Text1. FontSize = Slider1. Value
End Sub
```

3. 保存文件,运行工程

启动程序之后,就可以进行设置字体了。

项目二：简易定时器

1. 系统设计

1）工程文件的建立

打开 VB 6.0 应用程序，将当前窗体文件和工程文件分别以"Timer"为名保存。

2）界面设计

按照图 4.3 所示，将控件放置在窗体的合适位置。各个控件的属性设置见表 4.7 所示。

表 4.7 控件属性设置

默认控件名	标题（Caption）	属性	属性值
Label1		BackColor	&H8000000F&
Label2	现在时间：		
Label3	定时时间：		
Label4	时		
Label5	分		
Command1	定时		
Command2	结束		
Timer		Interval	20

2. 代码编制

```
Dim hour, minute
Sub Command1 _ Click( )
    Animation1. Open ( App. Path + "\clock. avi")
    '动画文件(clock. avi)应与工程文件在同一文件夹下
    Animation1. Play
    hour = Format(Text1. Text, "00")
    minute = Format(Text2. Text, "00")
End Sub
Private Sub Timer1 _ Timer( )
    Label1. Caption = Time $
    If Mid $ (Time $ , 1, 5) = hour + ":" + minute Then
    Animation1. Stop
    hour = ""
    minute = ""
    MsgBox $ ("时间到!")
    End If
End Sub
```

```
        Private Sub Command2 _ Click( )
            End
    End Sub
```

3. 保存文件,运行工程

启动程序之后,输入定时时间,单击"定时"按钮即可定时。简易定时器界面如图4.14所示。

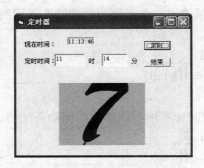

图4.14　简易定时器运行界面

本章小结

标准控件是 VB 程序设计的基本内容,它们在应用程序的开发过程中必不可少。本章详细介绍了多种标准控件的功能及其使用方法。

单选按钮、复选框和框架常用来进行选择操作;列表框和组合框以列表方式为用户提供一个直观的浏览界面,以便用户从中选择指定项目;图片框和图像控件则用于实现应用程序的图形功能;定时器能够使应用程序每隔一定时间执行特定的操作;滚动条可方便用户浏览数据。

通过本章的学习,读者应当熟练掌握各种标准控件的常用属性,灵活利用控件可响应的事件和拥有的方法进行编程,学会设计比较简单的应用程序。

思考题与习题4

一、填空题

1. 设置计时器控件只能触发_____事件。

2. 设置控件背景颜色的属性名称是_____。

3. 所有控件都具有的共同属性是_____属性。

4. 滚动条控件主要支持两个事件,它们是_____事件。

5. 要使鼠标停留在按钮上显示特殊的鼠标形状,应设置的属性值是_____。

6.＿＿＿＿＿＿＿属性设置为1,单选按钮和复选按钮的标题显示在左边。

7.复选框＿＿＿＿＿＿属性设置为 2-grayed 时,变成灰色,禁止用户选择。

8.列表框中项目的序号是从＿＿＿＿＿＿开始的。

9.组合框是组合了文本框和列表框的特性而形成的一种控件。＿＿＿＿＿＿风格的组合框不允许用户输入列表框中没有的项。

10.设在界面上放置了一个滚动条 Hscroll1 和一个标签控件 Label1,要使每次单击滚动条两端箭头时,或单击滚动条滑块与两端箭头之间的空白区域时,标签内容能够反映滚动条的值,补齐以下代码:

Private Sub Hscroll1.＿＿＿＿＿＿＿＿＿＿＿＿

　　Label1. Caption = Hscroll1.＿＿＿＿＿＿＿＿＿＿＿

End Sub

要使拖动滚动条滑块时标签内容能够反映滚动条的值,补齐以下代码:

Private Sub Hscroll1.＿＿＿＿＿＿＿＿＿

　　Label1. Caption = Hscroll1.＿＿＿＿＿＿＿＿＿＿

End Sub

二、选择题

1.不具有输入数据功能的控件是＿＿＿＿＿＿控件。

A. 文本框　　　　　　B. 选项按钮　　　　　C. 列表框　　　　　D. 窗体

2.常用控件的 Style 属性值是＿＿＿＿＿＿。

A. 字符常量　　　　　　　　　　　　B. 逻辑常量

D. 数值常量　　　　　　　　　　　　D. 日期常量

3.要清除已经在图片框(名称为 P1)中打印的字符串而不清除图片框中的图像,应使用语句＿＿＿＿＿＿。

A. P1. Cls　　　　　　　　　　　　B. P1. picture = LoadPicture("")

C. P1. Print""　　　　　　　　　　D. P1. piture""

4.要使一个图片框控件能自动地附着在窗体的一条边上,应设置它的＿＿＿＿＿＿属性。

A. Picture　　　　　B. Alignment　　　　　C. Border　　　　　D. Align

5.下列赋值语句正确的是＿＿＿＿＿＿。

A. Text1. text = Text. text + Text2. text

B. Text1. name = Text1. Name + Text2. Name

C. Text1. Caption = Text1. Caption + Text2. Caption

D. Text1. Enable = Text1. Enable + Text2. Enable

6.引用列表框的最后一项应使用＿＿＿＿＿＿。

A. List1. List(List1. ListCount − 1)　　　B. List1. List(List1. ListCount)

C. List1. List(ListCount)　　　　　　　　D. List1. List(ListCount − 1)

7. 列表框控件中的列表内容是通过_____属性设置的。

A. Name　　　　　　B. Caption　　　　　C. List　　　　　　D. Text

8. 可以用作其他控件容器的控件有_____。

A. 窗体控件、列表控件、图像控件　　　B. 窗体控件、文本框控件、框架控件

C. 窗体控件、框架控件、图片框控件　　D. 窗体控件、标签控件、图片控件

9. 组合框控件是将_____组合成一个控件。

A. 列表框控件和文本框控件　　　　　　B. 标签控件和列表框控件

C. 标签控件和文本框控件　　　　　　　D. 复选框控件和选项按钮控件

10. 要在命令按钮控件上显示图像应_____。

A. 设置 Picture 属性　　　　　　　　　　B. 实现不了

C. 先将 Type 设置为 1,然后再设置 Picture 属性　　D. 以上都不对

11. 定时器的 Interval 属性以_____为单位指定 Timer 事件之间的时间间隔。

A. 分　　　　　　　B. 秒　　　　　　　C. 毫秒　　　　　　D. 微秒

12. 要使滚动条表示最大值100,应设置其_____属性。要使滚动条表示最小值10,应设置其_____属性。要使每次单击滚动条两端箭头时变化值为10,应设置其_____属性。要使单击滚动条滑块与两端箭头之间的空白区域时变化值为20,应设置其_____属性。

A. Minimize　　B. Min　　　　　　C. MinChange　　　D. SmallChange

E. Maximisze　　F. Max　　　　　　G. MaxChange　　　H. LargeChange

13. 要将一个组合框设置为简单组合框(Simple Combo),应将其 Style 属性设置为_____。

A. 0　　　　　　　B. 1　　　　　　　C. 2　　　　　　　D. 3

14. 要使一个标签透明且不具有边框,应_____。

A. 将其 BackStyle 属性设置为 0,BorderStyle 属性设置为 0

B. 将其 BackStyle 属性设置为 0,BorderStyle 属性设置为 1

C. 将其 BackStyle 属性设置为 1,BorderStyle 属性设置为 0

D. 将其 BackStyle 属性设置为 1,BorderStyle 属性设置为 1

15. 单击滚动条的滚动箭头时,产生的事件是_____。

A. Click　　　　　B. Scroll　　　　　C. Change　　　　　D. Move

16. 在列表框中当前被选中的列表项的序号是由下列哪个属性表示_____。

A. List　　　　　　B. Index　　　　　C. ListIndex　　　　D. TabIndex

17. 要使列表框中的列表项显示成复选框形式,则应将其 Style 属性设置为_____。

A. 0　　　　　　　B. 1　　　　　　　C. True　　　　　　D. False

18. 以下不具有 Picture 属性对象是_____。

A. 窗体   B. 图片框   C. 图像框   D. 文本框

三、编程题

1. 新建一个工程,完成应用程序的设计,具体要求如下。

(1)在窗体上放置一个水平滚动条、一个标签框和一个命令按钮。

(2)单击滚动条左右箭头时,标签上的字可以左右移动,标签移动范围等于滚动条的范围。

2. 新建一个工程,完成"偶数迁移"程序的设计,具体要求如下。

(1)窗体的标题为"偶数迁移"。

(2)窗体中有两个列表框控件、两个标签框控件,两个命令按钮控件。

(3)完成以下功能:单击"产生"按钮,实现随机产生 10 个两位正整数,在左边列表框内显示;单击" - >"按钮,把左边列表框中的偶数全部移到右边列表框中。

3. 新建一个工程,完成"电子钟"程序的设计,具体要求如下。

(1)窗体的标题为"电子钟",固定边框。

(2)设计两个定时器,Timer1 用于显示系统时间,时间间隔为 1 秒;Timer2 用于判断闹钟时间,时间间隔为 200 秒,Timer2 设置为不可使用。

(3)窗体的上半部是标签 Label1,用于显示时间,设置 Label1 的 Font 为宋体、粗体、二号、背景白色、文字居中对齐、固定边框。

(4)窗体的下半部有一个标签 Label2,标题为"闹钟时间:",Label2 的右边是文本框 Text1。

(5)在文本框中输入闹钟时间并按回车后,启动判断闹钟时间的定时器 Timer2,如果 Label1 显示的时间超过闹钟时间,则标签 Label1 的背景色按红白两色交替变换。

实验 4   常用控件

一、实验目的

(1)掌握单选按钮控件、复选按钮控件和框架控件的常用属性、重要事件和基本方法;

图 4.15   任务一设计时界面

(2)掌握列表框、组合框、时钟、Slider 控件、SSTab 控件等的重要事件和基本方法。

二、实验内容及简要步骤

任务一:创建一个工程,窗体如图 4.15 所示。要求当用户在两组不同的单选按钮上做出选择后,"显示颜色"标签上的颜色做出相应的变化。

简要步骤:该实验内容可以参看简易"字体"对话框案例。

任务二: 编写一个能对选修课程进行添加、修改和删除操作的应用程序,界面如图4.16所示。

简要步骤如下。

①创建应用程序的用户界面和设置对象属性。

如图4.16所示,窗体上含4个命令按钮、1个文本框(Text1)和1个列表框(List1)。

②编写程序代码。

图4.16 任务二设计时界面

提示:程序运行时,因为不能直接在列表框中对项目进行添加、删除和修改,所以要借助一个文本框。列表框中的项目在窗体加载过程中用 AddItem 方法添加,用 RemoveItem 方法删除。如果要修改某个项目,先选定该项目,然后单击"修改"按钮,所选的项目显示在文本框中,在文本框中修改之后,再单击"修改确定"按钮更新原项目。

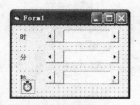

图4.17 任务三设计时界面

任务三: 利用滚动条设置时间。用3个水平滚动条分别表示小时(变化范围为0~23)、分钟(变化范围为0~59)和秒(变化范围为0~59),界面如图4.17所示。

简要步骤如下。

①创建应用程序的用户界面和设置对象属性。

在窗体内建立6个标签,分两列排列。第1列3个标签 Label1、Label2 和 Label3 的 Caption 属性分别为"时"、"分"和"秒",第2列3个标签 Label4、Label5 和 Label6 的 Caption 属性分别用于显示时、分和秒的值。再建立3个水平滚动条 VScroll1、VScroll2 和 VScroll3,分别用于改变时、分和秒。

②编写程序代码。

任务四: 利用随机数为数组赋值,用进度栏显示赋值的进程,界面如图4.18所示。

简要步骤如下。

①创建应用程序的用户界面和设置对象属性。

图4.18 任务四设计时界面

在窗体内建立2个命令按钮和1个 ProgressBar 控件。

②编写程序代码。

提示:进度栏外观利用 Form _ Load 事件设定。如果进度栏的 Align 属性设为0,则可以重新设定 Width 属性,对其他4种情况,进度栏的宽度都与窗体宽度一致,这时不能设置 Width 属性。

任务五: 设计一个播放动画的程序,界面如图4.19所示。

简要步骤如下。

①创建应用程序的用户界面和设置对象属性。

图 4.19   任务五设计时界面

如图 4.19 所示,窗体上包含 4 个命令按钮,1 个标签,1 个文本框,以及 1 个 Animation 控件。

②编写程序代码。

提示:当文本框内容为空时,单击"播放"按钮,动画自动播放;当文本框中输入次数时,则按指定的次数播放。

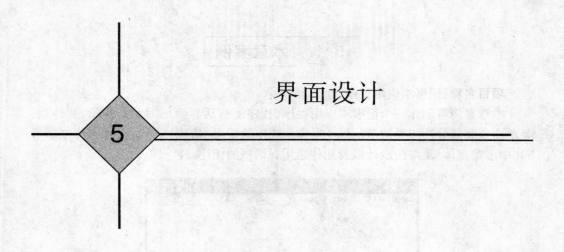

界面设计

5

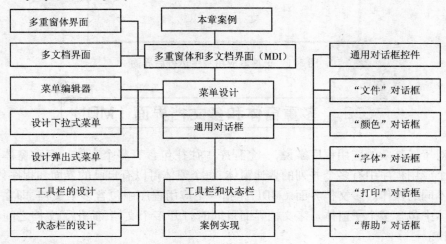

☞ **本章知识导引**

多重窗体界面	—	本章案例	
多文档界面	—	多重窗体和多文档界面（MDI）	— 通用对话框控件
菜单编辑器	—	菜单设计	— "文件"对话框
设计下拉式菜单	—	通用对话框	— "颜色"对话框
设计弹出式菜单			— "字体"对话框
工具栏的设计	—	工具栏和状态栏	— "打印"对话框
状态栏的设计	—	案例实现	— "帮助"对话框

➡ **本章学习目标**

VB 提供了大量的用户界面设计工具和方法。本章将介绍 VB 中最重要的用户界面设计技术。通过本章的学习和上机实践,读者应该能够:

☑ 掌握多重窗体和多文档界面（MDI）的设计;

☑ 掌握菜单的设计;

☑ 掌握工具栏、状态栏和各种通用对话框的使用。

5.1　本章案例

项目名称:记事本应用程序

本章案例将制作一个记事本应用程序,程序运行后界面如图5.1所示,其外观、菜单命令和部分功能类似 Windows 操作系统中的记事本应用程序。下面来详细学习 VB 中多重窗体、菜单的设计以及几种通用对话框的使用。

图5.1　记事本应用程序运行后界面

5.2　多重窗体和多文档界面（MDI）

对于较复杂的应用程序来说,一个程序中往往包含有多个窗体。多重窗体是指在一个应用程序中有多个并列的普通窗体,每个窗体可以有自己的界面和程序代码,完成不同的操作。多文档界面（MDI)是指一个应用程序中包含多个文档,即在一个父窗体中包含多个子窗体。多文档界面可同时打开多个文档,简化了文档之间的信息交换。

5.2.1　多重窗体界面

多重窗体实际上是单一窗体的集合,但应注意各个窗体之间的相互关系。下面介绍多重窗体的一些操作。

1. 多重窗体的管理

1）添加窗体

可用下述3种方法向当前工程添加一个新窗体。

（1)选择“工程”菜单中的“添加窗体”命令,打开“添加窗体”对话框,双击“新建”选项卡中的“窗体”图标,即可向当前工程添加一个新窗体。新窗体的名称

（Name）和属性（Caption）均由系统自动确定，也可以使用属性窗口对其进行修改。

（2）从常用工具栏上单击"添加窗体"图标，可打开"添加窗体"对话框，添加一个新的窗体。

（3）在工程资源管理器中选定"工程"，然后单击鼠标右键，在弹出的右键菜单中选取"添加"项下的"添加窗体"命令，也可创建一个新窗体。

也可将一个已有的窗体添加到工程中，方法是在"添加窗体"对话框中选择"现存"选项卡，可把一个属于其他工程的窗体添加到当前工程中。但必须注意以下两点：

（1）要添加的窗体的窗体名不能与当前工程中的窗体名重名，否则不能将现存的窗体添加进来；

（2）当前工程中添加进来的现存窗体在多个工程中共享，对该窗体所作的改变，会影响到共享窗体的每一个工程。

2）删除窗体

可以用两种方法删除工程中多余的窗体：在工程资源管理器窗口中选定要删除的窗体，选择"工程"菜单中的"删除"命令项；或者在工程资源管理器窗口中选定要删除的窗体，单击鼠标右键弹出其快捷菜单，选择"删除"命令，即可删除该窗体。

3）保存窗体

在工程资源管理器窗口中选定要保存的窗体，选择"文件"菜单中的"保存"或"另存为"命令；或者在工程资源管理器窗口中选定要保存的窗体，然后单击鼠标右键，在弹出的右键菜单中选择"保存"或"另存为"命令，即可保存该窗体。

2. 设 置 启 动 窗 体

对于包含有多个窗体的工程，必须设定一个启动窗体作为程序运行时的入口。缺省情况下，把窗体 Form1 作为系统默认的启动窗体。如果用户希望把某个窗体设置为启动窗体，可以用以下方法实现。

在工程资源管理器窗口中选定"工程"，然后单击鼠标右键，在弹出的右键菜单中选取"工程属性"命令，在弹出的"工程属性"对话框（如图 5.2 所示）中选中"通用"选项卡。在"启动对象"下拉列表框中选取要作为启动窗体的窗体名。若选用 Main 子过程作为启动对象，则程序启动时不加载任何窗体，而是运行一个 Main 子过程，然后根据不同情况来决定是否加载窗体或加载哪一个窗体。

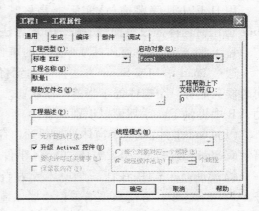

图 5.2 "工程属性"对话框

3. 与多重窗体程序设计有关的语句和方法

在单窗体程序设计中,所有的操作都在一个窗体中完成,不需要在多个窗体间切换;而在多窗体程序中,需要打开、关闭、显示和隐藏指定的窗体,这可以通过相应的语句和方法实现。

(1)Load 语句:该语句把一个窗体装入内存。语法格式为:

Load　窗体名称

执行 Load 语句后,可以引用窗体中的控件及其各种属性,但此时窗体没有显示出来。

(2)Unload 语句:该语句与 Load 语句的功能相反,它清除内存中指定的窗体。语法格式为:

Unload　窗体名称

执行 Unload 语句后,窗体将从内存中卸载。

(3)Show 方法:该方法用来显示一个窗体。它兼有加载和显示窗体两种功能。即在执行 Show 方法时,如果窗体不在内存中,则 Show 方法自动把窗体装入内存,然后显示出来。语法格式为:

[窗体名称].Show[模式]

其中,"窗体名称"为可选项,默认时为当前活动窗体。"模式"用来确定窗体的状态,有 0 和 1 两个值,默认为 0,表示窗体是"非模式型",可以对其他窗体进行操作,如"编辑"菜单的"查找"对话框就是一个非模式对话框实例;若"模式"为 1,表示窗体是"模式型",用户无法将鼠标移到其他窗口,即只有在关闭该窗体后才能对其他窗体进行操作。

(4)Hide 方法:该方法用来将窗体暂时隐藏起来,使窗体处于不可视状态,但并不从内存中真正删除。语法格式为:

[窗体名称].Hide

用 Hide 方法隐藏窗体,实际上是将其 Visible 属性设置为 False。如果在调用 Hide 方法时窗体还没有加载,那么 Hide 方法将加载该窗体,但并不显示在屏幕上。

4. 加载、卸载一个窗体时顺序发生的事件

通过 Load 语句或 Show 方法都能达到将窗体加载的目的。在多窗体情况下,任何时候只能有一个窗体处于当前活动状态。一个窗体从加载到卸载,从活动到不活动,VB 中提供了一系列可以识别的事件。

(1)Load 事件:在一个窗体被加载到内存中时,就引发它的 Load 事件,因此 Load 语句或 Show 方法都能引发窗体的 Load 事件。

(2)Activate 事件:在让一个窗体成为当前活动窗体时,就引发它的 Activate 事件。

(3)DeActivate 事件:在用鼠标单击另一个窗体时,当前活动窗体就成为不活动的,从而引发它的 DeActivate 事件。

（4）QueryUnload 事件：在用 Unload 语句卸载一个窗体时，首先会引发 QueryUn-load 事件。该事件过程的形式如下：

Private Sub Form _ QueryUnload(Cancel As Integer, UnloadMode As Integer)

其中，参数 Cancel 的默认值为 0，表示同意卸载；如果不同意卸载，可以将其设置为一个非零整数。参数 UnloadMode 用于说明当前是由什么原因而引起卸载，其取值及其含义如表 5.1 所示。

表 5.1　参数 UnloadMode 取值及其含义

符号常数	对应值	含义
vbFormControlMenu	0	用户在窗体的控制菜单上选择了 Close 命令
vbFormCode	1	代码中调用了 Unload 命令
vbAppWindows	2	Windows 被结束
vbAppTaskManager	3	任务管理器正在关闭应用
vbFormMDIForm	4	因为 MDI 窗体关闭从而 MDI 子窗体要关闭

（5）Unload 事件：这是一个跟随在 QueryUnload 事件之后引发的事件，该事件过程的形式为：

Private Sub Form _ Unload(Cancel As Integer)

利用 Unload 事件可以阻止将窗体从内存中卸载，但由于没有 UnloadMode 参数，故无法知道卸载的原因。

5.2.2　多文档界面

多文档界面（MDI）由父窗体和子窗体组成，在父窗体中允许创建包含多个子窗体的应用程序。MDI 应用程序允许用户同时显示多个文档，每个文档显示在它自己的窗口中。文档或子窗口被包含在父窗口中，父窗口为应用程序中所有的子窗口提供工作空间。

多文档界面（MDI）有以下特性。

（1）所有子窗体均显示在 MDI 窗体的工作区中。用户只能在 MDI 窗体中改变、移动子窗体的大小。

（2）MDI 窗体和子窗体都可以有各自的菜单，当子窗体加载时覆盖 MDI 窗体的菜单。

（3）当最小化子窗体时，它的图标将显示在 MDI 窗体上而不是在任务栏中。当最小化 MDI 窗体时，所有子窗体也被最小化，只有 MDI 窗体的图标出现在任务栏上。

（4）当最大化一个子窗体时，它的标题与 MDI 窗体的标题一起显示在 MDI 窗体的标题栏上。

例如：Microsoft Excel 允许创建并显示不同样式的多文档窗口。每个子窗口都被限制在 Excel 父窗口的区域之内。当最小化 Excel 时,所有的文档窗口也被最小化,只有父窗口的图标显示在任务栏中。

1. 多文档窗体(MDI)及其子窗体(MDIChild)的创建

1) 多文档窗体(MDI)的创建

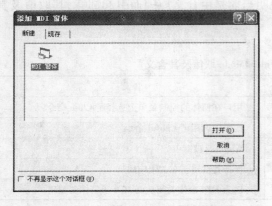

图 5.3   "添加 MDI 窗体"对话框

用户要建立一个多文档窗体,可以选择"工程"菜单中的"添加 MDI 窗体"命令,打开"添加 MDI 窗体"对话框,如图 5.3 所示,然后双击"MDI 窗体"图标,即可创建一个 MDI 窗体。一个应用程序中只能有一个 MDI 窗体,如果工程中已经有了一个 MDI 窗体,则该工程的"工程"菜单上的"添加 MDI 窗体"命令就不可使用。

与普通窗体相比,MDI 窗体具有以下特点。

(1)在外观上,MDI 窗体的背景看起来更黑一些,并且有一个边框,如图 5.4 所示。

(2)显示在工程资源管理器中的 MDI 窗体的图标与普通窗体的图标不同,如图 5.5 所示。

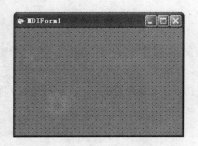

图 5.4   MDI 窗体外观图

图 5.5   MDI 窗体的图标

(3)一个应用程序只能有一个 MDI 窗体。

(4)在 MDI 窗体上只能放置那些有 Alignment 属性的控件(如图形框、工具栏等)和具有运行时界面不可见控件(如计时器和通用对话框控件)。其他如文本框、按钮等控件不能放置在 MDI 窗体中,如果要将这些控件放置在 MDI 窗体上,可先在 MDI 窗体中放置一个图形框控件,然后将其他控件放置在图形框中。

(5)不能用 Print 方法在 MDI 窗体中显示文本。可以在 MDI 窗体中的图形框中使用 Print 方法来显示文本。

（6）MDI 窗体的大多数属性与普通窗体的属性相同。除此之外，MDI 窗体还有两个特有的属性：AutoShowChilden 属性和 ScrollBars 属性。前者用来决定在加载子窗体时，是否自动加载它们；后者决定 MDI 窗体加载时是否显示滚动条。

2）MDI 子窗体的创建

要创建一个 MDI 子窗体，首先要创建一个新窗体（或者打开一个存在的窗体），然后把它的 MDIChild 属性设置为 True 即可。

在设计时，子窗体不是限制在 MDI 窗体区域之内，可以添加控件、设置属性、编写代码以及设计子窗体功能。通过查看 MDIChild 属性或者检查工程资源管理器中的图标，可以确定窗体是否是一个 MDI 子窗体。

在创建以文档为中心的应用程序时，为了能在运行时提供若干个子窗体以存取不同的文档，在设计时事先创建好若干个子窗体显然是不可取的。一般先创建一个子窗体作为这个应用程序文档的模板，然后通过对象变量来动态地生成若干个新文档。例如，先建立一个名称为 frmMDIChild 的窗体模板，则使用下面语句：

Dim NewDoc As frmMDIChild

就会建立一个新的实例 NewDoc，新实例具有与 frmMDIChild 窗体相同的属性、控件和代码。

2. 使用 MDI 窗体及其子窗体

当 MDI 应用程序在一次打开、保存和关闭几个子窗体时，应当能够引用活动窗体和保持关于子窗体的状态信息。如何操作特定的窗体和特定的控件、保持各自的信息，是非常重要的问题。

1）指定活动子窗体或控件

当要对当前活动子窗体上具有焦点的控件进行操作时，可以使用 MDI 窗体的 ActiveForm 属性，该属性可以返回具有焦点的或者最后被激活的子窗体。当需要在多个控件中指定哪一个是活动控件时，可以使用 ActiveControl 属性，该属性能返回活动子窗体上具有焦点的控件。

例如，从子窗体的文本框中将选定文本复制到剪贴板上。实现该功能的子过程的代码如下：

```
    Private Sub EditCopyProc( )
        ClipBoard. SetText = frmMDI. ActiveForm. ActiveControl. SelText
    End Sub
```

在代码中指定当前窗体的另一种方法是用 Me 关键字。用 Me 关键字来引用当前其代码正在运行的窗体。当需要把当前窗体实例的引用参数传递给过程时，这个关键字很有用。例如要关闭当前窗体，其语句为：

UnLoad Me

2）加载 MDI 窗体及其子窗体

加载子窗体时，其父窗体（MDI 窗体）会自动加载并显示。而加载 MDI 窗体时，其子窗体并不会自动加载。

MDI 窗体的 AutoShowChildren 属性可用来决定是否显示子窗体。如果将它设置为 Ture，则当改变子窗体的属性后，会自动显示该子窗体，不再需要 Show 方法；如果将它设置为 False，则改变子窗体的属性值后，不会自动显示该子窗体，子窗体处于隐藏状态，直至用 Show 方法把它显示出来。但 MDI 子窗体没有 AutoShowChildren 属性。

3. MDI 窗体中子窗体的布置

当在父窗体中存在有多个 MDI 子窗体时，可以用 MDI 的 Arrange 方法对子窗体的布置进行控制。

Arrange 方法可以重排 MDIForm 对象中的窗口或图标，其语法格式为：

Object. Arrange arrangement

其中，arrangement 的取值如下。

0-vbCascade：层叠所有非最小化 MDI 子窗体。

1-vbTileHorizontal：水平平铺所有非最小化 MDI 子窗体。

2-vbTileVertical：垂直平铺非最小化 MDI 子窗体。

3-vbArrangeIcons：对任何已经最小化的子窗体排列图标。

5.3　菜单设计

许多简单的应用程序只由一个窗体和几个控件组成，我们可以通过增加菜单来增强 VB 应用程序的功能。菜单用于给命令分组，使用户能够更方便、直观地访问这些命令。

在实际应用中，菜单可分为两种基本类型，即下拉式菜单和弹出式菜单。下拉式菜单位于窗口的顶部，弹出式菜单是独立于窗体菜单栏而显示在窗体内的浮动菜单。

在下拉式菜单系统中，一般有一个主菜单，其中包括若干个菜单名，每个菜单名以下拉列表形式包含若干个菜单项，每一项又可下拉出下一级菜单，这样逐级下拉。菜单项可以包括菜单命令、分隔条和子菜单标题，如图 5.6 所示。

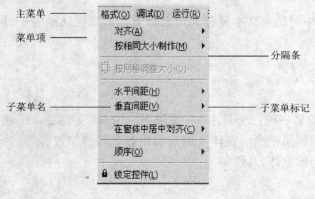

图 5.6　下拉式菜单

5.3.1 菜单编辑器

VB 提供的"菜单编辑器"可以非常方便地进行菜单设计。用菜单编辑器可以创建新的菜单和菜单栏,或在已有的菜单上增加新命令,或用自己的命令来替换已有的菜单命令,以及修改和删除已有的菜单和菜单栏。

1. 菜单编辑器的打开

当被设计的窗体为活动窗体时,可以通过以下 4 种方法打开并进入菜单编辑器。

(1)单击"工具"菜单,在出现的下拉菜单中选择"菜单编辑器"命令。

(2)直接按下快捷键【Ctrl + E】。

(3)单击工具栏中的"菜单编辑器"按钮。

(4)在要建立菜单的窗体上单击鼠标右键,在弹出的右键菜单中选择"菜单编辑器"命令。

2. 菜单编辑器窗口的组成

"菜单编辑器"窗口分 3 个部分,即菜单属性设置区、编辑区和菜单项显示区,如图 5.7 所示。

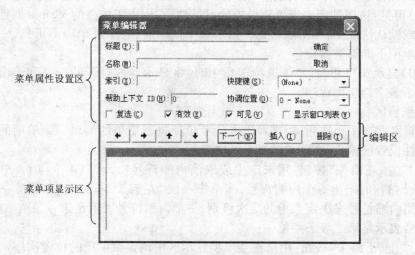

图 5.7 "菜单编辑器"窗口组成

1)菜单属性设置区

该区用于输入或修改菜单项,并设置菜单项的属性,包括以下组成部分。

(1)标题:是一文本框,用于输入菜单项的标题文字(相当于控件的 Caption 属性),如果在该文本框中输入的是一个减号(即"-"),则可以在菜单中加入一条分隔线。

(2)名称:用于输入菜单项的名称(相当于控件的 Name 属性),每一菜单项都必须有一个唯一的名称,以便于在程序代码中引用。

(3)索引:同一般控件类似,菜单项也可以利用索引来建立数组,并以索引值来识别数组中的不同元素,菜单编辑器不会自动为用户建立索引值。

(4)快捷键:是一列文本框,单击右端的箭头,从下拉列表中选择与菜单项功能等价的相应的快捷键。快捷键将显示在菜单项标题的右边。

(5)帮助上下文:是一文本框,可在其中输入数值,这个值用来在帮助文件中查找相应的帮助主题。

(6)协调位置:是一个列表框,用于决定菜单或菜单项是否显示或在什么位置显示。有 4 个不同的选项。

- 0-None:表示菜单项不显示。
- 1-Left:表示菜单靠左显示。
- 2-Middle:表示菜单居中显示。
- 3-Right:表示菜单靠右显示。

(7)复选:当选择该选项时,可在相应的菜单项的左面显示一个"√";如果未被选中时,则菜单项的左面不显示"√"。

(8)有效:该属性用来设置菜单项的操作状态,它相当于控件的 Enabled 属性。在默认情况下,该属性被设置为 True,表明相应的菜单项可以对用户事件做出响应。如果该属性被设置为 False,则相应的菜单项的色彩会变灰,不响应用户事件。

(9)可见:该属性用来设置菜单项的可见性,它相当于控件的 Visible 属性。当选中该项或默认情况下,菜单项可见。当未选中该项时,表示菜单项不可见,一个不可见的菜单项不能够被操作。

(10)显示窗口列表:当该选项被选中时,将显示当前打开的一系列子窗口。该列表用于多文档应用程序。

2)编辑区

编辑区共有 7 个按钮,用来对输入的菜单项进行简单的编辑。菜单项的有关信息在属性设置区输入,在菜单项显示区中显示。

(1)"左、右箭头"按钮:用来产生或取消内缩符号"...."(4 个点)。单击一次"右箭头"按钮时产生一个内缩符号;当单击一次"左箭头"按钮时,将删除一个内缩符号。用内缩符号来决定菜单的层次级别,一个内缩符号表示是第一级菜单项,两个内缩符号表示是第二级子菜单……

(2)"上、下箭头"按钮:用来在菜单项显示区中调整菜单项的位置次序。在菜单项显示区中单击某一菜单项,该菜单项将以蓝色背景显示,表示当前选中该菜单项。此时单击"上箭头"按钮时,可将该菜单项上移一个位置;而当单击"下箭头"按钮时,该菜单项将向下移动一个位置。

(3)"下一个"按钮:用于在菜单项显示区中移动蓝色光条。每单击一次蓝色光条将下移一个位置。当蓝色光条已经移动到最后一个菜单项上,再按"下一个"按钮时,表示开始一个新的菜单项。

(4)"插入"按钮:单击该按钮时,在当前菜单项的位置插入一个新的菜单项。插入后,该位置处原来的菜单项以及下面的菜单项依次下移一个位置。

(5)"删除"按钮:单击该按钮时,则删除当前菜单项。

3）菜单项显示区

位于菜单设计窗口的下部,输入的菜单项在这里显示出来,并通过内缩符号表明菜单项的层次。条形光标所在的菜单项是"当前菜单项"。

有以下 5 点说明。

（1）"菜单项"是一个总的名称,它包括 4 个方面的内容:菜单名、菜单命令、分隔线及子菜单。

（2）内缩符号由 4 个点组成,它表明菜单项所在的层次。一个内缩符号表示一层,两个内缩符号表示两层……最多为 20 个点,即 5 个内缩符号,它后面的菜单项为第六层。如果一个菜单项的前面没有内缩符号,则该菜单为菜单名,即菜单的第一层。

（3）只有菜单名而没有菜单项的菜单称为"顶层菜单"。在输入这样的菜单项时,通常在后面加上一个叹号。

（4）除分隔线外,所有的菜单项都可以接收 Click 事件。

（5）在菜单属性设置区输入菜单项的"标题"值时,如果在标题文字的某个字母前加上"&",则显示菜单时在该字母下加一条下画线,可以通过【Alt + 带下画线的字母】打开菜单或执行相应的菜单命令。

5.3.2　设计下拉式菜单

1. 设计下拉菜单的方法

利用菜单编辑器可以在窗体中建立下拉菜单,一般步骤如下。

步骤 1:新建一个工程,利用菜单编辑器设计菜单项。

步骤 2:在代码编辑窗口编写每一菜单项的事件过程。

步骤 3:运行调试各菜单命令。

现在我们来设计记事本应用程序的菜单。菜单编辑器如图 5.8 所示,按表 5.2对每个菜单项的标题、名称、快捷键进行设置。

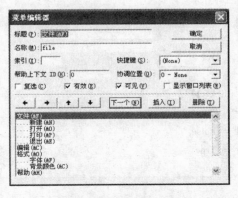

图 5.8　菜单编辑器

表 5.2   菜单设置

标题	名称	快捷键	标题	名称	快捷键
文件	file	Alt + F	编辑	mnuedit	Alt + E
.... 新建	mnunew	Alt + N	格式	mnuo	Alt + O
.... 打开	mnuopen	Alt + O	.... 字体	mnufont	Alt + R
.... 打印	mnuprint	Alt + P	.... 背景颜色	mnucolor	Alt + C
.... 退出	mnuexit	Alt + E			
帮助	mnunhelp	Alt + H			
.... 帮助主题	mnutitle	Alt + T			
.... 关于	mnuabout	Alt + A			

图 5.9   单击"关于"弹出的窗体

程序中还需另建立一个窗体(其 Name 属性设为 FrmAbout),当单击"关于"菜单时,弹出该窗体(如图 5.9 所示)。再在该窗体上加载一个标签控件 Label1,用于显示信息。

2.菜单项状态的控制

1)菜单项有效性的控制

在程序代码中,根据程序运行过程的需要,可利用菜单项的 Enabled 属性,将某些菜单项设置成可用或不可用。当 Enabled 属性设置为 True 时,表示相应菜单项可用;而当设置为 False 时,则相应的菜单项不可用。

在记事本应用程序中,当单击"文件"菜单中的任意一菜单项之后,该菜单项变为不可用,即该菜单命令变为灰色;当单击其他菜单项时,该菜单项又变为可用。为此只需将该菜单中的"新建"、"打开"、"打印"和"退出"菜单项事件程序设为:

```
Private Sub mnunew _ Click( )
    mnunew. Enabled  =  False
    mnuopen. Enabled  =  True
    mnuprint. Enabled  =  True
    mnuexit. Enabled  =  True
End
Private Sub mnuopen _ Click( )
    mnunew. Enabled  =  True
    mnuopen. Enabled  =  False
    mnuprint. Enabled  =  True
    mnuexit. Enabled  =  True
End Sub
Private Sub mnuprint _ Click( )
    mnunew. Enabled  =  True
```

```
        mnuopen. Enabled  =  True
        mnuprint. Enabled  =  False
        mnuexit. Enabled  =  True
End Sub
Private Sub mnuexit _ Click( )
        mnunew. Enabled  =  True
        mnuopen. Enabled  =  True
        mnuprint. Enabled  =  True
        mnuexit. Enabled  =  False
End Sub
```

2）菜单项标记的控制

菜单项标记,就是在某个菜单项的左边加"√"标记。它有两个作用:一是表示当前某个(或某些)菜单命令是处于打开或关闭的状态;二是表示几个模式中哪一个正在起作用。这可以在程序代码中通过设置菜单项的 Checked 属性值来完成。当该属性值设置为 True 时,相应的菜单项的左边会加"√"标记;当该属性设置为 False 时,则相应的菜单项的左边没有"√"标记。

3）菜单项的动态增减

有些应用程序在运行时,其菜单项可以随时增加或减少。比如,在 VB 中,当打开一个工程时,会在"文件"菜单下动态地创建菜单项来显示刚打开工程的路径和工程名。

如果需要随着应用程序的变化动态地增减菜单项,可以使用控件数组、Load 语句和 Unload 语句来实现这一目的。

另外,有一种比较常用的下拉式菜单,就是大多数 MDI 应用程序都有的"窗口"菜单。在"窗口"菜单上显示了所有打开的子窗体标题,另外还有层叠、平铺和排列图标命令。如果要在某个菜单上显示所有打开的子窗体标题,只需利用菜单编辑器将该菜单的 WindowList 属性设置为 True,即选中显示窗体列表检查框。对子窗体或子窗体图标的层叠、平铺和排列图标命令通常也放在"窗口"菜单上,是用 Arrange 方法实现的。

5.3.3　设计弹出式菜单

弹出式菜单是一种小型的菜单。与下拉菜单不同,弹出式菜单不需要在窗口顶部打开,它可以在窗体的某个地方显示,显示的位置取决于单击鼠标时指针的位置,因而使用方便,具有较大的灵活性。

建立弹出式菜单通常分两步进行。

步骤 1:利用菜单编辑器建立菜单。与建立下拉式菜单的方法基本一致,只是必须把主菜单的 Visible 属性设置为 False(子菜单的 Visible 属性不要设置为 False)。

步骤 2:利用窗体的 PopupMenu 方法显示弹出式菜单。PopupMenu 方法的语法格式如下：

　　[窗体名.]PopupMenu 菜单名[,Flags[,x[,y[,BoldCommand]]]]

其中，菜单名是必需的，其他参数是可选的。窗体名缺省时，表示当前窗体的弹出式菜单。参数 x,y 表示弹出式菜单在窗体上显示的横、纵坐标位置，与 Flags 参数配合使用。Flags 参数取值可以是数值或符号常量，用来指定弹出式菜单的位置及行为，其取值情况如表 5.3 所示。可以选择任意位置值和行为值，将其用"或"运算组合。当组合使用时，两个值用"+"连接，如果使用符号常量，两个值用"or"连接。参数 BoldCommand 用来指定弹出式菜单中想用加粗效果显示的菜单项名称。（只能有一个菜单项具有加粗效果）

表 5.3　Flags 参数取值及其作用

分类	常　数	值	说　明
位置	vbPopupMenuLeftAlign	0	x 位置确定该弹出式菜单的左边界（缺省）
	vbPopupMenuCenterAlign	4	弹出式菜单以指定的 x 位置为中心
	vbPopupMenuRightAlign	8	x 位置确定该弹出式菜单的右边界
行为	vbPopupMenuLeftButton	0	只能用鼠标左键触发弹出菜单（缺省）
	vbPopupMenuRightButton	2	能用鼠标右键或者左键触发弹出菜单

　　通常把 PopupMenu 方法放在 MouseDown 事件过程中。该过程有一参数 Button，当用户按下左键时，传递给 MouseDown 事件过程的 Button 值为 1；当用户按下右键时，传递给 MouseDown 事件过程的 Button 值为 2。

5.4　通用对话框

　　在 Windows 环境中，对话框是一种常见的窗口，它能使应用程序在执行的过程中与用户进行交流。一般情况下，对话框窗口边框是固定的，不能改变大小，其上没有最大化、最小化按钮。

　　在 VB 中，按对话框建立方式不同，可将对话框分为 3 种类型：预定义对话框、自定义对话框和通用对话框。其中预定义对话框是系统预定义，利用 MsgBox 和 InputBox 函数来创建；自定义对话框是使用标准窗体或自定义已存在的对话框创建。下面主要介绍通用对话框。

5.4.1　通用对话框控件

　　VB 中的通用对话框 CommonDialog 控件提供了一组基于 Windows 的标准对话框界面。CommonDialog 控件是一种 ActiveX 控件，需要使用时，必须先将其添加到工具箱中。添加的方法是：选择"工程"菜单中的"部件"命令或者在工具箱的空白处单击右键,在弹出的右键菜单中选择"部件"命令,可打开"部件"对话框,在"控件"选项卡中选择"Microsoft Common Dialog Control 6.0"选项,即可将CommonDialog控件添加到工具箱中。

CommonDialog控件以图标的形式显示在窗体上,其大小不能改变,在程序运行时,控件本身被隐藏。要在程序中显示通用对话框,必须对控件的Action属性赋予正确的值或者用其不同的Show方法。通用对话框的属性值和方法如表5.4所示。

表5.4 Action属性和Show方法

Action属性	方 法	功 能
1	ShowOpen	显示"打开文件"对话框
2	ShowSave	显示"保存文件"对话框
3	ShowColor	显示"选择颜色"对话框
4	ShowFont	显示"字体"对话框
5	ShowPrinter	显示"打印"对话框
6	ShowHelp	显示"帮助"对话框

另外,通用对话框的DialogTitle属性用于显示通用对话框标题栏上的标题。

下面介绍用CommonDialog控件显示的各种类型的对话框。

5.4.2 文件对话框

使用CommonDialog控件可设计"打开"和"保存"文件对话框。

"打开"文件对话框可以让用户利用对话框指定一个欲操作的文件(如图5.10所示),供程序使用。"保存"文件对话框可以让用户利用对话框指定一个文件名,并以这个文件名保存当前文件。两者具有以下共同属性。

(1)FileName属性:该属性值为字符串,用于设置和得到用户所选择的文件名(包括路径名)。

(2)FileTitle属性:该属性设计时无效,在程序中为只读,用于返回文件名。与FileName属性不同的是它不包含路径。

(3)Filter属性:该属性用于过滤文件类型,使文件列表框中只显示指定类型的文件。可以在属性窗口或在代码中设置该属性。其格式为:

通用对话框控件名. Filter = 文件说明1|文件类型1|文件说明2|文件类型2……

例如,如果想打开Word文档、文本文件类型的文件,则Filter属性应设置为:

CommonDialog1. Filter = "Word文档| * . Doc|文本文件| * . txt "

(4)FilterIndex属性:该属性指定打开对话框文件类型列表中的默认设置。比如图5.10中FilterIndex属性值为2。

(5)InitDir属性:该属性用来指定打开对话框中的初始目录。若显示当前目录,

图 5.10 "打开"对话框

则该属性不需要设置。

　　在记事本应用程序中,在窗体上建一个 CommonDialog 控件,并将其命名为 Cd-lopen,然后在 mnuopen _ Click 事件中输入代码 Cdlopen. ShowOpen。程序运行后,单击"打开"命令,即可打开一个"打开"对话框。

5.4.3 "颜色"对话框

　　"颜色"对话框用来在调色板中选择颜色,或者创建自定义颜色。"颜色"对话框如图 5.11 所示。

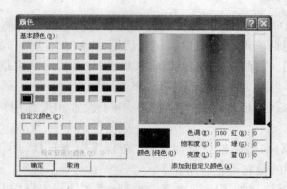

图 5.11 "颜色"对话框

　　"颜色"对话框具有与文件对话框相同的一些属性,如 DialogTitle 等,此外还有两个常用属性。

　　(1)Color 属性:该属性用来返回"颜色"对话框中选定的颜色值,它是一个长整型值。

　　(2)Flags 属性:其取值及作用如表5.5 所示。

表 5.5 "颜色"对话框 Flags 属性的取值及作用

符号常量	值	作 用
cdlCCFullOpen	&H2	显示全部的对话框,包括自定义颜色部分
cdlCCShowHelpButton	&H8	使对话框显示帮助按钮
cdlCCPreventFullOpen	&H4	使自定义颜色命令按钮无效
cdlCCRGBInit	&H1	为对话框设置初始颜色值

在记事本应用程序中,再建一个 CommonDialog 控件,并将其命名为 Cdlcolor,然后在 mnucolor _ Click 事件中输入如下代码:

Cdlcolor. ShowColor

Text1. BackColor = Cdlcolor. Color

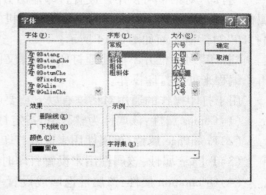

程序运行后,选择"背景颜色"命令,即可打开一个"颜色"对话框,设置 Text1 的背景色。

5.4.4 "字体"对话框

"字体"对话框用来供用户选择字体,如图 5.12 所示。

用于字体操作的通用对话框有以下重要属性。

图 5.12 "字体"对话框

(1)Flags 属性:在使用 CommonDialog 控件选择字体之前,必须先设置 Flags 属性值。如果没有设置 Flags 属性值而直接用 ShowFont 方法显示"字体"对话框时,VB 将显示如图 5.13 所示的出错提示。Flags 属性设置值如表 5.6 所示。

图 5.13 没有设置 Flags 属性值时的出错提示

表 5.6 "字体"对话框 Flags 属性其取值及作用

符号常量	值	作 用
cdlCFScreenFonts	&H1	屏幕字体
cdlCFPrinterFonts	&H2	打印机字体
cdlCFBoth	&H3	两者皆有
cdlCFEffects	&H100	出现删除线、下画线、颜色元素

(2)Font 属性集:包括 FontName(字体名)、FontSize(字体大小)、FontBold(粗体)、FontItalic(斜体)、FontUnderline(下画线)和 FontStrikethru(删除线)。

（3）Color 属性：该属性表示字体的颜色，要使用这个属性，必须使 Flags 属性含有 cdlCFEffects 值。

在记事本应用程序中，再建一个 CommonDialog 控件，并将其命名为 Cdlfont，然后在 mnufont_Click 事件中输入如下代码：

```
Cdlo. Flags = cdlCFBoth Or cdlCFEffects
Cdlo. ShowFont
```

程序运行后，选择"字体"命令，即可打开一个"字体"对话框。

5.4.5 "打印"对话框

"打印"对话框可供用户设置打印输出方法，如打印范围、打印份数、打印质量等属性，此外，对话框还显示当前安装的打印机的信息，允许用户重新设置默认打印机。"打印"对话框界面如图 5.14 所示。

"打印"对话框并不能处理打印工作，仅仅是一个供用户选择打印参数的界面，再由编程来处理打印操作。

用于打印操作的通用对话框有以下重要属性。

（1）Copies 属性：该属性为整数值，指定打印份数。

（2）FromPage 属性：该属性用来设置打印时起始页号。

（3）ToPage 属性：该属性用来设置打印时终止页号。

（4）Orientation 属性：该属性返回或设置一个值，指示文档以纵向或横向模式打印。

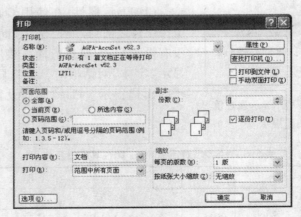

图 5.14 "打印"对话框

在记事本应用程序中，再建一个 CommonDialog 控件，并将其命名为 Cdlprint，然后在 mnuprint_Click 事件中输入代码 Cdlprint. ShowPrinter。程序运行后，选择"打印"命令，即可打开一个"打印"对话框。

5.4.6 "帮助"对话框

"帮助"对话框可以用于制作应用程序的联机帮助。其本身不能建立应用程序的帮助文件,只能将已创建好的帮助文件从磁盘中提取出来,并与界面连接起来,达到显示并检索帮助信息的目的。

用来作为"帮助"对话框的通用对话框有以下重要属性。

(1) HelpCommand 属性:该属性用于返回或设置所需要的联机帮助类型。

(2) HelpFile 属性:该属性用于指定 Help 文件的路径及其文件名。

(3) HelpKey 属性:该属性用于在帮助窗口中显示由该关键字指定的帮助信息。

(4) HelpContext 属性:该属性返回或设置需要的 HelpTopic 的 ContentID,一般与 HelpCommand 属性一起使用。

在记事本应用程序中,再建一个 CommonDialog 控件,并将其命名为 Cdlhelp,然后在 mnuhelp _ Click 事件中输入如下代码:

```
Cdlhelp. HelpCommand  =  cdlHelpContents
Cdlhelp. HelpFile  =  "c : \windows\notepad. hlp"
Cdlhelp. ShowHelp
```

程序运行后,选择"帮助主题"命令,即可打开记事本"帮助"窗口。

5.5   工具栏和状态栏

5.5.1   工具栏的设计

工具栏以其直观、快捷的特点出现在各种应用程序中,进一步增强了应用程序的菜单界面。工具栏一般位于菜单栏的下面,其中含有各种各样的按钮,它们为用户提供了对于应用程序中最常用的命令的快速访问。

在 VB 中可以通过手工方式和使用工具栏控件(Toolbar)两种方法建立工具栏。

1. 用手工方法制作工具栏

用手工方法制作工具栏其实就是设计一个放置一些工具按钮的图形框,比较麻烦。其一般步骤如下。

步骤 1:在窗体上添加一个图形框(作为工具按钮的容器),并通过对其 Align 属性的设置来控制图形框出现的位置。当改变窗体大小时,Align 属性值非 0 的图形框会自动改变大小,以适应窗体的宽度或高度。

步骤 2:在图形框中添加任何想在工具栏中显示的控件。通常使用的控件有命令按钮、图像框、单选按钮和复选框等。

步骤 3:设置控件的属性。通常在工具按钮上通过不同的图像来表示对应的功能,还可以设置按钮的 ToolTipText 属性为工具按钮添加工具提示。

　　步骤4：编写代码。根据工具按钮响应的事件编写相应的事件代码。由于工具按钮通常用于提供对其他命令的快捷访问，所以在大部分事件内部是从工具按钮的 Click 事件中调用其他过程。

　　2. 使用 Toolbar 控件与 ImageList 控件创建工具栏

　　创建工具栏时主要用到两个 ActiveX 控件，即 Toolbar 控件与 ImageList 控件，它们位于 Microsoft Windows Common Control 6.0 部件中。Toolbar 控件用于放置创建工具栏的按钮对象，ImageList 控件则为工具按钮提供适当的图片。使用 Toolbar 控件与 ImageList 控件创建的应用程序工具栏更具标准化和更加专业化。

　　1）在 ImageList 控件中添加图像

　　ImageList 控件可以视为一种图像的仓库，其中保存的图像可以用于那些具有 Picture 属性的控件，如图形框控件、图像控件以及命令按钮等。工具栏按钮的图像就是通过 Toolbar 控件从 ImageList 控件的图像库中获得的。

　　要在设计时向 ImageList 控件中添加图像，可以利用该控件的"属性页"对话框来完成。具体步骤如下。

　　步骤1：在窗体上添加一个 ImageList 控件，用鼠标右键单击该控件图标，在弹出的右键菜单中选择"属性"命令，打开"属性页"对话框。

　　步骤2：选择"图像"选项卡，如图 5.15 所示，单击"插入图片"按钮，打开"选定图片"对话框，选定一图片文件，然后单击"打开"按钮。

　　步骤3：在"关键字"文本框中键入一个字符串，为该图像指定唯一的 Key 属性值。

　　步骤4：在"标记"文本框中键入一个字符串，为该图像指定一个 Tag 属性值。

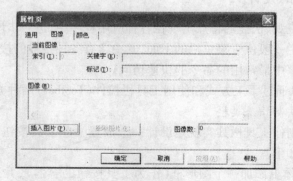

图 5.15　ImageList 控件"属性页"对话框

　　另外，还可以在程序运行时在 ImageList 控件中添加图像，此时需要使用 Add 方法并结合 LoadPicture 函数来实现。例如：

```
Private Sub Form _ Load( )
    '将图片 1. jpg 添加到 ListImages 集合中，并将 Key 属性设置为"Save"
    ImageList1. ListImages. Add , "save", LoadPicture("c:\1. jpg")
```

End Sub

2）在 Toolbar 控件中添加按钮

在设计时，可在 Toolbar 控件的"属性页"对话框添加 Button 对像，并为 Button 对像指定图像以及其他属性。具体步骤如下。

步骤 1：在窗体上添加一个 Toolbar 控件，用鼠标右键单击该控件图标，在弹出的右键菜单中选择"属性"命令，打开"属性页"对话框。

步骤 2：选择"按钮"选项卡，如图 5.16 所示，在"索引"框中显示数字 0，且背景呈灰色，表明 Buttons 集合中还没有一个 Button 对象。此时每单击一次"插入按钮"按钮，就会创建一个新的 Button 对象。

步骤 3：在"图像"框中输入相应 ListImage 对象的 Index 属性值或 Key 属性值，指定按钮图像。

步骤 4：单击"应用"按钮，使所指定的图像显示在工具栏中。

步骤 5：设置所创建的 Button 对象的其他属性，主要包括以下 3 个。

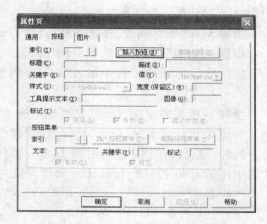

图 5.16 Toolbar 控件"属性页"对话框

- 标题（Caption）：标题文本显示在按钮图像的下方。
- 关键字（Key）：表示每个图像的标识名。
- 工具提示文本（ToolTipText）：在鼠标指针指向按钮做短暂停留时显示文字提示信息。

步骤 6：从样式组合框中选中一种样式，设置 Button 对象的 Style 属性（见表 5.7 所示）。

步骤 7：添加了所有 Button 对象并对其属性设置完毕后，单击"确定"按钮。

表 5.7　Button 对象的 Style 属性

值	常　数	按钮	说　明
0	tbrDefault	普通按钮	按钮按下后恢复原态
1	tbrCheck	开关按钮	按钮按下后将保持按下状态
2	tbrButtonGroup	编组按钮	一组按钮同时只能有一个有效
3	tbrSepatator	分隔按钮	作为固定宽度的分隔符，用于将按钮分组
4	tbrPlaceholder	占位按钮	外观和功能像分隔符，但可设置宽度
5	tbrdropdown	菜单按钮	可建立下拉菜单

3）在 Toolbar 控件与 ImageList 控件之间建立关联

要在工具栏按钮表面显示 ImageList 控件中保存的图像，必须首先把 ImageList 控件与 Toolbar 控件关联起来。具体步骤如下。

步骤 1：在窗体上添加 Toolbar 控件和 ImageList 控件，并在 ImageList 控件中装入所需图像。

步骤 2：用鼠标右键单击 Toolbar 控件，在弹出的菜单中选择"属性"命令，打开"属性页"对话框。并选择"通用"选项卡。

步骤 3：在"图像列表"框选择所需要的 ImageList 控件。

步骤 4：切换到"按钮"选项卡，单击"插入按钮"按钮，这时"索引"框中的值会由 0 变为 1；然后在"图像"框中输入"1"，表明要加入的图像在 ImageList 中排在第一个。

步骤 5：根据需要在"标题"文本框中输入文字，此文字将显示在图像的下面。

步骤 6：设计完成后，单击"确定"按钮即可。

另外，也可以在程序运行时将 Toolbar 控件与 ImageList 控件相关联，只需在程序代码中将 Toolbar 控件的 ImageList 属性设置为 ImageList 控件的名称。例如：

```
Private Sub Form _ Load( )
   Toolbar1. ImageList = ImageList1
End Sub
```

4）编写 Toolbar 控件事件过程

实际上，工具栏上的按钮是控件数组，单击工具栏上的按钮会发生 ButtonClick 事件或 ButtonMenuClick 事件，可以利用数组的索引（Index 属性）或关键字（Key 属性）来识别被单击的按钮，再使用 Select Case 语句完成代码编制。

例如，在多数应用程序的"常用"工具栏中都有"新建"、"打开"和"保存"3 个工具按钮，为了在单击工具按钮时执行有关的菜单命令，可用两种方法对 Toolbar 控件编写事件过程。

（1）用索引 Index 确定按钮，代码如下：

```
Private Sub Toolbar1 _ ButtonClick( ByVal Button As ComctlLib. Button)
   Select Case Button. Index
      Case 1
         mnufilenew _ click        '执行"文件"菜单中的"新建"命令
      Case 2
         mnufileopen _ click       '执行"文件"菜单中的"打开"命令
      Case 3
         mnufilesave _ click       '执行"文件"菜单中的"保存"命令
   End Select
End Sub
```

（2）用关键字 Key 确定按钮，代码如下：

```
Private Sub Toolbar1 _ ButtonClick( ByVal Button As MSComctlLib. Button)
```

```
        Select Case Button. Key
        Case "new"
            mnufilenew _ click
        Case "open"
            mnufileopen _ click
        Case "save"
            mnufilesave _ click
        End Select
    End Sub
```

5.5.2　状态栏的设计

状态栏通常位于窗口的底部,主要用于显示应用程序的各种状态信息,如系统日期、软件版本、光标的当前位置等。在 VB 中状态栏的设计可通过 StatusBar 控件实现。

1. 状态栏的建立

状态栏也位于 Microsoft Windows Common Control 6.0 部件中。在窗体上添加 StatusBar 控件后,打开其"属性页"对话框,选择"窗格"选项卡,如图 5.17 所示,就可以进行所需的设计。

在"窗格"选项卡中,各组成部分如下。

• "插入窗格"按钮可以在状态栏增加新的窗格,最多可分成 16 个窗格。

• "索引(Index)"、"关键字(Key)"文本框分别表示每个窗格的编号和标识。

图 5.17　StatusBar 控件"属性页"对话框

• "文本(Text)"文本框显示窗格上的文本。

• "浏览"按钮可插入图像,图像文件的扩展名为. ico 或. bmp。

• "样式(Style)"下拉式列表框指定系统提供的显示信息,其中的"样式"值见表 5.8 所示。

表 5.8　状态栏上各窗格(Panels)的主要属性设置

索引 (Index)	样式 (Style)	说　明
0	sbrText	显示文本和/或点位图。使用 Text 属性设置文本(缺省)

索引 （Index）	样式 （Style）	说　明
1	sbrCaps	显示 Caps 键的状态。当 Caps Lock 允许使用时，以黑体显示 CAPS 字符；当禁止时，则以灰体显示
2	sbrNum	显示 Num 键的状态。当数字键允许使用时，以黑体显示 NUM 字符；当禁止时，以灰体显示
3	sbrIns	显示 Insert 键的状态。当插入键允许使用时，以黑体显示 INS 字符；当禁止时，以灰体显示
4	sbrScrl	显示 Scroll Lock 键的状态。当 Scroll Lock 允许使用时，以黑体显示 SCRL 字符；当禁止时，以灰体显示
5	sbrTime	以系统格式显示当前时间
6	sbrDates	以系统格式显示当前日期
7	sbrKana	当 KanaLock 键处于激活状态时，显示粗体字母 KANA；反之变灰（仅在日文操作系统中有效）

2.响应状态栏的事件

状态栏控件的事件包括 PanelClick 事件和 PanelDblClick 事件等。PanelClick 事件与标准的 Click 事件一样，只是当用户在 StatusBar 控件中的 Panel 对象上单击并释放鼠标时产生该事件。其一般格式为：

Private Sub object _ PanelClick（ByVal panel As Panel）

其中，object 是一个 StatusBar 控件名；panel 是一个 Panel 对象的引用。

5.6　本章案例实现

项目：记事本应用程序

1. 系统设计

1）工程文件的建立

打开 VB 6.0 应用程序，将当前工程文件和第一个窗体文件分别以 notepad 为名保存，第二个窗体文件以 frmabout 为名保存。

2）界面设计

菜单的编辑如图 5.8 所示，按表 5.2 对每个菜单项的标题、名称、快捷键进行设置。另建立一个窗体（其 Name 属性设为 FrmAbout），如图 5.9 所示。

2. 代码编制

```
'新建菜单项
Private Sub mnunew _ Click( )
Text1. Text = ""
mnunew. Enabled = False
mnuopen. Enabled = True
```

```
mnuprint. Enabled = True
mnuexit. Enabled = True
End Sub
'打开菜单项
Private Sub mnuopen _ Click( )
Cdlopen. ShowOpen
mnunew. Enabled = True
mnuopen. Enabled = False
mnuprint. Enabled = True
mnuexit. Enabled = True
End Sub
'打印菜单项
Private Sub mnuprint _ Click( )
Cdlprint. ShowPrinter            '打开"打印"对话框
For i = 1 To Cdlprint. Copies
     Printer. Print Text1. Text    '打印文本框中的内容
Next i
Printer. EndDoc                 '结束打印
mnunew. Enabled = True
mnuopen. Enabled = True
mnuprint. Enabled = False
mnuexit. Enabled = True
End Sub
'退出菜单项
Private Sub mnuexit _ Click( )
End
mnunew. Enabled = True
mnuopen. Enabled = True
mnuprint. Enabled = True
mnuexit. Enabled = False
End Sub
'字体菜单项
Private Sub mnufont _ Click( )
    Cdlo. Flags = cdlCFBoth Or cdlCFEffects
    Cdlo. ShowFont
If Cdlo. FontName > "" Then      '如果选择了字体
    Text1. FontName = Cdlo. FontName
End If
Text1. FontSize = Cdlo. FontSize
```

```
    Text1. FontBold  =  Cdlo. FontBold
    Text1. FontItalic  =  Cdlo. FontItalic
    Text1. FontStrikethru  =  Cdlo. FontStrikethru
    Text1. FontUnderline  =  Cdlo. FontUnderline
    Text1. ForeColor  =  Cdlo. Color
End Sub
'背景颜色菜单项
Private Sub mnucolor _ Click( )
Cdlcolor. ShowColor
Text1. BackColor  =  Cdlcolor. Color
End Sub
'帮助菜单项
Private Sub mnutitle _ Click( )
    Cdlhelp. HelpCommand  =  cdlHelpContents
    Cdlhelp. HelpFile  =  "c:\windows\notepad. hlp"
    Cdlhelp. ShowHelp
End Sub
'关于菜单项
Private Sub mnuabout _ Click( )
    Form2. Show
End Sub
```

3. 保存文件,运行工程

启动程序之后,一个简易的记事本就可以用了。

本章小结

在 Windows 应用程序中,用户界面设计是必不可少的重要步骤之一。窗体是我们学习 VB 的第一个对象,也是构成用户界面的基本组成元素,几乎每个 VB 应用程序都至少拥有一个窗体,因此掌握窗体的应用是非常必要的。

菜单是 Windows 应用程序的重要组成元素。在 Windows 环境下,菜单可分为下拉式菜单和快捷菜单两种形式。

本章首先介绍了单文档窗体(即普通窗体)的相关内容,包括如何创建窗体及其窗体的许多重要属性、事件和方法;接着介绍了有关 MDI 窗体的概念和内容,包括如何用 MDI 窗体创建 MDI 应用程序及 MDI 窗体的 Arrange 方法等。通过学习和加强实践编程练习,读者应当掌握利用各种属性灵活定义窗体的外观、通过事件实现窗体与用户的交互信息处理以及利用方法来操作窗体的行为等基本内容。

其次介绍了在 VB 中进行菜单设计的方法,通过案例详细讲解了如何在 VB 中利用菜单编辑器进行菜单设计。只有熟练掌握菜单编辑器的使用方法,才能利用它来创建方便、快捷的下拉式菜单和快捷菜单。

此外,本章还介绍了工具栏、状态栏和各种通用对话框的使用。

思考题与习题 5

一、填空题

1. 如果要将某个菜单项设计为分隔线,则该菜单项的标题应设置为_____。

2. 假定建立了一个工程,该工程包括两个窗体,其名称(Name 属性)分别为 Form1 和 Form2,启动窗体为 Form1。在 Form1 画一个命令按钮 Command1,程序运行后,要求当单击该命令按钮时,Form1 窗体消失,显示窗体 Form2,请将程序补充完整。

```
Private Sub Command1 _ Click( )
_____ Form1
Form2. _____
End Sub
```

3. 菜单的热键指使用_____键和菜单项标题中的一个字符来打开菜单。建立热键的方法是在菜单标题的某个字符前加上一个_____符号,在菜单中这一字符会自动加上_____,表示该字符是一个热键字符。

4. 如果把菜单项的_____属性设置为 True,则该菜单项成为一个选项。

5. 在 VB 中,除了可以指定某个窗体作为启动对象之外,还可以指定_____作为启动对象。

6. 在 Toolbar 控件的按钮上显示的所有图像都可以用_____控件存储。要在设计时将该控件和 Toolbar 控件相关联,需要在_____控件上单击右键,然后单击"属性"显示"属性页"对话框,在"通用"选项卡上,从_____框中选择该控件的名称。

7. MDI 窗体是子窗体的容器,在该窗体中可以有_____、_____状态栏,但不可以有文本框等控件。MDI 子窗体是一个_____为 True 的普通窗体。在该窗体上可以有不同的控件,也可以有菜单栏。

8. 在显示字体对话框之前必须设置_____属性,否则将发生不存在字体错误。

二、选择题

1. 假定有一个菜单项,名为 MenuItem,为了在运行时使该菜单项失效(变灰),应使用的语句为_____。

    A. MenuItem. Enabled = False   B. MenuItem. Enabled = True

    C. MenuItem. Visible = True   D. Menultem. Visible = False

2. 下列不能打开菜单编辑器的操作是_____。

    A. 按【Ctrl + E】

B. 单击工具栏中的"菜单编辑器"按钮

C. 执行"工具"菜单中的"菜单编辑器"命令

D. 按【Shift + Alt + M】

3. 以下叙述中错误的是_____。

A. 在工程资源管理器窗口中只能包含一个工程文件及属于该工程的其他文件

B. 以 .BAS 为扩展名的文件是标准模块文件

C. 窗体文件包含该窗体及其控件的属性

D. 一个工程中可以含有多个标准模块文件

4. 如果一个工程含有多个窗体及标准模块,则以下叙述中错误的是_____。

A. 如果工程中含有 Sub Main 过程,则程序一定首先执行该过程

B. 能把标准模块设置为启动模块

C. 用 Hide 方法只是隐藏一个窗体,不能从内存中清除该窗体

D. 任何时刻最多只有一个窗体是活动窗体

5. 下列关于对话框的叙述中,错误的是_____。

A. CommonDialog1 . ShowFont 显示字体对话框

B. 在"打开"或"另存为"对话框中,用户选择的文件名可以经 FileTitle 属性返回

C. 在文件"打开"或"另存为"对话框中,用户选择的文件名及路径可以经 FileName 属性返回

D. 通用对话框可以用来制作和显示帮助对话框

6. 在下列关于窗体事件的叙述中,错误的是_____。

A. 在窗体的整个生命周期中,Initialize 事件只能触发一次

B. 在用 Show 显示窗体时,不一定发生 Load 事件

C. 每当窗体需要重画时,肯定会触发 Paint 事件

D. Resize 事件是在窗体的大小有所改变时被触发

7. 下列关于多重窗体叙述中,正确的是_____。

A. 作为启动对象的 Main 子过程只能放在窗体模块内

B. 如果启动对象是 Main 子过程,则程序启动时不加载任何窗体,以后由该过程根据不同情况决定是否加载或加载哪一个窗体

C. 没有启动窗体,程序不能执行

D. 以上都不对

8. 如果 Form1 是启动窗体,并且 Form1 的 Load 事件过程中有 Form2 . show,则程序启动后_____。

A. 发生一个运行时错误

B. 发生一个编译错误

C. 在所有的初始化代码运行后 Form1 是活动窗体

D. 在所有的初始化代码运行后 Form2 是活动窗体

三、编程题

1. 新建一个工程，包含两个窗体 Form1，Form2。当程序运行时，单击 Form1 上的"显示 Form2"按钮，即打开 Form2；单击 Form2 上的"返回"按钮，即返回 Form1；单击 Form2 上的"退出"按钮，结束程序。

2. 新建一个工程，完成"字体设置"程序的设计，具体要求如下。

(1)窗体的标题为"字体设置"，固定边框。

(2)窗体上引入一个通用对话框控件 Commondialog1。

(3)窗体上设计三个菜单项：mnufont，标题为"字体"；mnufore，标题为"文字颜色"；mnuback，标题为"背景颜色"。

(4)窗体中有一个文本框 Text1，将它设计为带垂直滚动条。

(5)单击菜单"字体"，通用对话框控件显示为字体对话框，并对文本框字体进行修饰。

(6)单击菜单"文字颜色"，通用对话框控件显示为颜色对话框，并对文字颜色进行修饰。

(7)单击菜单"背景颜色"，通用对话框控件显示为颜色对话框，并对文本框背景颜色进行修饰。

实验 5　界面设计

一、实验目的

(1)掌握多窗体程序设计的一般步骤和方法；

(2)掌握 VB 下拉菜单和弹出菜单的特点；

(3)掌握 VB 菜单设计窗口的使用；

(4)掌握在应用程序中设计下拉菜单和弹出菜单的方法。

二、实验内容及简要步骤

任务一:设计一个多重窗体应用程序，包括两个窗体(Form1 和 Form2)，在 Form1 上有"显示"和"卸载"两个命令按钮，一个标签按钮(如图 5.18 所示)。用鼠标单击"显示"按钮，将加载并显示 Form2，用鼠标单击"卸载"按钮，或直接关闭 Form2，会在 Form1 中的 Label1 中显示卸载的原因，并弹出对话框询问是否卸载，如图 5.19 所示。

简要步骤如下。

①创建应用程序的用户界面和设置对象属性。

Form1 窗体的用户界面和对象属性设置如图 5.18 所示，然后再添加一个窗体 Form2。

②编写程序代码。

提示:窗体的显示用 Show 方法，卸载用 Unload 语句。

任务二:制作一个多文档界面程序，当程序运行后，在父窗体的工作区显示指定

图 5.18   任务一设计时界面   图 5.19   任务一运行后界面

个数的子窗体,并且能够将各个子窗体以不同的方式排列,如图 5.20、图 5.21 所示。

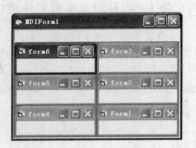

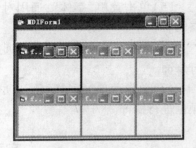

图 5.20   水平平铺   图 5.21   垂直平铺

简要步骤如下。

①创建应用程序的用户界面和设置对象属性。

建立一个 MDI 父窗体(名为 MDIForm1),把它作为启动窗体,并在父窗体中建立一个图形框(名为 Picture1),然后建立一个名为 Form1 的子窗体。

②编写程序代码。

提示:设置父窗体上方的图形框的 Click 事件,第一次单击后各个子窗体水平平铺(MDIForm1.Arrange 1);第二次单击后各个子窗体垂直平铺(MDIForm1.Arrange 2)。

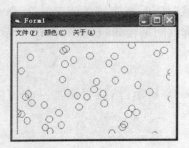

图 5.22   任务三运行后界面

任务三:编写一个自动绘制彩色圆的程序。该程序在一个时钟控件(Timer)的控制下,自动地在图形框控件(Picture1)上画一些不同颜色的圆,如图 5.22 所示。

简要步骤如下。

①创建应用程序的用户界面和设置对象属性。

按表 5.9 对每个菜单项的标题、名称、快捷键进行设置。

表5.9 菜单设置

标题	名称	快捷键	标题	名称	快捷键
文件	file	Alt + F	颜色	mnucolor	Alt + C
....新建	mnunew	Alt + N	....红色	mnured	Ctrl + R
....退出	mnuexit	Alt + E	....绿色	mnugreen	Ctrl + G
关于	mnuabout	Alt + A	....蓝色	mnublue	Ctrl + B
			....随机色	mnurandom	Ctrl + A

程序中用到的控件的属性设置如表5.10所示。

表5.10 控件属性设置

默认控件名称	属 性	设置值
Picture1	——	——
Timer1	Interval	300
Label1	Caption	有关提示信息

②编写程序代码。

提示:程序中用菜单来进行颜色的控制,其中颜色可利用模块级变量 Col、Rand 来控制。若 Rand 为 True,则使用一个随机色,否则使用 Col 变量中的值。

任务四:设计程序,利用通用对话框(名称为 CommonDialog1)打开某一图形文件,将选择的图形文件显示到图形框控件(名称为 Picture1)中,并将该文件的路径及文件名显示到标签控件(名称为 Label1)中。程序运行后如图5.23所示。

图5.23 任务四运行后界面

简要步骤如下。

①创建应用程序的用户界面和设置对象属性。

在窗体上建一个通用对话框(CommonDialog1)、一个图形框控件(Picture1)、一个标签控件(Label1)和一个命令按钮(Command1)。

②编写程序代码。

提示代码:

```
Private Sub Command1 _ Click( )
    CommonDialog1. FileName = ""
    CommonDialog1. Filter = "位图文件 | * . bmp | ( * . jpg) | * . jpg | ( * . gif) | * . gif"
    CommonDialog1. FilterIndex = 1
    CommonDialog1. DialogTitle = "打开位图文件"
    CommonDialog1. ShowOpen
```

```
    If CommonDialog1. FileName  =  "" Then
        Label1. Caption  = "您按了取消按钮"
    Else
        Label1. Caption  =  CommonDialog1. FileName
        Picture1. Picture  =  LoadPicture(CommonDialog1. FileName)
    End If
End Sub
```

任务五：利用"字体"对话框设置文本框的字体。要求字体对话框内出现删除线、下画线，并可控制颜色元素。

简要步骤如下。

①创建应用程序的用户界面和设置对象属性。

在窗体上添加通用对话框（名称为 CommonDialog1）、文本框（名称为 Text1）和命令按钮（名称为 Command1，Caption 属性设置为"字体"），将 Text1 的 MultiLine 属性设置为 True，并在其 Text 属性中输入一段文字。

②编写程序代码。

提示代码：

```
Private Sub Command1 _ Click( )
    CommonDialog1. Flags  =  cdlCFBoth Or cdlCFEffects
    CommonDialog1. ShowFont
    If CommonDialog1. FontName  >  "" Then       '如果选择了字体
        Text1. FontName  =  CommonDialog1. FontName
    End If
    Text1. FontSize  =  CommonDialog1. FontSize
    Text1. FontBold  =  CommonDialog1. FontBold
    Text1. FontItalic  =  CommonDialog1. FontItalic
    Text1. FontStrikethru  =  CommonDialog1. FontStrikethru
    Text1. FontUnderline  =  CommonDialog1. FontUnderline
    Text1. ForeColor  =  CommonDialog1. Color
End Sub
```

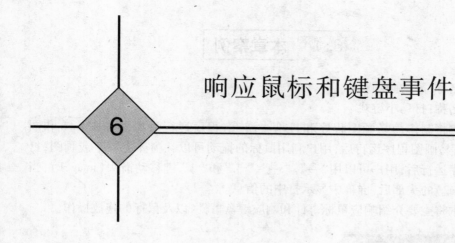

响应鼠标和键盘事件

☞ 本章知识导引

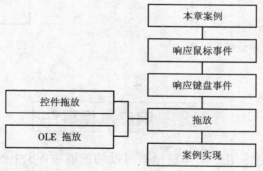

➤本章学习目标

窗体和大多数控件都能响应键盘和鼠标事件。利用键盘事件,可以响应键盘的操作,解释和处理 ASCII 字符;利用鼠标事件,可以跟踪鼠标的操作,判断按下的是哪个鼠标键等。此外,VB 还支持鼠标拖放方法。通过本章的学习,读者应该能够:

☑ 掌握响应鼠标的 MouseDown 事件、MouseUp 事件和 MouseMove 事件;

☑ 掌握响应键盘的 KeyPress 事件、KeyDown 事件和 KeyUp 事件;

☑ 了解鼠标的拖放操作。

6.1　本章案例

项目一名称:简易画图程序
项目二名称:打鸟小游戏

本章案例将制作简易画图程序和打鸟小游戏,程序运行后界面如图 6.1 和图 6.2 所示。简易画图程序运行后,用户利用鼠标的拖动可以在窗体上写字或画图;打鸟小游戏程序运行后,用户可以用"→"、"←"、"↑"和"↓"键移动箭头(image1),当遇到鸟(image2)的头部后,屏幕中显示打中的信息。

在本章中将主要介绍响应鼠标事件和响应键盘事件,以及鼠标的拖放操作。

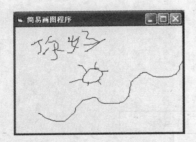

图 6.1　简易画图程序运行后界面

图 6.2　打鸟小游戏程序
运行后界面

6.2　响应鼠标事件

所谓鼠标事件是由用户操作鼠标而引发的能够被 VB 中的各种对象识别的事件。当程序运行时,单击鼠标就会触发 Click 事件,双击鼠标就会触发 DblClick 事件。在有些情况下,还需要对鼠标的指针位置和状态变化做出响应,这就需要使用 MouseDown、MouseUp 和 MouseMove 事件。

(1)MouseDown 事件:按下任意鼠标按钮时发生。

(2)MouseUp 事件:释放任意鼠标按钮时发生。

(3)MouseMove 事件:每当鼠标指针移动到屏幕新位置时发生。

鼠标事件处理过程一般都使用相同的格式和参数,其一般格式如下:

Private Sub object _ event(Button As Integer, Shift As Integer, x As Single, y As Single)

其中,object 是一个接受鼠标事件的对象;event 代表响应的鼠标事件名。参数介绍如下。

(1)Button 参数:用于指示用户按下或释放了哪个鼠标按钮。它也是一个位域参数,其低 3 位分别表示鼠标左键(第 0 位)、右键(第 1 位)和中键(第 2 位),如图 6.3 所示。每一位都有 0 和 1 两种取值,分别代表键释放和键按下。例如,同时按下鼠标左键和右键,则 Button 值为 3(二进制为 011)。

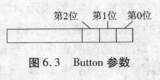

图 6.3　Button 参数

VB 中经常使用一些常数来表示 Button 的二进制值,见表 6.1 所示。

表 6.1　Button 参数

二进制数	十进制数	常　数	代表键状态
000	0		无任何键按下
001	1	vbLeftButton	按下左键
010	2	vbRightButton	按下右键
011	3	vbLeftButton + vbRightButton	同时按下左键和右键
100	4	vbMiddleButton	按下中键
101	5	vbLeftButton + vbMiddleButton	同时按下左键和中键
110	6	vbRightButton + vbMiddleButton	同时按下右键和中键
111	7	vbLeftButton + vbRightButton + vbMiddleButton	同时按下左键、右键和中键

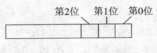

图 6.4　Shift 参数

(2)Shift 参数:Shift 参数包含了 Shift、Ctrl 和 Alt 键的状态信息。它也是一个位域参数,其低 3 位分别表示 Shift 键(第 0 位)、Ctrl 键(第 1 位)和 Alt 键(第 2 位),如图 6.4 所示。比如,当 Shift 参数值为 6 时表示用户同时按下了 Ctrl 键(二进制为 010)和 Alt 键(二进制为 100)。

用户可以使用表 6.2 所示的 VB 符号常数及它们的组合来监测这些辅助键。

表 6.2　Shift 参数

二进制值	十进制值	常　数	代表键状态
001	1	vbShiftMask	按 Shift 键
010	2	vbCtrlMask	按 Ctrl 键
011	3	vbShiftMask + vbCtrlMask	按 Shift 键和 Ctrl 键
100	4	vbAltMask	按 Alt 键
101	5	vbShiftMask + vbAltMask	按 Shift 键和 Alt 键
110	6	vbCtrlMask + vbAltMask	按 Ctrl 键和 Alt 键
111	7	vbCtrlMask + vbAltMask + vbShiftMask	按 Shift、Ctrl 和 Alt 键

（3）X、Y 参数：表示对应于当前鼠标指针的位置，这里用到了接受鼠标事件的对象的坐标系统描述的鼠标指针位置。

在简易画图程序中，当鼠标任何一键被按下时（用 MouseDown 事件），开始画图；鼠标移动时（用 MouseMove 事件），如果是处于画图状态，则画线；当鼠标键被释放时（用 MouseUp 事件），解除画图状态；双击鼠标（用 DblClick 事件）清除所画的图形。

6.3　响应键盘事件

键盘事件和鼠标事件都是用户与程序之间交互操作中的主要元素。单击鼠标和按下按键都可触发事件，而且还提供进行数据输入的手段以及在窗口和菜单中移动的基本形式。

在 VB 中，重要的键盘事件有下列 3 种。

（1）KeyPress 事件：按下对应某 ASCII 字符的键时被触发。

（2）KeyDown 事件：按下键盘的任意键时被触发。

（3）KeyUp 事件：释放键盘的任意键时被触发。

1. KeyPress 事件

并不是按下键盘上的任意一个键都会引发 KeyPress 事件，KeyPress 事件只对会产生 ASCII 码的按键有反应。ASCII 码字符集不仅代表标准键盘的字母、数字和标点符号，而且也代表大多数控制键，如 Enter、Backspace、Esc、Tab 等键。

KeyPress 事件过程形式如下：

Private Sub object _ KeyPress（KeyAscii As Integer）　　'文本框事件过程

其中，KeyAscii 为与按键相对应的 ASCII 码值。例如，当键盘输入"a"（小写）时，KeyAscii 参数值为 97；当键盘输入"A"（大写）时，KeyAscii 参数值为 65。

2. KeyDown 和 KeyUp 事件

KeyUp 和 KeyDown 事件报告键盘本身准确的物理状态：按下键（KeyDown）及松开键（KeyUp）。

KeyUp 和 KeyDown 的事件过程形式如下：

Private Sub object _ KeyDown（KeyCode As Integer,Shift As Integer）

Private Sub object _ KeyUp（KeyCode As Integer,Shift As Integer）

其中的参数说明如下。

（1）KeyCode 参数值是用户所操作的那个键的扫描代码，它告诉事件过程用户所操作的物理键，它是通过 ASCII 值或键代码常数来识别键的。字母键的键代码与此字母的大写字符的 ASCII 值相同。所以"A"和"a"的 KeyCode 都是由 Asc（"A"）返回的数值。所以，"A"与"a"作为同一个键返回，它们具有相同的 KeyCode 值。但是请注意，键盘上的"1"和数字小键盘的"1"被作为不同的键返回，尽管它们生成相同的字符。

（2）Shift 参数：键盘事件使用 Shift 参数的方式与鼠标事件所用方式相同。

在默认情况下，当用户对当前具有控件焦点的控件进行键盘操作时，控件的 KeyPress、KeyDown 和 KeyUp 事件被触发，但是窗体的 KeyPress、KeyDown 和 KeyUp 事件不会发生。为了启用这 3 个事件，必须将窗体的 KeyPreview 属性设为 True，而默认值是 False。当 KeyPreview 属性设置为 True，则对每个控件在控件识别其所有键盘事件之前，窗体就会接受这些键盘事件。例如，有以下两个过程：

```
Private Sub Form _ KeyPress( KeyAscii As Integer)
    KeyAscii = KeyAscii + 1
End Sub
Private Sub Text1 _ KeyPress( KeyAscii As Integer)
    KeyAscii = KeyAscii + 1
End Sub
```

如果窗体的 KeyPreview 属性设为 True，则当用户在文本框 Text1 中输入小写字母"a"时，文本框 Text1 接收到字符"c"；如果窗体的 KeyPreview 属性设为 False，同样输入小写字母"a"时，则文本框 Text1 接收到字符"b"。

在打鸟小游戏程序中，可以用键盘的 KeyDown 事件，然后利用 KeyCode 码来识别键盘上的"→"、"←"、"↑"和"↓"键，它们的 KeyCode 码分别为 37（&H25），38（&H26），39（&H27）和 40（&H28）。

6.4　拖放

在运行 Windows 程序时，可以使用鼠标拖放功能方便地改变某些对象的位置，这种操作称为拖放。拖放的一般过程是：把鼠标光标移到一个对象上，按下鼠标键不要松开，然后移动鼠标，对象将随鼠标的移动而在屏幕上拖动，松开鼠标后，对象即被放下。通常把原来位置的对象称为源对象，而拖动后放下的位置的对象称为目标对象。在拖动过程中，被拖动的对象变为灰色。VB 支持两种拖放，即控件拖放和 OLE 拖放。

6.4.1　控件拖放

控件拖放是指程序运行时将控件拖动到新的位置。下面介绍与控件拖放有关的属性、事件和方法。

1. 重要属性

（1）DragMode 属性：该属性启动自动拖动控件或手工拖动控件。为使用户拖动控件，要将控件 DragMode 属性设置为 1-Automatic。在将拖动设置为"自动化"后，拖动就总是"打开"的，当用户在源对象上按下鼠标左键同时拖动鼠标，对象的图标便随鼠标指针移动到目标对象上。

如果 DragMode 属性设置为 0-Manual(缺省值),则启动手工拖动模式。此时,必须在 MouseDown 事件过程中用 Drag 方法启动"拖"操作。当源对象的 DragMode 属性设置为 0 时,它能够接收 Click 和 MouseDown 事件。

(2)DragIcon 属性:指定拖动控件时显示的图标。拖动控件时,VB 将控件的灰色轮廓作为缺省的拖动图标。对 DragIcon 属性进行设置,就可用其他图像代替该轮廓。此属性包含对应图形图像的 Picture 对象。

2.方法

Drag 方法启动或停止手工拖动,可作用在任何可被拖动的控件上。当控件的 DragMode 属性设置为 0,即采用手工拖放时,需要用该方法来实现控件的拖放操作;当控件的 DragMode 属性设置为 1,也能用 Drag 方法拖动该对象,其形式如下:

[控件名称.]Drag 参数

其中,参数为 0 ~ 2 的整数,分别表示取消、开始或结束拖放操作。缺省时,参数值为 1,表示开始启动控件的拖放操作。在一些情况下,如 DragMode 属性设置为 1 时,也可采用 Drag 方法编程实现控件的拖放。

3.事件

与拖放有关的事件是 DragDrop 和 DragOver。前面介绍的拖放属性和拖放方法都是作用在源对象上,而这两个事件是发生在目标对象上的。DragDrop 事件识别何时将控件拖动到对象上;DragOver 事件识别何时在对象上拖动控件。即当源对象被拖动到某个对象上时,在该对象便引发 DragOver 事件;当源对象被投放到目标对象上,释放鼠标按钮时,或在程序中采用 Drag 方法结束拖放并投放控件时,在目标控件便引发 DragDrop 事件。

DragDrop 和 DragOver 事件过程形式如下:

Private Sub object _ DragDrop(Source As Control, _ X As Single, Y As Single)

Private Sub object _ DragOver(Source As Control, _ X As Single, Y As Single)

其中 Source 参数为对象变量,在两种事件引发的同时,系统自动将源对象作为 Source 参数传递给事件过程,同时鼠标指针的位置及拖放过程的状态也将作为参数传递给事件过程。事件过程中可以采用 TypeOf 函数判断源对象的控件类型,供程序识别。通过判断源对象的控件类型,可对其进行属性设置和调用相应的方法进行操作。其形式如下:

If TypeOf 对象变量 Is 控件类型 Then

其中 TypeOf 函数的返回值为对象变量所引用控件的类型。

6.4.2   OLE 拖放

与前面讨论的拖放不同,OLE 拖放(OLE Drag And Drop)并不是把一个控件拖动到另一个控件并调用事件代码,而是将数据从一个控件或应用程序移动到另一个控件或应用程序。比如,可以在 Microsoft Word 中选择一段文字,然后把它拖放到写字板上;再如,可以选择并拖动 Excel 中的一个单元范围,然后将它们放到应用程序的 DataBoundGrid 控件上。

1. 重要属性

(1)OLEDragMode 属性:启动控件的自动拖动或手工拖动(若控件支持手工拖动但不支持自动 OLE 拖动,则它不具有此属性,但支持 OLEDrag 方法和 OLE 拖放事件)。其属性值设置如下。

• 0-Manual(缺省值):用 OLEDrag 方法手工实现"拖"操作。

• 1-Automatic:自动实现"拖"操作。

(2)OLEDropMode 属性:指定控件如何响应"放"操作。其属性值设置如下。

• 0-None(缺省值):表示目标控件不接受 OLE"放"操作,并且显示 No Drag 图标。

• 1-Manual:手工实现"放"操作。当源控件的内容被拖到目标控件上,并且释放鼠标按钮时,就触发 OLEDragDrop 事件,用户应在该事件过程中通过编程实现"放"操作。

• 2-Automatic:自动实现"放"操作。

VB 中的几乎所有控件都在某种程度上支持 OLE 拖放。有些控件(如 PictureBox、TextBox 控件),为对这些控件启动自动 OLE 拖放,应将源控件的 OLEDragMode 属性设置为"1-Automatic"和目标控件的 OLEDropMode 属性设置为"2-Automatic"。

有些控件支持自动 OLE 拖动,但只支持手动放下;有些支持自动放下,但只支持手动拖动。例如,ComboBox 控件支持手动和自动拖动,但不支持自动放下。

2. 事件

(1)OLEDragDrop 事件:识别源对象何时被放到控件上。

(2)OLEDragOver 事件:识别源对象何时被拖动经过控件。

(3)OLEGiveFeedback 事件:以源对象为基础向用户提供自定义拖动图标反馈。

(4)OLEStartDrag 事件:在启动拖动时,源支持哪种数据格式和放效果(复制、移动或拒绝数据)。

(5)OLESetData 事件:在放源对象时提供数据。

(6)OLECompleteDrag 事件:当把对象放到目标时通知被执行的操作的源。

6.5　本章案例实现

项目一:简单画图程序

1. 系统设计

1)工程文件的建立

打开 VB 6.0 应用程序,将当前窗体文件和工程文件分别以"draw"为名保存。

2)界面设计

如图 6.1 所示,将窗体的 Caption 属性设置为"简单画图程序"。

2. 代码编制

在"通用声明"里键入下列程序代码:

```
Dim DrawState As Boolean        'DrawState 记录是否处于画图状态
'Prex 与 Prey 记录鼠标移动的轨迹
Dim Prex As Single
Dim Prey As Single
```

在 Form _ Load( )过程里键入下列程序代码:

```
Private Sub Form _ Load( )
    DrawState = False
End Sub
```

在 Form _ MouseDown( )过程里键入下列程序代码:

```
Private Sub Form _ MouseDown( Button As Integer, Shift As Integer, X As Single, Y As Single)
    DrawState = True    '当鼠标任何一键被按下时,把 DrawState 设为 True,开始画图
    '这里 Prex 与 Prey 将记录线条的起点
    Prex = X
    Prey = Y
End Sub
```

在 Form _ MouseMove( )过程里键入下列程序代码:

```
Private Sub Form _ MouseMove( Button As Integer, Shift As Integer, X As Single, Y As Single)
'鼠标移动时,如果是处于画图状态,则 Line 方法来在(Prex, Prey)与(X, Y)之间画线
    If DrawState = True Then
        Line (Prex, Prey) - (X, Y)
        Prex = X
        Prey = Y
    End If
End Sub
```

在 Form _ MouseUp( )过程里键入下列程序代码:

```
Private Sub Form _ MouseUp( Button As Integer, Shift As Integer, X As Single, Y As Single)
    DrawState = False            '当鼠标键被释放时,解除画图状态
End Sub
```

在 Form _ DblClick( )事件里键入下列程序代码:

```
Private Sub Form _ DblClick( )
'双击鼠标清除所画的图形
    Cls
End Sub
```

3. 保存文件,运行工程

启动程序之后,就可以在窗体上用鼠标画图了。

项目二:打鸟小游戏

1. 系统设计

1)工程文件的建立

打开 VB 6.0 应用程序,将当前窗体文件和工程文件分别以"target"为名保存。

2)界面设计

如图 6.2 所示,在窗体上建两个图像框 Image1 和 Image2,Image1 的 Picture 属性中加载一个箭头图片,Image2 的 Picture 属性中加载一个小鸟图片。然后再建一个标签控件 Label1,将其 Caption 属性设置为空。

2. 代码编制

```
Dim icount As Integer
Private Sub Form _ KeyDown( KeyCode As Integer, Shift As Integer)
icount = icount + 1
Select Case KeyCode
      Case 37
      Image1. Left = Image1. Left - 200
      Case 38
      Image1. Top = Image1. Top - 200
      Case 39
      Image1. Left = Image1. Left + 200
      Case 40
      Image1. Top = Image1. Top + 200
      End Select
      If Abs( Image1. Left - Image2. Left) < 1260 And Abs( Image1. Top - Image2. Top) < 500
      Then       '1260 和 500 分别为小鸟的头部离窗体左边和上边的距离,可以根据图片在窗
                 体上的实际位置来定
      Label1 = "按键第" & icount & "次打中!!"
      End If
End Sub
```

3. 保存文件,运行工程

启动程序之后,移动键盘上的"→"、"←"、"↑"和"↓"键,当箭头碰到了鸟的头部时,即提示打中的信息。

本章小结

本章主要介绍了关于响应键盘和鼠标操作的事件。当单击键盘按键时会触发 KeyPress 事件和 KeyDown 事件,当释放按键时会触发 KeyUp 事件。KeyDown 事件和 KeyUp 事件可捕捉到 KeyPress 事件无法检测到的键或组合键。当单击鼠标按键时会触发 MouseDown 和 MouseUp 事件,当拖动鼠标时会触发 MouseMove 事件。还可以利

用 DragDown 和 DragOver 事件完成对象拖放。

思考题与习题6

一、填空题

1. 在执行 KeyPress 事件过程时,KeyAscii 表示按键的_____值。对于有上档字符和下档字符的键,当执行 KeyDown 事件过程时,KeyCode 是_____字符的_____值。

2. 为了定义自己的鼠标光标,首先应把_____属性设置为_____,然后把_____属性设置为一个图标文件。

3. 在 MouseDown 和 MouseUp 事件过程中,当参数 Button 的值为_____、_____、_____时,分别代表鼠标的_____、_____、_____键。

4. 在窗体上画一个文本框,然后编写如下过程:

```
Private Sub Text1 _ KeyPress( KeyAscii As Integer)
    Dim cha As String
    Cha = Chr( KeyAscii)
    KeyAscii = Asc( Ucase( cha) )
    Text1. text = String( 6 , KeyAscii)
End Sub
```

运行程序后,如果在键盘上输入"a",则文本框中显示的内容为_____。

5.
```
Private Sub Form _ Load( )
    Show
    Text2. Text = ""
    Text1. Text = ""
    Text2. SetFocus
End Sub
Private Sub Text2 _ KeyDown( KeyCode As Integer,Shift As Integer)
    Text1. Text = Text1. Text + Chr( KeyCode −4 )
End Sub
```

程序运行后,若在 Text2 文本框中输入"efghi",则 Text1 中的内容为_____。

二、选择题

1. 编写如下事件过程:

```
Private Sub Form _ KeyPress( KeyAscii as Integer)
    Print    Chr( KeyAscii)
    Print    ( KeyAscii)
End Sub
```

运行程序,按下"a"键输出结果为_____。

A. A 65   B. a 97   C. 65 A   D. 65 a

2. 编写如下事件过程:

Private Sub Form _ KeyDown(KeyCode As Integer, Shift As Integer)

    Print   Chr(KeyCode)

    Print   KeyCode

End Sub

运行程序后,按下"E"键输出为_____。

A. E 69   B. e 69   C. 69 b   D. 69 e

3. 编写以下事件过程:

Private Sub Form _ KeyUp(KeyCode As Integer, Shift As Integer)

    KeyCode = KeyCode + 32

    Print Ucase(Chr(KeyCode))

End Sub

运行程序,按下"A"键时,输出为_____。

A. A   B. 65   C. a   D. 97

4. 编写如下程序:

Dim sum As Integer

Private Sub Form _ MouseDown(Button As Integer, Shift As Integer, X as Single, Y as Single)

    If   Button = 1 Then

      sum = sum + 1

    ElseIf   Button = 2 Then

      sum = sum − 1

    End If

  End Sub

Private   SubCommand1 _ Click( )

  Print sum

End Sub

运行程序,当鼠标在窗体上左击 3 次,右击 1 次,再单击按钮,输出为_____。

A. 1   B. − 1   C. 2   D. 4

5. 编写以下程序:

Private Sub Form _ MouseDown(Button As Integer, Shift As Integer, X as Single, Y as Single)

    If Shift = _____ And Button = _____ Then

    Print "HELLO"

       End If
End Sub

运行程序后,当同时按下 Shift 键和 Alt 键并用鼠标左击时,输出"HELLO",请选择程序中 Shift 和 Button 参数的值_____。

A.1　3　　　　　　　B.2　1　　　　　　　C.3　2　　　　　　　D.5　1

三、程序设计题

1.编制程序,当按下字母键时,窗体中显示该字符并且不断移动,直到松开该键。

2.建立一个按键程序,当鼠标左键按下,文本框中显示"鼠标左键被按下";当鼠标右键按下,文本框中显示"鼠标右键被按下";当鼠标中键按下,文本框中显示"鼠标中键被按下"。

实验6　响应鼠标和键盘事件

一、实验目的

(1)掌握鼠标事件和拖放事件等过程代码的编写;

(2)掌握 VB 中的键盘响应事件;

(3)了解鼠标的拖放操作。

二、实验内容及简要步骤

任务一: 设计一程序,验证 MouseMove 事件功能。界面如图 6.5 所示,程序运行时,当在窗体、复选框和标签(Label3 和 Label5)上移动鼠标指针时,就会在标签按钮 Label3 和 Label5 上显示鼠标指针的位置,并通过 5 个复选框反映出鼠标左右键以及"Shift"、"Ctrl"和"Alt"3 个键的按下状态,如图 6.6 所示。

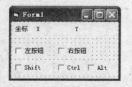

图 6.5　任务一设计时界面

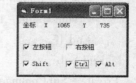

图 6.6　任务一运行后界面

简要步骤如下。

①创建应用程序的用户界面和设置对象属性。

窗体上分别建立 5 个标签(背景色设为白色),5 个复选框。第 1、2 和 4 个标签的 Caption 属性分别设置为"坐标"、"X"和"Y"。5 个复选框的 Caption 属性分别设置为"左按钮"、"右按钮"、"Shift"、"Ctrl"和"Alt"。

②编写程序代码。

提示:显示指针位置可用代码"Form_MouseMove(Button, Shift, X, Y)"。

任务二: 编写适当事件。要求程序运行时,向 Text1 文本框输入数字,若输入字母或其他字符时键盘响铃提示。使用【Alt + F5】结束程序。

简要步骤如下。

①创建应用程序的用户界面和设置对象属性。

在窗体上建一个文本框控件(Text1)。

②编写程序代码。

提示:Beep 为计算机扬声器的发音指令,KeyAscii = 0,可以使当前对象不显示。

任务三:设计程序,将一个图片从一个图片框中拖
到另一个图片框中,如图 6.7 所示。

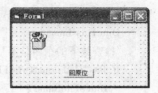

简要步骤如下。

①创建应用程序的用户界面和设置对象属性。

在窗体中添加两个图片框,并在第 1 个图片框 Pic-
ture1 的 Picture 属性中加载 1 个图片;再向窗体中添加

图 6.7 任务三设计时界面

1 个命令按钮,将其 Caption 属性设置为"回原位"。

②编写程序代码。

部分代码提示如下:

```
Private Sub Picture1 _ MouseDown( Button As Integer, Shift As Integer, X As _ Single, Y As Sin-
gle)
    If Button = 1 Then              '如果按下鼠标左键
        Picture1. Drag 1            '启动图片框 Picture1 的拖放过程
    End If
End Sub
Private Sub Picture2 _ MouseDown( Button As Integer, Shift As Integer, X As _ Single, Y As Sin-
gle)
    If Button = 1 Then              '如果放开鼠标左键
        Picture1. Drag 2            '停止拖放过程,并产生 DragDrop 事件
    End If
End Sub
```

图 6.8 任务四运行后界面

任务四:设计一个程序,将任意一个文件拖到图片
框 Picture1 中时,则在列表框 List1 中显示其路径及文
件名。当文件是图片文件时,图片框 Picture1 中将会
显示该图片,否则显示"不是图片文件!",如图 6.8 所
示。

简要步骤如下。

①创建应用程序的用户界面和设置对象属性。

在窗体上建立 1 个图片框(Picture1)和一个列表
框(List1)。

②编写程序代码。

提示代码如下：

```
Private Sub Form _ Load( )
      '经过声明 Picture1 成为接受文件拖放的一个 OLE 容器
      Picture1. OLEDropMode  =  1
End Sub
Private Sub Picture1 _ OLEDragDrop( data As DataObject, effect As Long, button _ As Integer, shift
As Integer, x As Single, y As Single)
    Dim i As Integer
    '检查放下的东西是不是文件名
    If data. GetFormat( vbCFFiles )  =  True Then
        Dim sFileName $                '只读取第一条记录的信息
        sFileName  =  data. Files( 1 )
        '如果不是图片文件则转向错误处理
        On Error GoTo invalidPicture
        '依次读取各条记录,并把文件名添加在列表框中
        For i  =  1 To data. Files. Count
          List1. AddItem data. Files( i )
        Next i
        Picture1. Picture  =  LoadPicture( sFileName )        '将图片显示在图片框中
    End If
    Exit Sub
    invalidPicture：                    '显示错误信息
    DisplayPicture1 Message
End Sub
Private Sub DisplayPicture1 Message( )        '清除图片框中的图片
    Picture1. Picture  =  LoadPicture( )
    Const Msg As String  =  "不是图片文件!"
    '在图片框中心显示错误信息
    Picture1. CurrentX  =  ( Picture1. ScaleWidth \2 )  –  ( Picture1. TextWidth( Msg )\2 )
    Picture1. CurrentY  =  ( Picture1. ScaleHeight \2 )  –  ( Picture1. TextHeight( Msg )\2 )
    Picture1. Print Msg
End Sub
```

文件操作

7

☞ 本章知识导引

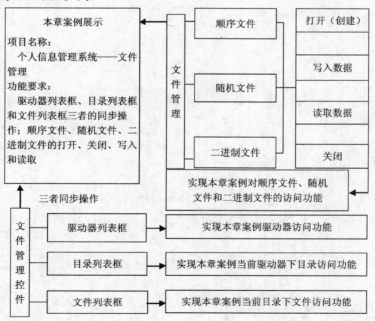

➡本章学习目标

　　本章讲述驱动器列表框、目录列表框和文件列表框控件常用的属性、方法和事件，并以案例的形式实现三者的同步操作；同时介绍顺序文件、随机文件、二进制文件的打开、关闭、写入和读取的基本技巧，以及 3 种文件的异同点。通过本章的学习和上机实践，读者应掌握以下内容：

　　☑ 驱动器列表框、目录列表框和文件列表框常用的属性、方法和事件；

　　☑ 驱动器列表框、目录列表框和文件列表框三者的同步操作；

　　☑ 顺序文件、随机文件、二进制文件的特点；

　　☑ 顺序文件、随机文件、二进制文件的打开、关闭、写入和读取。

7.1 本章案例

项目名称:顺序文件、随机文件和二进制文件的操作

用户界面如图 7.1 所示。

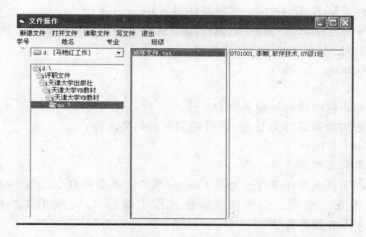

图 7.1 顺序文件、随机文件和二进制文件操作项目的用户界面

功能要求:通过对驱动器列表、目录列表和文件列表的控制可以对图片文件打开并显示在右侧,对顺序文件、随机文件和二进制文件进行创建、打开、写入数据、读取数据和关闭的操作,在打开文件时可以显示文件内容在右侧框中。

7.2 文件系统控件

每个文件系统控件都经过精心的设计,将灵活、复杂的文件系统检查功能与简易的编程方法结合起来。每个控件都自动执行文件数据获取任务,但也可编写代码自定义控制外观并制定显示的信息。图 7.2 所示为文件系统控件。

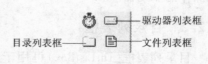

图 7.2 文件系统控件

可以单独使用文件系统控件,也可以组合起来使用。组合使用时,可在各控件的事件过程中编写代码来判断它们之间的交互方式。图 7.1 中就使用了组合的文件系统控件。

7.2.1 驱动器列表框

驱动器列表框(DriveListBox)是下拉式列表框,用于提供驱动器选择。在默认情

况下,显示系统的当前驱动器。当获得控制焦点时,用户可通过该控件来选择或输入所要操作的磁盘驱动器。驱动器列表框对象的缺省名为 Drive1。

1. 驱动器列表框的属性

Drive:用于设置或返回要操作的驱动器。该属性只能在运行时由程序代码设置或访问,设计阶段无效。其使用格式为:

驱动器列表框名. Drive[= 驱动器标识名]

若缺省" = 驱动器标识名"参数项,其作用是返回当前驱动器标识名。比如,若要获得当前驱动器号,则可用如下语句来实现:

```
Dim Drv As String
Drv = Drive1. Drive
```

驱动器列表框的缺省对象名为 Drive1。

若要设置当前驱动器为 D 盘,则可用如下语句来实现:

```
Drive1. Drive ="D:\"
```

2. 驱动器列表框的事件

驱动器列表框的常用事件主要是 Change 事件。该事件在驱动器列表框的 Drive 属性值发生改变时触发。通常在该事件过程中编程,以完成相关的操作。参见 7.2.2 节中的 Path 属性介绍。

3. 驱动器列表框的方法

驱动器列表框的常用方法主要是 Refresh 方法,该方法常用于刷新驱动器列表。另外驱动器列表框也支持 SetFocus 方法和 Move 方法。代码如下:

```
Drive1. Refresh
Drive1. SetFocus
```

运行时,驱动器列表框仅显示当前驱动器的盘符名,单击驱动器列表的下拉箭头按钮,将在其下拉的列表中显示当前计算机系统的全部驱动器名,用户可从中选择所要操作的驱动器。

7.2.2　目录列表框

目录列表框(DirListBox)可用于显示当前驱动器或指定驱动器上的目录结构。显示时以根目录开头,各目录按子目录的层次结构依次缩进。目录列表框对象的缺省名为 Dir1。

1. 目录列表框的属性

(1)Path 属性:它是目录列表框的一个最常用的也是最主要的属性。该属性用于设置或返回要显示目录结构的驱动器路径或目录路径。在程序中,通过访问该属性,可获得列表框中显示的当前目录。其使用格式为:

目录列表框名. Path[= 路径字符串]

提示:Path 属性只在运行时可用,在设计时不可用。

如在本章案例中,驱动器列表框对象的名称为 Drive1,目录列表框对象的名称为 Dir1,为实现在改变驱动器标识符时动态改变目录列表框中的目录,可把驱动器列表框的 Drive 属性赋予目录列表框的 Path 属性。这一功能代码要在 Drive1 的 Chang 事件中完成,具体代码如下:

```
Private Sub Drive1 _ Chang( )
    Dir1. Path  =  Drive1. Drive
End Sub
```

如要让目录列表框显示出 D:\ 下的目录结构,则相应的设置语句就应为:

```
Private Sub Drive1 _ Chang( )
    Dir1. Path  =  "D: \"
End Sub
```

(2)ListIndex 属性:目录列表框可视为标准列表框的具体化,因此,目录列表框也继承了标准列表框的一些重要属性,这些属性包括 ListIndex,List 和 ListCount。

目录列表框中的每一个目录都关联着一个唯一的标识符 ListIndex,通过该标识符,可标识区别目录列表框中的每一个目录。当前用户所选定的目录,其标识符 ListIndex 的值总为 -1;紧邻的上一级目录的 ListIndex 值为 -2,上二级目录的 ListIndex 值为 -3,其余依次类推。紧邻其下的子目录中,第一个子目录的 ListIndex 值为 0,第二个子目录为 1,其余也依次类推。

(3)List 属性:用于返回 ListIndex 属性值指定的目录路径及目录名称。比如,若要获得当前目录的路径及目录名,则可用如下语句来实现:

```
Dim CurDir As String
CurDir  = Dir1. List( -1)
```

若要获得当前目录的上一级目录的路径及名称,则可用如下语句来实现:

```
CurDir  = Dir1. List( -2)
```

若要获得其下的第一个子目录名及路径,则可通过以下语句来实现。

```
CurDir  = Dir. List(0)
```

(4)ListCount 属性:用于返回当前目录下的下一级子目录的总数。比如,若要获得 D:\ 下的子目录的数目,则实现的语句就应为:

```
Dim DirNum As Integer
Dir1. Path  = "D: \"
DirNum  = Dir1. ListCount
MsgBox  "D 盘根目录下的子目录数目为:"  &  DirNurn
```

2. 目录列表框的事件

目录列表框能响应一些常用的事件,在实际编程中,最常用的主要是 Change 事件。该事件在目录列表框的 Path 属性发生改变时触发。

3. 目录列表框的方法

目录列表框常用的方法主要有 Refresh,SetFocus 和 Move。

7.2.3　文件列表框

文件列表框(FileListBox)常与目录列表框配合使用,用以显示指定目录下的文件列表。用户可从文件列表框中选择所要操作的一个或多个文件。文件列表框对象的缺省名为 File1,可视为标准列表框的具体化,因此,除了自身特有的属性外,它也继承了标准列表框的一些重要属性。

1. 文件列表框的属性

(1)Path 属性:用于设置或返回要显示文件列表框的文件路径。其使用格式为:

文件列表框名. Path[= 路径字符串]

如果要让文件列表框显示出 C:\Documents and Settings 目录下的所有文件,则相应的设置语句就应为:

    File1. Path = ″C:\Documents and Settings″

> 提示:Path 属性仅在运行时有效,设计时无效。

当 Path 属性值改变时,将触发文件列表框的 PathChange 事件。

如在本章案例中,驱动器列表框对象的名称为 Drive1,目录列表框对象的名称为 Dir1,文件列表框对象的名称为 File1。为了在目录列表框发生改变时,文件列表框的内容也能自动跟着改变,需在目录列表框的 Change 事件中编程,把目录列表框的 Path 属性赋予文件列表框的 Path 属性。这一功能代码要在 Dir1 的 Chang 事件中完成,具体代码如下:

```
Private Sub Dir1 _ Chang( )
        File1. Path = Dir1. Path
End Sub
```

> 提示:在目录列表框和文件列表框中都有 Path 属性,但二者的含义并不相同。

比较以下两个赋值语句:

    Dir1. Path = ″C:\Documents and Settings″   ′目录列表框的 Path 属性赋值

    File1. Path = ″C:\Documents and Settings″   ′文件列表框的 Path 属性赋值

其中第一条语句被执行后,便在目录列表框中显示 C 盘中 Documents and Settings 目录下的目录结构,不包括目录下的文件;而第二条语句被执行后,则在文件列表框中列出 C 盘中 Documents and Settings 目录下的全部文件名,不包括目录结构。

(2)Pattern 属性:用于设置在文件列表框中要显示的文件类型。通过对该属性的设置,可对所显示的文件起到过滤效果。该属性可在属性窗口设置,也可在运行时通过程序代码设置。该属性的缺省值为“＊.＊”,即默认显示所有的文件。

文件类型的表达可使用通配符。若要表达的文件类型有多种,各组类型表达式之间应用分号(;)进行分隔。

如果允许在文件列表框中显示 exe 文件、com 文件和文件名包含三个字符且扩

展名为. txt 的文件,则相应的设置语句应为:

    Filel. Pattern = " * . exe; * . com;???. txt"

    当 Pattern 属性值改变时,将触发文件列表框的 PatternChange 事件。

    文件列表框的属性也提供当前选定文件的属性(Archive、Normal、System、Hidden 和 ReadOnly),可以在文件列表框中用这些属性指定要显示的文件类型。System 和 Hidden 属性的缺省值是 False;Archive 和 Normal 属性的缺省值是 True。

    如为了在文件列表框中仅显示只读文件,可以编写如下代码:

```
File1. ReadOnly = True
File1. Archive = False
File1. Normal = False
File1. System = False
File1. Hidden = False
```

    当 Normal = True 时将显示无 System 或 Hidden 属性的文件;当 Normal = False 时也仍然可显示具有 ReadOnly 或/和 Archive 属性的文件,只要将这些属性设置为 True。

    (3)FileName 属性:用于设置或返回文件列表框中被选中的文件名。其使用格式为:

    文件列表框名. FileName[= 文件名]

若语句中带有" = 文件名"参数项,则用于在文件列表框中选定指定的文件,其中,文件名可包含路径和通配符。若省略" = 文件名"参数项,则用于返回被选定的文件名。

    例如,若要获得当前用户所选定的文件名,则实现语句应为:

```
Dim FileN As String
FileN = Filel. FileName
```

    2. 文件列表框的事件

    文件列表框常用的事件主要有以下几种:PathChange,PatternChange,DblClick, Click,GotFocus,LostFocus。

    3. 文件列表框的方法

    文件列表框常用的方法主要有 Refresh,SetFocus 和 Move。

7. 2. 4　本章案例实现

    按照 7. 1 节中本章案例的要求,完成界面设计(不包括菜单的设计)、驱动器列表框、目录列表框、文件列表框三者同步,以及显示所选图片文件的图片加载功能。

    1. 窗体界面设计

    首先建立一个标准工程文件,在文件中将默认窗体改名为 frmfile,窗体的标题 Caption 属性改为"文件操作"。

    然后在窗体上添加驱动器列表框 Drive1、目录列表框 Dir1、文件列表框 File1、显示所选图片的图片框 Image1（设置其 Stretch 属性为 True），以及显示文本文件内容的文本框 Text1（设置其具有水平和垂直滚动边框）。要求如图7.1形式布局，注意文本框与图片框大小相同、位置重叠。

2. 功能设计

改变驱动器列表框时，目录列表框和文件列表框（文件列表框中只显示 *.bmp，*.jpg，???.wmf，*.ico 和 *.txt 文件）同步刷新；当选中一个图形文件后（单击文件列表框），把该文件的图片显示在图片框中（显示图片框，不显示文本框）。

3. 功能代码实现

1）窗体加载事件

功能：文件列表框中只显示 *.bmp，*.jpg，???.wmf，*.ico 和 *.txt 文件。代码如下：

```
Private Sub Form _ Load( )
    Drive1. Drive = "D:\"
    File1. Pattern = "*.bmp;*.jpg;???.wmf;*.txt;*.icon"
End Sub
```

2）驱动器列表框改变事件

功能：实现驱动器列表框与目录列表框"同步"。代码如下：

```
Private Sub Drive1 _ Change( )
    Dir1. Path = Drive1. Drive
End Sub
```

3）目录列表框改变事件

功能：实现目录列表框与文件列表框的同步。代码如下：

```
Private Sub Dir1 _ Change( )
    File1. Path = Dir1. Path
End Sub
```

4）文件列表框单击事件

功能：实现当选中一个图形文件后（单击文件列表框），把该文件的图片显示在图片框中，显示图片框，但不显示文本框。代码如下：

```
Private Sub File1 _ Click( )
    Dim fp As String

    If Right(File1. FileName, 3) < > "txt" Then    '判断选中的文件是否扩展名为 txt
        '选中的是图片文件
        fp = File1. Path                           '获取文件路径
        If Right(fp, 1) < > "\" Then fp = fp & "\"  '给文件路径添加
        fp = fp & File1. FileName                  '获得具有路径及文件名称的完整字符串
        Image1. Picture = LoadPicture(fp)          '向图片框中加载选中的图片
        Text1. Visible = False
        Image1. Visible = True
```

　　End If
End Sub
　　4.保存并运行程序
　　保存工程及其文件,运行程序,最终界面如图7.3所示。

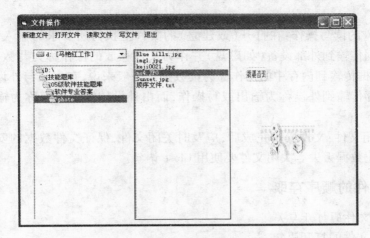

图7.3　案例实现后运行界面

7.3　文件存取操作

　　如果设计应用程序使用数据库文件,那么在应用程序中就不需要提供直接的文件访问。然而,有时会需要读写文件而不是数据库。计算机用内存暂存数据,而用磁盘等外部存储器长久地保存数据。计算机一般采用文件形式保存数据。根据计算机访问文件的方式,可将文件分为顺序型、随机型和二进制型3种类型。

　　1.顺序型

　　顺序型适用于读写连续块中的文本文件。顺序访问是为普通文本文件的使用设计的。文件中每个字符都被假设为代表一个文本文件或者文本格式序列。数据被存储为 ANSI 字符。

　　2.随机型

　　随机型适用于读写有固定长度记录结构的文本文件或者二进制文件。为随机型访问打开的文件是由相同长度的记录集合组成的。可用用户定义的类型来创建由各种各样的字段组成的记录,每个字段可以有不同的数据类型。数据作为二进制信息存储。

　　3.二进制型

　　二进制型适用于读写任意有结构的文件。二进制访问允许使用文件来存储所希望的数据。除了没有数据类型或者记录长度的含义以外,它与随机访问很相似。为了正确地对它检索,必须精确地知道数据是如何写到文件中的。

同其他传统开发语言一样,Visual Basic 也提供了对各类文件进行处理和访问的语句,利用这些语句,可实现对各类文件的创建和存取等操作。Visual Basic 的文件处理主要包括下面 3 种。

(1)打开或建立文件:文件必须先打开或建立后才能使用。使用 Open 语句来完成。

(2)文件的读写操作:在打开(或建立)的文件上执行所要求的输入输出操作。其中,把数据传输到外部设备(如磁盘)并作为文件存放的操作称为写数据;把数据文件中的数据传输到内存中的操作称为读数据。一般来说,在内存与外设的数据传输中,由内存传输到外设称为输出或写操作,而由外设传输到内存称为输入或读操作。

(3)关闭文件:文件操作完成后,应及时关闭文件,保证文件数据的安全及后续操作,以防止数据丢失。关闭文件要使用 Close 语句。

7.3.1　文件的顺序存取

1.顺序文件的打开与关闭

1)顺序文件的打开语句

语句格式:

Open 文件名 **For** 文件打开方式　　**As** ［#］文件通道号

其中,文件打开方式 = 存取方式［Access 操作类型］［加锁类型］

功能:打开或创建指定的文件,并为文件的输入输出分配缓冲区,同时指定缓冲区所使用的文件存取方式。若指定的文件不存在,则创建该文件。

参数说明如下。

(1)文件名:用于指定要打开或创建的文件,可包含盘符和路径,以绝对路径和相对路径两种形式给出。

例如:

| ″C:\Documents and Settings\file1.txt″ | ′要访问的 file1.txt 的绝对路径 |
| app.Path & ″\file1.txt″ | ′要访问的 file1.txt 的相对路径(相对于工程文件) |

以上两种赋值方式分别应用于不同场合,绝对路径通常用于文件固定在某处,以后也不改变位置的情况;相对路径通常用于文件位于与可执行文件具有一部分或完全相同的路径的情况,也就是说可执行文件的安装位置改变,文件的位置必定改变,否则就会出错。

(2)文件打开方式有以下几种。

• 存取方式:用于指定文件的存取方式。其取值与含义见表 7.1 所示。

表 7.1　存取方式取值与含义对照

存取方式	说　明
Input	将数据从文件输入到内存,即对文件的读操作
Output	将数据从内存输出到文件,即对文件的写操作
Append	将文件追加到文件末尾,即以追加的方式写文件

- Access 操作类型:用于指定访问文件的类型。其取值含义见表 7.2 所示。

表 7.2　Access 操作类型取值含义表

操作类型	说　明
Read	以只读方式打开文件
Write	以只写方式打开文件
ReadWrite	以可读可写方式打开文件。该类型仅用于随机文件和二进制文件。顺序文件一般使用的是 Read 或 Write

- 加锁类型:主要用于多用户或多进程环境中,用于限制其他用户或其他进程对已打开文件所进行的读写操作。其加锁类型取值含义见表 7.3 所示。

表 7.3　加锁类型取值含义表

加锁类型	说　明
LockRead	文件打开时,无权对该文件进行读操作
LockWrite	文件打开时,无权对该文件进行写操作
LockReadwrite	文件打开时, 无权对该文件进行读写操作
Shared	共享,可对当前打开的文件进行读写操作

(3)文件通道号:表示打开或创建文件时所使用的通道号,为一整型值,其取值可为 1～511。利用 FreeFile 函数可自动获得下一个未被使用的通道号。

【例 7.1】　以写的方式打开 C:\Documents and Settings 目录下名为 File1 的文本文件的语句。

```
Dim Filenb As Integer
Filenb = FreeFile
Open "C:\Documents and Settings\File1.txt" For Output As #Filenb
```

提示:
①通道号前面的"#"为可选项。
②当打开一个不存在的顺序文件作为 Output 或 Append 时,Open 语句首先创建该文件,然后再打开它。

【例 7.2】 以读的方式打开 C：\Documents and Settings 目录下名为 File1 的文本文件的语句。

Dim Filenb As Integer

Filenb = FreeFile

Open "C：\Documents and Settings\File1. txt" For Input As #Filenb

> **提示：**当打开顺序文件作为 Input 时，该文件必须已经存在，否则，会产生一个错误。

【例 7.3】 以读的方式打开 C：\Documents and Settings 目录下名为 File1 的文本文件，且不允许其他用户对它进行修改操作的语句。

Dim Filenb As Integer

Filenb = FreeFile

Open "C：\Documents and Settings\File1. txt" For Input LockWrite As #Filenb

【例 7.4】 以读的方式打开 C：\Documents and Settings 目录下名为 File1 的文本文件，若在该文件打开时，禁止其他用户再打开该文件。

Dim Filenb As Integer

Filenb = FreeFile

Open "C：\Documents and Settings\File1. txt" For Input LockRead As #Filenb

2）文件的关闭

在 VB 中，无论采用哪种方式打开文件，关闭文件的方法均一样。

格式：Close [[#]通道号 1][,[#]通道号 2]…

功能：将指定通道号上的文件关闭。该语句可同时关闭多个文件。例如：

关闭 1 号通道上所打开的文件，则语句为：Close # l 或 Close 1；

关闭 1、4 通道上所打开的文件，则语句为：Close #l,#4 或 Close 1,4；

关闭所有已打开的文件，则语句为：Close。

2. 顺序文件的读写操作

1）顺序文件的写操作

实现顺序文件写操作的语句有 Write 语句和 Print 语句。具体语句格式和语句功能见表 7.4 所示。

表 7.4　顺序文件的写操作语句格式及功能表

写操作	Write 语句	Print 语句
语句格式	Write #通道号 [,输出数据列表]	Print#文件通道号,[[Spc(n)|Tab(n)]] [表达式列表][;|,]]
语句功能	将输出数据列表所指定的数据顺序写入到通道号指定的文件中。各列表项间可用逗号或分号进行分隔	以打印的方式向通道号所代表的文件写入表达式列表所指定的数据

关于这两条语句有以下说明。

（1）Write 语句在写入数据时，会自动在各数据项间插入分隔符逗号，并且在语句的输出数据列表写入完毕后，会自动换行，即一个 Write 语句的数据均输出在一行上。Write 语句若缺省输出数据列表参数，则用于向文件中写入一行空行，此时通道号后的逗号不能省略。

Write 语句适合对需要区分数据类型的数据文件进行写入操作，或在数据写入文件后，还需再次用程序读出进行处理的情况。

用 Write 语句向文件中写入数据时，系统会自动遵循以下约定，以便在用 Input 语句读数据时，能正确识别各自的数据类型。

- 对于逻辑型数据，在写入文件时，均保存为#True#或#False#的形式。
- 对于日期型数据，均采用#yyyy－mm－dd hh：mm：ss#的形式保存。另外，日期和时间部分可分开保存，此时各自的表达形式为#yyyy－mm－dd#和#hh：mm：ss#。
- 字符型数据将用双引号引起来。

（2）Print 语句向文件写入数据时，不会对数据项增加分界符，适合于对文本数据的写入或保存，被写入的数据以后主要是用于显示或打印。表达式列表可以是数值型或字符型的数据，各表达式间用逗号或分号进行分隔。若用分号分隔，则数据项采用紧凑格式写入，即数据项之间无分隔符；若用逗号分隔，则每个数据项将占用一个打印区，每个打印区为 14 个字符宽。若 Print 语句的表达式列表的最后无逗号或分号，则写入完毕后将自动回车换行。若缺省表达式列表，则向文件写入一个行。可选项函数 Spc(n) 和 Tab(n) 用于在各数据项间插入若干空格，以便让数据项分隔开来。

- Spc(n) 函数：产生 n 个空格。
- Tab(n) 函数：表示下一个数据项将在第 n 列位置写入或输出，要写入或输出的数据项放在 Tab(n) 函数之后，彼此间用分号分隔。

两个函数在功能上类似，Tab(n) 函数是以列坐标的方式来定位写入或输出的位置，而 Spc(n) 函数表示的是两个数据输出项之间的间距。

【例 7.5】　通过窗体界面，以追加的形式向 c：\exce 目录下的 SFileW．txt 文件写入"学号"、"姓名"、"出生日期"、"是否党员"信息。编程实现向文件写入数据和显示文件内容的功能。

本题的操作步骤如下。

步骤 1：界面设计。窗体 form7 _ 5 中添加 4 个 label 控件，caption 属性分别为"学号"、"姓名"、"出生日期"、"是否党员"；添加 3 个 text 控件，设计成控件数组分别为 text1(0)、text1(1)、text1(2)；添加两个 command 控件，设计成控件数组分别为 command1(0)、command1(1)。详细设计参如图 7.4 所示。

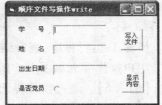

图 7.4　顺序文件写
操作界面设计

步骤 2：功能代码实现。

```
Public Fileno As Integer                    '定义文件通道号的全局变量 Fileno
```

• **窗体加载事件**

功能：实现文件目录的创建，并获得文件通道号。代码如下：

```
Private Sub Form _ Load( )
        Fileno = FreeFile                   '获得文件通道号
                                            '若目录不存在,则创建
        If Dir("c:\exce", vbDirectory) = "" Then MkDir "c:\exce"
End Sub
```

• **命令按钮的单击事件**

功能：实现写入数据和显示内容的功能。代码如下：

```
Private Sub Command1 _ Click( Index As Integer)
    Dim SId, SName, SBDate As String
    Dim BPMeb As Boolean
    Dim i As Integer
    Select Case Index
        Case 0                              '写入数据到文件中
                                            '将窗体中的数据转移到变量中保存
        SId = Text1(0). Text: SName = Text1(1). Text
        SBDate = Text1(2). Text: BPMeb = Option1. Value
        Open "c:\exce\SFileW. txt" For Append As #Fileno      '以追加方式打开文件
        Write #Fileno, SId, SName, SBDate, BPMeb              '将数据写入到文件中
        Close #Fileno                       '关闭文件
        '将各控件置空
        For i = 0 To 2
          Text1(i). Text = ""
        Next i
            Option1. Value = False
        Case 1                              '将文件打开并显示文件内容
            Shell "notepad. exe c:\exce\SFileW. txt", 1     '调用记事本实现对文件内容显示
    End Select
End Sub
```

步骤 3：运行程序，查看结果。

用户操作界面如图 7.5 所示，文本文件显示内容如图 7.6 所示。

【**例** 7.6】　通过窗体界面，以写入形式向 c:\exce 目录下的 SFileW. txt 文件写入"学号"、"姓名"、"出生日期"、"是否党员"信息。编程实现向文件写入数据和显示文件内容的功能。

本题的操作步骤如下。

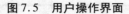

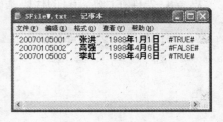

图 7.5　用户操作界面　　　　　　　　图 7.6　文本文件显示内容

步骤 1：界面设计。同【例 7.5】，详细设计参见图 7.4 所示。

步骤 2：功能代码实现。在【例 7.5】的功能代码实现过程中，仅修改命令按钮的单击事件，其他代码与【例 7.5】相同。具体代码如下。

命令按钮的单击事件：实现写入数据和显示内容的功能。代码如下：

```
Private Sub Command1 _ Click(Index As Integer)
    Dim SId, SName, SBDate As String
    Dim BPMeb As Boolean
    Dim i As Integer
    Select Case Index
        Case 0                          '写入数据到文件中
                                        '将窗体中的数据转移到变量中保存
        SId = Text1(0).Text: SName = Text1(1).Text
        SBDate = Text1(2).Text: BPMeb = Option1.Value
        Open "c:\exce\SFileW.txt" For Output As #Fileno    '以写入方式打开文件
        Print #Fileno, SId, SName, SBDate, BPMeb           '将数据写入到文件中
        Close #Fileno                   '关闭文件
                                        '将各控件置空
        For i = 0 To 2
            Text1(i).Text = ""
        Next i
        Option1.Value = False
        Case 1                          '将文件打开并显示文件内容
        Shell "notepad.exe c:\exce\SFileW.txt", 1    '调用记事本实现对文件内容显示
    End Select
End Sub
```

提示：上面的代码只有加粗的两行与【例 7.5】中的代码不同，但是运行的结果却截然不同。

步骤 3：运行程序，查看结果。

用户操作界面如图 7.5 所示，文本文件显示内容如图 7.7 所示。

思考1:怎样在【例7.6】的代码基础上,修改代码实现图7.8所示的文件形式?

图7.7　文本文件显示内容　　　　　图7.8　思考1的文本文件显示内容

提示:将【例7.6】中 Command1＿Click 事件代码中的 Print 语句改为如下形式:

Print #Fileno,

Print #Fileno, SId; SName; SBDate; BPMeb

思考2:请重新输入数据,再显示文件内容,看看是否可以如图7.6所示写入多行数据。思考一下,如果真的想写入多行数据,在【例7.6】的代码基础上,用 Print 语句来实现应如何修改代码呢?

2)顺序文件的读操作

要检索文本文件的内容,应以顺序 Input 方式打开该文件,然后用 Line Input#,Input( ),或 Input 语句对文件内容进行读取。

(1)Input 语句格式:

Input #文件通道号,变量列表

功能:该语句用于从通道号指定的文件中读取数据。变量列表为接收各数据项的变量的一个列表,各变量之间用逗号分隔,从文件中读出的数据将分别存入这些变量中。

该语句在读取文件时,以遇到的第一个不为空格的字符或数字作为数据项的开始,连续读取数据,直至再次遇到空格、逗号或行尾,则认为该数据项结束,然后将所读出的数据存入指定的变量中,接着再按同样的方式读取下一个数据项,直至遇到文件结束符为止。

【例7.7】　读取【例7.5】中创建的 c:\exce 目录下的 SFileW. txt 文件的所有数据(包括"学号"、"姓名"、"出生日期"、"是否党员"信息)。编程将读出的数据用 Print 方法显示在窗体中。

本题的操作步骤如下。

步骤1:界面设计。添加一个窗体文件 form7＿7,在窗体中添加一个 Command 控件,名称为 Command1,Caption 属性改为"读取文件内容"。详细设计参见图7.9所示。

步骤2:功能代码实现。

```
Private Sub Command1＿Click( )
```

```
    Dim filenb As Integer
    Dim SId, SName, SBDate As String
    Dim BPMeb As Boolean
    BPMeb = False
    filenb = FreeFile
    Cls
    Print "学号", "姓名", "出生日期", "是否党员"
    Open "c:\exce\SFileW.txt" For Input As #filenb
                                            '用 Do…Loop 循环把文件内容从头读到尾
    Do While Not EOF(filenb)                '若未到文件尾,则继续读取并显示
        Input #filenb, SId, SName, SBDate, BPMeb   '读取每行中的数据
        Print SId, SName, SBDate, BPMeb             '输出显示在窗体中
    Loop
    Close #filenb
End Sub
```

步骤 3: 运行程序。用户操作界面及文本文件显示的内容如图 7.9 所示。

(2) Line Input 语句格式:

Line Input #文件通道号,字符型变量

功能:该语句用于从通道号指定的文件中读取一段数据,然后将其赋给语句指定的变量保存。此处的段是指定文件中两个硬回车之间的部分,读出

图 7.9 顺序文件读操作
显示的内容

的数据不包含硬回车符,但包含段落中的软回车符。利用该语句可实现从文件中以段为单位读取信息。

【例 7.8】 将【例 7.7】的内容用 Line Input 语句实现。

本题的操作步骤如下。

步骤 1: 界面设计同【例 7.7】。详细设计参见图 7.9 所示。

步骤 1: 功能代码实现。

```
Private Sub Command1 _ Click( )
    Dim filenb As Integer
    Dim Strall, Strline As String
    filenb = FreeFile
    Cls
    Print "   学号   ";"   姓名   ";"  出生日期   ";"是否党员   "
    Open "c:\exce\SFileW.txt" For Input As #filenb
    '用 Do…Loop 循环把文件内容从头读到尾
    Do While Not EOF(filenb)          '若未到文件尾,则继续读取并显示
        Line Input #filenb, Strline    '读取每行中的数据
```

```
            '下条语句读入时不含硬回车,每读出一行加入回车换行符:Chr(13) + Chr(10)
            Strall = Strall & Strline & Chr(13) + Chr(10)   '数字 13 为回车键的 ASC 码值
        Loop
        Close #filenb
        Print Strall                              '输出显示在窗体中
    End Sub
```

步骤 3:运行程序。用户操作界面及文本文件显示内容如图 7.10 所示。

> **提示**:如果正在使用顺序型访问的 Write#与 Input#语句,可考虑换用随机型或二进制型访问,因为它们更适合面向记录的数据。

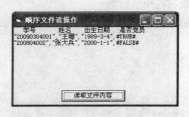

图 7.10　用 Line Input 语句实现读
操作显示的内容

7.3.2　文件的随机存取

随机文件是以记录为单位进行存取的,要读或写随机文件,首先应定义好文件的记录结构,然后定义具有该种数据类型的变量,利用该变量来存取随机文件的记录内容。

1. 随机文件结构的定义

为了将一条记录的全部数据项完整保存下来,VB 采取定义一个具有多种数据类型的复合型变量来保存一条记录的全部数据项,通过访问复合型变量的字段成员,即可获得该条记录中的某个字段(数据项)的值;通过给复合型变量的每一个字段成员赋值,然后将复合型变量的值写入文件,实现向文件写入一条记录。

复合型变量的字段成员的个数以及数据类型,由记录的字段个数和类型决定。在 VB 中,要存取一个随机文件的记录,首先应将该记录的所有字段信息定义为一个自定义的数据类型,然后利用这个自定义的数据类型去定义复合变量。

1)自定义数据类型的语句格式

Type <自定义的数据类型名 >

　　成员 1 As 数据类型

　　成员 2 As 数据类型

　　……

　　成员 n As 数据类型

End Type

2)复合变量的成员的访问方法

要创建或读写随机文件,首先应将记录的全部字段定义为一个复合型变量。为此,应先定义一个具有这些字段和数据类型的复合数据类型,为了获得或设置记录的某个字段的值,只需通过这个复合数据类型访问相应的成员变量即可,其访问方法为:

复合变量名. 成员名

【**例** 7.9】 在模块中定义(以使其具有全局性)复合数据类型名为 Rteacher, 具有 tid(教师编号)、tname(教师姓名)、tsex(教师性别)、tborndate(教师出生日期)4 个成员, 然后定义具有该种数据类型的变量 rv, 在窗体中对这 4 个成员进行访问。

步骤 1:案例分析及设计。在标准工程中添加模块, 名称为 Module1, 在模块中定义复合数据类型 Rteacher, 以及具有数据类型 Rteacher 的变量 rv; 然后将窗体文件命名为 form7 _ 9, 在窗体中添加 5 个 label、3 个 text 和 2 个 Option, 具体设置参见表 7.5 所示。

表 7.5 窗体界面控件属性设置表

控件名称	属 性	值
Label1(0)	Caption	教师编号
Label1(1)	Caption	教师姓名
Label1(2)	Caption	教师性别
Label1(3)	Caption	教师出生日期
Label2	Caption	格式为:1999-09-09
Text1	Text	
	MaxLength	4
Text2	Text	
	MaxLength	6
Text3	Text	
	MaxLength	10
Option1	Value	True
	Caption	男
Option2	Value	False
	Caption	女
Command1	Caption	确定

步骤 2:代码实现。

• 模块 Module1

```
'定义复合数据类型 Rteacher
Type Rteacher
    tid As String * 4      '定义为固定宽度的字符型变量
    tname As String * 6
    tsex As Boolean
```

```
    tborndate As Date
End Type
'定义具有数据类型 Rteacher 的变量 rv
Public rv As Rteacher
```

• 窗体 form7 _ 9 中"确定"命令按钮的点击事件

```
Private Sub Command1 _ Click( )
    '由界面控件将值赋给 rv 的各成员
    rv. tid = Text1. Text
    rv. tname = Text2. Text
    If Option1. Value = True Then
        rv. tsex = True
    Else
        rv. tsex = False
    End If
        rv. tborndate = CDate(Text3. Text)
    '访问 rv 的成员,读取后在窗体屏幕中输出显示
    Print rv. tid, rv. tname, rv. tsex, rv. tborndate
End Sub
```

步骤 3:运行程序。结果如图 7.11 所示。

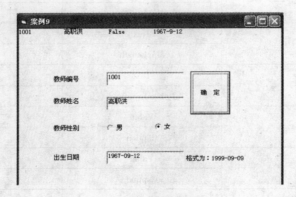

图 7.11　程序运行结果

2. 随机文件的打开与读写操作

1)随机文件的打开

其语法格式为:

Open 文件名 For Random [Access 操作类型][加锁类型] As [#] 通道号 [Len = 记录长度]

随机文件打开后,可任意进行读或写操作,若打开的文件不存在,则创建该文件。记录长度可利用 Len 函数测试复合变量而得到。

【例7.10】 在【例7.9】的基础上在窗体加载事件中打开"c：\随机文件.dat"文件。

代码如下：

```
Public Fileno As Integer                    '文件通道号
Private Sub Form _ Load( )
    Fileno = FreeFile
    Open "c:\随机文件. dat" For Random As #Fileno Len = Len( rv)
End Sub
```

2）随机文件的关闭

随机文件的关闭与顺序文件的关闭方法相同。（参见7.3.1顺序文件的关闭用法）

【例7.11】 在【例7.10】的基础上,在窗体卸载事件中关闭随机文件。

代码如下：

```
Private Sub Form _ Unload( Cancel As Integer)
    Close #Fileno                           '关闭文件
End Sub
```

3）随机文件的写操作

其语法格式为：

Put # 文件通道号,［记录号］,复合变量

功能：将复合变量保存的记录内容写入到通道号指定的文件的指定记录位置。其中,记录号为可选项,若缺省该项参数(此位置的逗号不能省),则将数据写入到当前记录位置。

在用 Open 语句打开一个数据文件后,系统会自动为其创建一个记录指针,指针所指的记录称为当前记录。写入新记录数据后,记录指针会自动下移,即记录号会自动加1。

【例7.12】 在【例7.11】的基础上,在"确定"按钮的事件中补充功能,向随机文件中写入界面控件中的数据。

代码如下：

```
Private Sub Command1 _ Click( )
    '由界面控件将值赋给 rv 的各成员
    rv. tid = Text1. Text
    rv. tname = Text2. Text
    If Option1. Value = True Then
        rv. tsex = True
    Else
        rv. tsex = False
    End If
    rv. tborndate = CDate( Text3. Text)
```

```
'访问 rv 的成员,读取后在窗体屏幕中输出显示
Print rv. tid, rv. tname, rv. tsex, rv. tborndate
'将数据写入"随机文件. dat"文件中
Put #Fileno,  ,  rv
End Sub
```

4)随机文件的读操作

其语法格式为:

Get #文件通道号,[记录号],复合变量

功能:从文件通道号所代表的文件中,按指定的记录号读取该条记录的全部内容,并将其存入复合变量之中。

注意:若缺省记录号参数(但此处的逗号不能缺省),则读取当前记录。刚打开的文件,记录指针指向首记录,其记录号为 1。

利用该语句一次只能读出一条记录的数据,若要读取多条记录,则可用循环来实现。

【例 7.13】 在【例 7.12】的基础上,在"确定"按钮的事件中补充功能,从"随机文件. dat"中读取数据显示在窗体中。

向 Command1 _ Click( )事件中 End Sub 前添加如下代码:

```
                              '在屏幕上输出文件中的数据
Dim i As Integer
    Me. Cls          '清屏
    Print "学号", "姓名", "性别", "出生日期"
    i = 1
    Do While Not EOF( Fileno)
        Get #Fileno, i, rv
        Print rv. tid, rv. tname, rv. tsex, rv. tborndate
        i = i + 1
    Loop
```

【例 7.14】 以随机存取方式在当前路径下创建教师档案数据文件 Rteacher. dat。界面设计参考【例 7.9】,功能要求:将界面中控件的输入信息写入 Rteacher. dat 中;并且可以从 Rteacher. dat 文件中读出所有数据显示在表格中。

本题操作步骤如下。

步骤 1:案例分析及设计。设计参考【例 7.9】,在其基础上再添加一个命令按钮 Command1,设置其 Caption 属性为"读取文件",然后在 VB"工程"——"部件"的对话框中添加"Microsoft FlexGrid Control 6.0"文件,再后将"MSFlexGrid"控件添加到 form7 _ 9 窗体界面中。

步骤 2:代码实现。

• 模块 Module1

```
'定义复合数据类型 Rteacher
Type Rteacher
```

```
        tid As String * 4                '定义为固定宽度的字符型变量
        tname As String * 6
        tsex As Boolean
        tborndate As Date
End Type
'定义具有数据类型 Rteacher 的变量 rv
Public rv As Rteacher
Dim ap As String                         '当前路径变量
```

• 窗体 form7_9 中窗体加载

```
Public Fileno As Integer                 '文件通道号
Private Sub Form_Load( )
        Fileno = FreeFile
        ap = App. Path & "\Rteacher. dat"
        Open ap For Random As #Fileno Len = Len(rv)
End Sub
```

• 窗体 form7_9 中"确定"按钮写入文件

```
Private Sub Command1_Click( )
        '由界面控件将值赋给 rv 的各成员
        rv. tid = Text1. Text
        rv. tname = Text2. Text
        If Option1. Value = True Then
          rv. tsex = True
        Else
          rv. tsex = False
        End If
        rv. tborndate = CDate(Text3. Text)
        '将数据写入"随机文件. dat"文件中
        Put #Fileno, , rv
   End Sub
```

• 窗体 form7_9 中从文件中读取数据显示在表格中

```
Private Sub Command2_Click( )
        Dim i As Integer                 '记录总数变量
        '初始化表格具有 2 行 4 列
        With MSFlexGrid1
          . Rows = 2
          . Cols = 4
        End With
        '设置标题行以及每一列的宽度
        With MSFlexGrid1
```

```
        .TextMatrix(0, 0) = "学号"
        .TextMatrix(0, 1) = "姓名"
        .TextMatrix(0, 2) = "性别"
        .TextMatrix(0, 3) = "出生日期"
        .ColWidth(0) = 1000
        .ColWidth(1) = 1000
        .ColWidth(2) = 1000
        .ColWidth(3) = 1000
    End With
    '获取文件记录总数
    i = 1
    Do While Not EOF(Fileno)
        Get #Fileno, i, rv
        i = i + 1
    Loop
    MSFlexGrid1.Rows = i        '确定表格的总行数
    i = 1
    Close #Fileno                '关闭文件
    Open ap For Random As #Fileno Len = Len(rv)
    Do While Not EOF(Fileno)
        Get #Fileno, i, rv          '读取记录
        '向表格的各列中添加数据
        With MSFlexGrid1
            .TextMatrix(i, 0) = rv.tid
            .TextMatrix(i, 1) = rv.tname
            .TextMatrix(i, 2) = rv.tsex
            .TextMatrix(i, 3) = rv.tborndate
        End With
        i = i + 1
    Loop
End Sub
```

步骤3:程序运行结果如图7.12所示。

7.3.3 文件的二进制存取

二进制存取是以字节为单位对文件数据进行读或写的一种操作。文件以二进制方式打开后,可同时进行读或写操作,并允许用户直接读写任何文件的任何字节信息,该种文件存取方式适用面比较广。

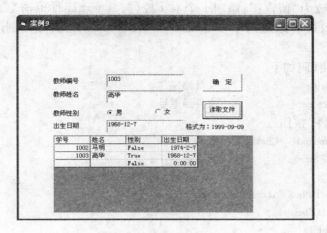

图 7.12 程序运行结果

1. 二进制文件的打开与关闭

1）二进制文件的打开

其语法格式为：Open "文件名" For Binary As # 文件通道号

2）二进制文件的关闭

二进制文件的关闭仍采用 Close 语句，参见 7.3.1 顺序文件的关闭用法。

2. 二进制文件的读写操作

1）二进制文件的写操作

其语法格式为：

Put # 文件通道号,［位置］,变量

功能：将变量中的数据写入到文件的指定位置。

2）二进制文件的读操作

其语法格式为：

Get # 文件通道号,［位置］,变量

功能：从通道号指定文件的指定位置开始,读取若干个字节的数据,并将其寄存在语句指定的变量中。"位置"参数用于说明要读取的数据的字节位置,该参数项为可选项,若省略该参数(参数项后的逗号不能省),则从当前位置的下一个字节开始读取数据,文件中的第一个字节的位置号为 1。

语句每次所读取的数据的字节数,由变量的宽度所决定。因此,在程序中定义变量的宽度,可决定每次从文件中读取多少个字节的数据。

【例 7.15】 以二进制方式在当前目录下创建文件 Leaveword. bin,并在文件中写入用户界面文本框中输入的数据(限制在 50 个字符以内)。另外在用户界面中可执行向文件中写入数据和读取数据的功能,读出的数据显示在文本框中。

本题操作步骤如下。

步骤 1:案例分析及设计。在标准工程中的窗体 form7 _ 15 界面添加 1 个 label

控件,将 Caption 改为"留言:";添加 1 个 text 控件,其 text 属性值清空,设置其 Max-Length 属性为 50;最后添加两个 Command 按钮,将 Caption 属性分别改为"写入文件"和"读取文件"。

步骤 2:参考代码如下。

```
Dim fpath As String               '文件路径
Dim fileno As Integer             '文件通道号
```

• "写入文件"按钮

```
Private Sub Command1 _ Click( )
    Dim wdata As String           '留言内容

    fpath = App. Path & "\Leaveword. bin"
    wdata = Text1. Text
    fileno = FreeFile
    Open fpath For Binary As #fileno
    Put #fileno, 1, wdata         '从第 1 个字节开始写入
    Close #fileno
End Sub
```

• "读取文件"按钮

```
Private Sub Command2 _ Click( )
    Dim rdata As String * 50      '定义变量的宽度,由留言的最大字符数决定

    fpath = App. Path & "\Leaveword. bin"
    fileno = FreeFile
    Open fpath For Binary As #fileno
    Get #fileno, 1, rdata         '从第 1 字节开始读取 50 个字符
    Text1. Text = rdata
    Close #fileno
End Sub
```

步骤 3:程序运行结果如图 7.13 所示。

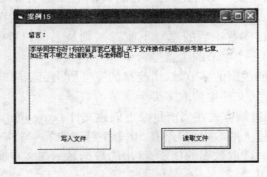

图 7.13　程序运行结果

本章小结

本章首先介绍了驱动器列表框、目录列表框和文件列表框控件的常用属性、方法和事件，并且通过案例介绍了用这 3 个控件同步实现对系统存在的文件和文件夹的访问方法，进而解决了本章案例中的部分功能要求。

其次介绍了在 VB 中对顺序文件、随机文件、二进制文件的访问方法和技巧，通过案例的形式详细介绍了打开、读写和关闭顺序文件、随机文件、二进制文件的基本方法。本章案例中对文件访问的功能穿插于案例中完成。这为今后的程序设计提供了更多的解决方式。

思考题与习题 7

一、填空题

1. 计算机一般采用_____形式保存数据。根据计算机访问文件的方式，又可将文件分为_____、_____和_____ 3 种类型。

2. 随机文件是以_____为单位进行存取的，要读或写随机文件，首先应定义好文件的_____，然后定义具有该种数据类型的变量，利用该变量来存取随机文件的记录内容。

3. 复合型变量的字段成员的个数以及数据类型，由记录的_____决定。

4. 随机文件打开后，可任意进行读或写操作，若打开的文件不存在，则创建该文件。记录长度可利用_____函数测试复合变量而得到。

5. 文件列表框的_____属性，可对所显示的文件起到过滤效果。该属性的缺省值为_____，即默认显示所有的文件。

二、选择题

1. 对顺序文件进行读操作，要用的关键字是____。

A. Input   B. Output   C. Read   D. Get

2. 对顺序文件进行追加写操作，要用的关键字是____。

A. Output   B. Put   C. Append   D. Write

3. 对随机文件进行读操作的语句，要用的关键字是____。

A. Input   B. Output   C. Read   D. Get

4. 对随机文件进行写操作的语句，要用的关键字是____。

A. Output   B. Put   C. Append   D. Write

5. 对二进制文件进行读操作的语句，要用的关键字是____。

A. Input   B. Output   C. Read   D. Get

6. 对二进制文件进行写操作的语句，要用的关键字是____。

    A. Output   B. Put   C. Append   D. Write

三、简述题

1. Visual Basic 的文件处理主要包括哪几步？

2. 简述顺序文件、随机文件、二进制文件的区别。

四、程序设计题

参考本章 7.1 节的案例完成驱动器、目录及文件列表框的同步，并能够对顺序文件、随机文件、二进制文件实现读写功能。具体要求见 7.1 节。

实验 7   个人信息管理系统——文件访问及操作

一、实验目的

掌握驱动器、目录及文件列表框属性、事件和方法，熟练完成三者之间的同步操作，并能实现相应的功能。能够对顺序文件、随机文件、二进制文件进行打开、写入、读取和关闭操作。

二、实验内容及要求

1. 任务

实现个人信息管理系统的控件同步和文件访问。

2. 操作步骤

(1) 参考图 7.14，完成文件操作窗体的界面设计。

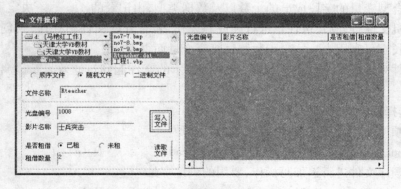

图 7.14   文件操作窗体界面

(2) 实验驱动器、目录及文件列表框三者之间的同步操作。

① 完成驱动器列表框 Change 事件代码的编写。

② 完成目录列表框 Change 事件代码的编写。

③ 完成文件列表框 Click 事件代码的编写。

要求：驱动器、目录及文件列表框三者之间实现同步操作，并且在选中文件后可以根据文件的类型，在 3 个单选按钮中标记，并把文件名称显示在文件名称框中。

（3）根据已选中的文件，向相应文件中写入光盘编号、影片名称、是否租借和租借数量信息。

要求：首先判断 3 个单选按钮中哪一个处于选中状态，然后判断文本框中数据是否为空，如果不空则向相应的文件中写入数据。

（4）根据已选中的文件，读相应文件中的光盘编号、影片名称、是否租借和租借数量信息。

要求：判断文件是否存在，如果文件存在则在表格中可以显示文件中的数据。

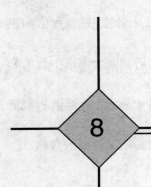

图形程序设计

☞ **本章知识导引**

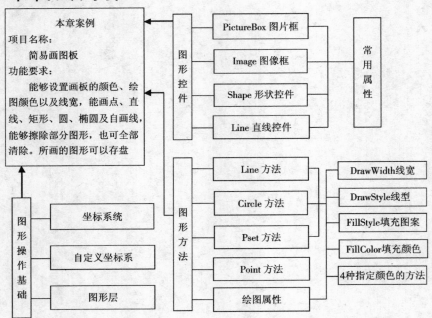

► 本章学习目标

Visual Basic 为应用程序提供了图形设计方法,不仅可以通过图形控件进行绘图操作,还可以通过图形方法在窗体、图片框及图像框上输出文字和图形,使得界面更加友好和生动。通过本章的学习和上机实践,读者应该能够:

☑ 了解图形操作的基础知识;

☑ 掌握图形控件 PictureBox、Image、Line 和 Shape 的绘图操作;

☑ 熟练使用 Line、Circle、Pset 和 Point 等图形方法进行绘图操作。

8.1　本章案例

项目名称: 简易画图板

项目要求: 本案例将制作一个简易的画图板,用户界面如图 8.1 所示。画图板的左侧有一列与绘图有关的按钮,可以实现画点、画直线、画矩形、画圆、自画线以及橡皮擦等功能,可以清除画板内容,还可以将自己绘制的作品存盘。在绘图之前,可以从调色板中选择画板的背景色和前景色,从水平滚动条中选择绘图时的线宽。当开始绘图时就不能再改变背景色了,否则已经画好的图形就会丢失;但是前景色,即绘图的颜色和线宽可根据需要随时进行改变。

图 8.1　"简易画图板"界面

本案例涉及的知识既包括前面学过的常用控件的使用、鼠标事件等,还包括本章将要介绍的图片框控件以及各种图形方法。这样一款美观又实用的画图板是怎样实现的呢? 带着疑问让我们来了解一些有关图形操作以及图形方法和图形控件的知识吧!

8.2　图形操作基础

图形是表示信息的重要形式之一,几乎所有的应用程序都要涉及图形的处理。VB 为应用程序提供了丰富的图形操作工具以及功能强大的绘图方法,利用它们可以设计出美观实用的图形应用程序。

8.2.1　坐标系统

坐标系统是绘图的基础。在 VB 中,各种可视对象都定位于存放它的容器内,每个容器都有一个坐标系,对象定位都要使用容器的坐标系。例如,窗体处于屏幕(Screen)内,屏幕就是窗体的容器。在窗体内绘制控件或图形,窗体就是控件或图形的容器。如果在图片框内放置控件或绘制图形,则该图片框就是控件或图形的容器。对象在容器内的位置由该对象的 Left 属性和 Top 属性确定。容器内的对象只能在容器界定的范围内变动,移动容器时,容器内的对象也随着一起移动,而且与容器的相对位置保持不变。

构成一个坐标系有 3 个要素:坐标原点、坐标度量单位(刻度)、坐标轴的长度和方向。以下分别进行介绍。

1. 坐标原点和坐标轴的方向

在 VB 中,容器的默认坐标原点(0,0)位于容器内部的左上角。

容器的默认坐标系统是由容器的左上角坐标(0,0)开始的,水平向右为 X 坐标轴的正方向,垂直向下为 Y 坐标轴的正方向。窗体的默认坐标系如图 8.2 所示。

2. 坐标度量单位(刻度)

VB 中所有的移动、大小调整和图形绘制语句都是以缇(Twip)为默认的单位,同时也可以通过设置对象的 ScaleMode 属性来改变坐标系统的单位。

图 8.2 窗体的默认坐标系统

ScaleMode 属性用于设置坐标系统的单位,缺省的单位为 Twip。ScaleMode 属性的取值如表 8.1 所示。

表 8.1 ScaleMode 属性设置值

属性值	常数	说　明
0	User	用户定义(若直接设置 ScaleWidth、ScaleHeight、ScaleTop 或 ScaleLeft,则 ScaleMode 属性自动为 0)
1	Twip	缇(默认单位,1 440 缇等于 1 英寸)
2	Point	磅(72 磅等于 1 英寸)
3	Pixel	像素,是监视器或打印机分辨率的最小单位
4	Character	字符(水平每个单位 = 120 缇,垂直每个单位 = 240 缇)
5	Inch	英寸
6	Millimeter	毫米
7	Centimeter	厘米

改变容器对象的 ScaleMode 属性值,只是改变容器对象的刻度,不会改变容器的

大小和它在屏幕上的位置,也不会改变坐标原点及坐标轴的方向,但控件大小和位置的度量单位会随容器刻度的变化做相应的改变。

3. 坐标轴的长度

容器坐标轴的长度与容器的大小以及坐标度量单位有关。当设置 ScaleMode 属性值后,VB 会重新定义容器对象的 ScaleWidth 属性和 ScaleHeight 属性,以便使其与新刻度保持一致。这两个属性分别为容器绘图区的高度和宽度,也就是 X 坐标轴和 Y 坐标轴的长度。

ScaleWidth 属性可确定容器坐标系 X 轴的正向及最大坐标值;而 ScaleHeight 属性可确定容器坐标系 Y 轴的正向及最大坐标值。缺省时其值均大于 0,表示 X 轴的正向向右,Y 轴的正向向下。如果 ScaleWidth 的值小于 0,则表示 X 轴的正向向左;如果 ScaleHeight 的值小于 0,则表示 Y 轴的正向向上。

8.2.2 自定义坐标系

VB 允许用户自行定义坐标系。创建自定义坐标系可使用容器对象的属性,也可使用其他方法。下面进行详细介绍。

1. ScaleTop 和 ScaleLeft 属性

这两个属性用来设置新的坐标原点。默认值均为 0,表示坐标原点位于绘图区的左上角。当改变 ScaleTop 和 ScaleLeft 属性值后,坐标系的 X 轴和 Y 轴将按此值平移形成新的原点。平移的方向如下:

$$\text{ScaleTop} = \begin{cases} \text{正值,表示 X 轴向 Y 轴的负方向平移 N 个单位} \\ \text{负值,表示 X 轴向 Y 轴的正方向平移 N 个单位} \end{cases}$$

$$\text{ScaleLeft} = \begin{cases} \text{正值,表示 Y 轴向 X 轴的负方向平移 N 个单位} \\ \text{负值,表示 Y 轴向 X 轴的正方向平移 N 个单位} \end{cases}$$

设置新的坐标原点的格式为:

[对象名.]ScaleLeft = X

[对象名.]ScaleTop = Y

> **提示**:对象名是指容器对象,例如窗体、图片框等。当对象名缺省时是指当前窗体。

2. ScaleWidth 和 ScaleHeight 属性

这两个属性用于设置自定义坐标系中的坐标比例。当设置了 ScaleWidth 和 ScaleHeight 属性值后,X 轴与 Y 轴的度量单位分别变为 1/ScaleWidth 和 1/Scale-Height。例如,设置 ScaleWidth = 100,则窗体绘图区的宽度变为 100 个自定义单位。此外,如果这两个属性的值为负数,则会改变坐标轴的方向。

通过设置 ScaleTop、ScaleLeft、ScaleWidth 和 ScaleHeight 这 4 个属性值,可建立用户自定义的坐标系,该坐标系左上角的坐标为(ScaleTop,ScaleLeft),右下角的坐标为

（ScaleLeft ＋ ScaleWidth，ScaleTop + ScaleHeight）。同时，根据左上角和右下角的坐标值可自动设置坐标轴的正向。例如，设置窗体的四项属性为：

Form1. ScaleWidth ＝ 500

Form1. ScaleHeight ＝ －400

Form1. ScaleLeft ＝ －250

Form1. ScaleTop ＝ 200

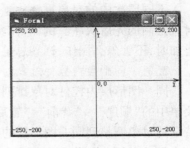

图 8.3　自定义坐标系

则该窗体 Form1 的左上角坐标为（－250，200），右下角坐标为（500－250，－400＋200），即（250，－200）。坐标原点位于窗体的正中，X 轴的正向为水平向右，Y 轴的正向为垂直向上。自定义的坐标系统如图 8.3 所示。

3. Scale 方法

除了使用上述方法外，还可以使用 Scale 方法建立自定义坐标系，其语句格式为：

　　［ 对象名. ］Scale（x1，y1）－（x2，y2）

其中，（x1，y1）是指容器左上角的坐标，（x2，y2）是指容器右下角的坐标。

> **提示**：该格式中的"－"号，不代表相减。

调用 Scale 方法后，ScaleLeft 和 ScaleTop 属性分别被设置为 x1 和 y1 的值。ScaleWidth 属性被设置为 x2－x1 的差值，ScaleHeight 属性被设置为 y2－y1 的差值。若省略 Scale 关键字之后的内容，则恢复默认的坐标系统，即以容器的左上角为坐标原点。

例如，要建立如图 8.2 所示的坐标系统，可编写下列语句：

Form1. Scale（－250，200）－（250，－200）

8.2.3　图形层

VB 在构造图形时，在 3 个不同的屏幕层次上放置图形的可视组成部分。就视觉效果而言，最上层离用户最近，最下层离用户最远。表 8.2 列出了 3 个图形层所放置的对象类型。

表 8.2　图形层放置的对象

层　次	对象类型
最上层	工具箱中除标签、直线、形状之外的控件对象
中间层	工具箱中标签、直线、形状等控件对象
最下层	由图形方法所绘制的图形

当对象重叠放置时,它们的排列次序有下面两种情况。

1. 不同层次中的控件对象的排列

不同层次中的对象重叠放置时,位于上层的对象会遮住其下层的对象,而不介意对象绘制的先后次序。例如,在窗体内添加一个标签和一个文本框,当这两个控件相叠加时,不管怎么操作,标签总是出现在文本框的后面。

2. 同一图形层内控件对象的排列

同一图形层内控件对象排列的顺序称为 Z 序列。设计时可以通过选择“格式”菜单中的“顺序”→“置前”/“置后”命令调整 Z 序列,运行时可以通过 Zorder 方法将特定的对象调整到同一图形层的前面和后面。

Zorder 方法的语句格式为:

对象. Zorder[Position]

其中,Position 指出一个控件相对于另一个控件的位置。取值为 0 时,表示该控件被定位于 Z 序列的前面;取值为 1 时,表示该控件被定位于 Z 序列的后面。

当同一图形层中的对象重叠放置时,后添加的控件对象会遮盖住先前添加的控件对象。例如,在窗体内先添加一个命令按钮,后又添加一个文本框,当这两个控件相叠加时,命令按钮就会出现在文本框的后面。要想使命令按钮位于文本框的前面,需要编写以下语句:

Command1. Zorder 0

或:

Text1. Zorder 1

图 8.4 命令按钮的
立体效果

也可以在设计阶段单击要置后的控件,然后单击鼠标右键,从弹出菜单中选择“置后”命令来调整控件之间的前后位置。

利用图形层的特点,可以实现控件的立体效果。例如,在按钮的后面添加一个背景为黑色的标签,然后调整好两者的位置,即可出现如图 8.4 所示的立体效果。

8.2.4 绘图属性

1. CurrentX 和 CurrentY 属性

CurrentX 和 CurrentY 属性给出窗体、图形框或打印机在绘图时的当前坐标。这两个属性在设计阶段不能使用。当坐标系确定后,坐标值 (x,y)表示对象的绝对坐标位置,如果在坐标值前加上关键字 Step,则表示对象的相对位置,即从当前坐标分别平移 x 和 y 个单位,其绝对坐标值为(CurrentX + x,CurrentY + y)。如果想改变当前点的坐标,则可使用以下格式:

对象名. CurrentX [= x]

对象名. CurrentY [= y]

【例 8.1】 首先定义用户坐标系,再使用 Print 方法在窗体上输出如图 8.5 所示的文本。

程序代码如下：

```
Private Sub Form _ Load( )
    Form1. Scale (0, 100) – (200, 0)
        '自定义坐标系,窗体左下角为坐标原点
End Sub
Private Sub Form _ click( )
    Font. Size  = 15                                    '设置字体大小
    Font. Name  = "黑体"                                 '设置字体
    CurrentX = 20 ：CurrentY = 70 ：Print "欢"            '在(20,70)处输出
    CurrentX = 35 ：CurrentY = 60 ：Print "迎"            '在(35,60)处输出
    CurrentX = 50 ：CurrentY = 70 ：Print "使"            '在(50,70)处输出
    CurrentX = 65 ：CurrentY = 60 ：Print "用"            '在(65,60)处输出
    CurrentX = 80 ：CurrentY = 65 ：Print "Visual Basic 6. 0!"  '在(80,65)处输出
End Sub
```

图 8.5　当前坐标的使用

另外,当使用某些图形方法后,对象的 CurrentX 和 CurrentY 属性的值将发生变化,具体的改变见表 8.3。

表 8.3　图形方法与当前坐标

图形方法	当前坐标的含义
Circle	对象的中心
Cls	0,0
Line	线终点
Newpage	0,0
Print	下一个打印位置
Pset	画出的点

图 8.6　同心圆

2. DrawWidth 属性

该属性用来返回或设置使用图形方法画出的线宽。其单位为像素,取值范围为 1 ~ 32767,默认为 1。语句格式为：

［对象名. ］DrawWidth = ［值］

【例 8.2】　在窗体上画一组宽度递增的同心圆。运行结果如图 8.6 所示。

程序代码如下：

```
Private Sub Form _ Click ( )
    Dim i As Integer
```

```
Form1. Scale ( -250,200) - (250, -200)      '自定义坐标系
For i = 1 To 6
    DrawWidth = i                           '定义线的宽度
    Circle (0,0), 25 * i                     '以坐标原点为圆心画圆
Next i
End Sub
```

本例中使用 Circle 方法画圆,该方法将在后面详细介绍。

3. DrawStyle 属性

该属性用来返回或设置使用图形方法输出的线型。其语句格式为:

[对象名.] DrawStyle = [值]

DrawStyle 属性的取值范围为 0 ~ 6,所代表的线型见表 8.4,效果如图 8.7 所示。

表 8.4 DrawStyle 属性值及所对应的线型

属性值	线型	属性值	线型
0	实线(默认)	4	双点画线
1	虚线	5	透明线
2	点线	6	内实线
3	点画线		

**图 8.7 DrawStyle 属性
设置效果**

4. FillStyle 属性

该属性用于设置封闭图形的填充图案。其语句格式如下:

[对象名.] FillStyle = [值]

FillStyle 属性的取值范围为 0 ~ 7。默认值为 1,表示透明方式,除 Form 对象外,此时忽略 FillColor 属性的设置值。当取值为 0 时,表示实填充,它与指定填充图案的颜色有关。FillStyle 属性的取值及其填充效果如图 8.8 所示。

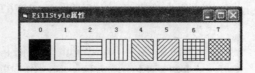

图 8.8 FillStyle 属性的填充效果

5. FillColor 属性

该属性用于设置封闭图形的填充图案的颜色。其语句格式如下:

［对象名．］FillColor ＝［值］

其中,"值"应是一个长整型数值,可以使用8.2.5中将要介绍的4种方式之一进行设置。该属性的默认颜色与ForeColor相同。

8.2.5 颜色的设置

在VB中,许多控件都具有设置颜色的属性,尤其是在绘图操作中,颜色的设置更显得特别重要。在程序运行阶段,可以通过4种方法设置颜色值:使用VB提供的颜色常量、直接输入颜色值、使用RGB函数、使用QBColor函数。下面逐一进行介绍。

1. 使用RGB函数

RGB函数是通过红、绿、蓝三基色的混合来产生任意一种颜色。其语句格式为:

RGB（Red，Green，Blue）

Red、Green和Blue分别指红色、绿色和蓝色这3种颜色的成分,取值在0～255之间,0表示明度最浅,255表示明度最深。每种颜色都由这3种主要颜色的相对明度组合而成。RGB函数的几个常见组合如表8.5所示。

例如,要将窗体的背景色设置为红色,则可使用下面语句:

Form1.BackColor ＝ RGB(255,0,0)

表8.5 RGB函数的参数取值

颜色	红色值	绿色值	蓝色值
红色	255	0	0
绿色	0	255	0
蓝色	0	0	255
黄色	255	255	0
洋红色	255	0	255
青色	0	255	255
黑色	0	0	0
白色	255	255	255

2. 使用QBColor函数

QBColor函数采用Quick BASIC所使用的16种颜色之一。其语句格式为:

QBColor(颜色值)

颜色值的取值范围为0～15,每种颜色值对应的颜色如表8.6所示。

例如,要将窗体的背景色设置为红色,则可使用下面语句:

Form1.BackColor ＝ QBColor(4)

表 8.6　QBColor 函数的参数取值

颜色参数	颜色	颜色参数	颜色
0	黑色	8	灰色
1	蓝色	9	亮蓝色
2	绿色	10	亮绿色
3	青色	11	亮青色
4	红色	12	亮红色
5	洋红色	13	亮洋红色
6	黄色	14	亮黄色
7	白色	15	亮白色

3. 使用颜色常量

VB 提供了 8 个颜色常量,可在代码中直接使用。这 8 个颜色常量已在第 2 章中做过介绍,此处不再重复。

例如,要将窗体的背景色设置为红色,则可使用下面语句:

Form1. BackColor ＝ vbRed

4. 使用颜色值

使用 6 位十六进制数,按照下述语法,可以表示任意一种颜色:

&HBBGGRR&

其中,BB 是指蓝颜色的值,GG 是指绿颜色的值,RR 是指红颜色的值。每个数段都用两位十六进制数表示,取值范围是 00 ~ FF,即十进制数的 0 ~ 255。

例如,要将窗体的背景色设置为红色,则可使用下面语句:

Form1. BackColor ＝ &HFF&

8.3　图形控件

8.3.1　图片框控件 PictureBox

1. 主要功能

图片框可以用来显示图片文件,也可以作为其他控件的容器。图片框中可以加载的图形文件包括位图(bmp)、图标(ico)、图元(wmf)、JPG 和 GIF 等格式。

2. 加载和清除图片

若要在图片框中显示图片,需要将图片文件加载到图片框中。加载图片的方法有 3 种。

1)设置 Picture 属性

在设计阶段,通过属性窗口设置 Picture 属性,选择所要显示的图片文件;或执行

"复制"和"粘贴"命令,将图片粘贴到图片框中。

如果要清除图片,只需将 Picture 属性重新设置为"(None)"。

2)使用 LoadPicture 函数

在程序代码中,可使用 LoadPicture 函数加载或清除图片,语句格式为:

图片框对象. Picture = LoadPicture ("图形文件路径与文件名")

例如,要将 D:\images 中的 sky. jpg 文件加载到图片框中,程序代码为:

Picture1. Picture = LoadPicture ("D:\images\sky. jpg")

如果要清除图片框中加载的图片,只需将 LoadPicture 函数中的文件名清空即可。其语句格式为:

图形框对象. Picture = LoadPicture ( )

例如,要清除图片框中加载的图片,程序代码为:

Picture1. Picture = LoadPicture ( )

3)在程序代码中通过赋值语句实现

在程序代码中,通过赋值语句复制其他控件对象中已加载的图片。例如,

Picture1. Picture = Image1. Picture

表示把 Image1 图像框中的图片复制到 Picture1 图片框中。

3. 调整图片框中图片的大小

图片框的 Autosize 属性用于设置图片框是否按装入的图片大小自动调整尺寸,缺省值为 False,表示图片不能自动调整大小;当 Autosize 属性值为 True 时,表示图片可以自动调整大小以适应图片框的大小。

> 提示:对于图元文件(wmf),当 Autosize 属性为 False 时,装入的图形会自动调整大小以适应图片框的大小。

4. 图片框的边框样式

图片框的 BorderStyle 属性用于设置图片框的边框样式,默认值为 1,表示有边框;当其值为 0 时,表示无边框。

8.3.2 图像框控件 Image 🖼

1. 主要功能

与图片框的功能相似,图像框也是用来显示图片的。图像框比图片框占用更少的内存,而且显示图片的速度较快,但图像框内不能放置其他控件。

在窗体上使用图像框的步骤与图片框相同。所不同的是图像框没有 Autosize 属性,它是通过 Stretch 属性来调整控件或图片的大小。

2. Stretch 属性

该属性用于调整图像框或图片的大小。其默认值为 False,表示图像框会自动调

整大小以适应装载的图形的尺寸；当 Stretch 属性取值为 True 时，表示加载的图片会自动调整大小以适应图像框的大小，即此时可通过对图像框大小的调整来实现图片的放大和缩小。

8.3.3　形状控件 Shape ⌖

1. 主要功能

Shape 控件用来绘制有规则的图形，如矩形、正方形、椭圆、圆、圆角矩形及圆角正方形等。

图 8.9　Shape 控件的 6 种形状

2. 常用属性

（1）Shape 属性：该属性用来控制显示图形的形状。取值范围为 0 ~ 5，默认值为 0，表示 Shape 控件添加到窗体上时是矩形。通过改变 Shape 属性值，可以确定所需要的几何形状。Shape 属性的取值及其对应的形状如图 8.9 所示。

（2）FillStyle 和 FillColor 属性：FillStyle 属性用于为 Shape 控件指定填充的图案，FillColor 属性用于为 Shape 控件着色。这两个属性已在 8.2.4 绘图属性一节中做过详细介绍，在此不再赘述。

（3）BorderColor、BorderStyle 和 BorderWidth 属性：BorderColor 用于设置形状边框线的颜色；BorderStyle 用于设置形状边框线的线型；BorderWidth 用于设置形状边框线的宽度。

BorderStyle 属性的取值范围为 0 ~ 6，所代表的线型见表 8.7，效果如图 8.10 所示。

表 8.7　BorderStyle 属性值及所对应的线型

属性值	线型	属性值	线型
0	透明线	4	点画线
1	实线（默认）	5	双点画线
2	虚线	6	内实线
3	点线		

8.3.4　直线控件 Line ⟍

1. 主要功能

Line 控件用来在窗体、框架或图片框等容器中绘制简单的直线段。

2. 常用属性

（1）X1、Y1、X2 和 Y2 属性：它们用于控制线的两个端点的位置。其中，X1 和 Y1 设置左端点，X2 和 Y2 设置右端点。

（2）BorderColor、BorderStyle 和 BorderWidth 属性：BorderColor 用于设置线段的颜色；BorderStyle 用于设置线段的样式，即线型；BorderWidth 用于设置线段的宽度。

Line 控件中这 3 个属性的用法及取值同 Shape 控件。

图 8.10　BorderStyle 属性值及对应的线型

8.4　图形方法

VB 提供了两种绘图方式，一种是使用图形控件，如 Shape 控件、Line 控件等；另一种就是使用图形方法，如 Circle 方法、Line 方法等。每一种图形方法都可以将图形绘制到窗体、图片框或 Printer 对象上。

使用图形控件比较简单，不需要编写代码，但只能绘出有限的图形形状；要绘制比较复杂的图形，还需要使用图形方法。使用图形方法绘图要编写程序代码，在程序运行时才能看到图形效果。下面介绍几种常用的图形方法。

8.4.1　Line 方法

1. 语句格式

［容器对象.］Line［Step］［(x1,y1)］-［Step］(x2,y2)［,颜色］［,B［F］］

2. 功能

Line 方法用于画直线或矩形。

3. 参数说明

（1）容器对象：在绘图时，要指明绘制到的容器，因此要在图形方法前加上容器对象的名称。若省略容器对象，则在当前窗体上绘图。

（2）(x1,y1)：表示线段的起点坐标或矩形的左上角坐标。若省略，则为当前坐标。

（3）(x2,y2)：表示线段的终点坐标或矩形的右下角坐标。

（4）Step：表示当前绘图位置的相对值。

（5）颜色：表示线段或矩形的边线颜色。若省略，则使用对象的 ForeColor 属性值。

（6）B：表示利用对角坐标画矩形。

（7）F：表示用画矩形的颜色来填充矩形。

如果只有参数 B 而没有参数 F，则表示矩形的填充将由对象当前的 FillColor 属性和 FillStyle 属性来决定。参数 F 必须与参数 B 一起使用。

　　画直线时,应省略[B][F]参数;画矩形时,在默认状态下,参数 B 画出的是空心矩形,参数 BF 画出的是实心矩形。

　　4. 应用举例

　　【例8.3】　使用 Line 方法绘制如图8.11 所示的坐标系,每次单击窗体时,会出现不同颜色的三角形和矩形,其中矩形的填充图案也会随机发生改变,效果如图8.12 所示。

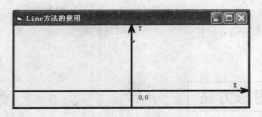

图8.11　用 Line 方法绘制的自定义坐标系

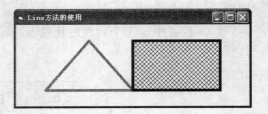

图8.12　用 Line 方法绘制的图形

　　程序代码如下:

```
Private Sub Form _ paint ( )                    '绘制自定义坐标系
    Scale ( -80, 80) - (80, -20)                '定义坐标系
    DrawWidth = 3                               '设置线宽
    Line ( -80, 0) - (80, 0):                   '画 X 轴
    Line (0, 100) - (0, -20)                    '画 Y 轴
    Line (80, 0) - (75, 3)                      '画 X 轴箭头
    Line (80, 0) - (75, -3)
    Line (0, 80) - (2, 72)                      '画 Y 轴箭头
    Line (0, 80) - ( -2, 72)
    CurrentX = 5: CurrentY = -5: Print "0,0"    '标记坐标原点
    CurrentX = 70: CurrentY = 10: Print "X"     '标记 X 轴
    CurrentX = 5: CurrentY = 80: Print "Y"      '标记 Y 轴
End Sub
Private Sub Form _ Click( )                     '绘制图形
    Cls                                         '清除窗体内容
    DrawWidth = 5                               '设置边框线的宽度
    Form1. ForeColor = QBColor( Int( Rnd * 16))  '设置前景色
    FillColor = QBColor( Int( Rnd * 16))        '设置填充色
    FillStyle = Int( Rnd * 8)                   '设置填充图案
    Line (0, 0) - Step( -60, 0): Line - Step(30, 60): Line - (0, 0)
                                                '以前景色画三角形
    Line (0, 60) - (60, 0), vbBlue, B           '以蓝色画矩形边框,用填充色和填充图案进
```

行填充

End Sub

运行上述程序后,先出现图 8.11 所示的自定义坐标系,每次单击窗体后,会出现不同颜色的三角形,矩形的边框为蓝色,填充色和填充图案随机变化。

8.4.2 Circle 方法

1. 语句格式

[容器对象.] Circle [[Step] (x,y),半径 [,颜色][,起始角][,终止角][,长短轴比率]]

2. 功能

该方法用于在容器对象上画圆、椭圆、圆弧和扇形。

3. 参数说明

在该语句格式中,凡与 Line 方法中的参数相同的,含义也一样,在此不再赘述。

(1)(x,y):为圆心坐标。

(2)起始角和终止角:绘制圆弧和扇形时,通过这两个参数控制起始角和终止角。当起始角、终止角的取值在 0 ~ 2π 之间时,画出的是圆弧;当在起始角、终止角取值前加上负号时,画出的是扇形,此时负号表示画出圆心到圆弧的径向线。

(3)长短轴比率:绘制椭圆时,需要设置长、短轴的比率。默认值为 1,表示画圆;当长短轴比率 > 1 时,椭圆沿垂直方向拉长;当长短轴比率 <1 时,椭圆沿水平方向拉长。

4. 应用举例

【例 8.4】 使用 Circle 方法绘制如图 8.13 所示的一组图形。每次单击窗体时,图形的颜色会随机发生改变。

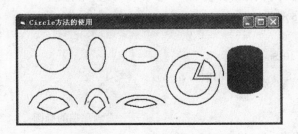

图 8.13 用 Circle 方法绘制的图形

程序代码如下:

```
Private Sub Form _ Click( )
    Scale (0, 0) - (60, 30)          '自定义坐标系
    Const PI = 3.1415926             'π 值
    DrawWidth = 2                    '设置线宽
```

```
    Randomize
    r = 255 * Rnd                                          '取随机颜色参数
    g = 255 * Rnd
    b = 200 * Rnd
    FillStyle = 1                                          '无填充
'画第一列图形
    Circle (8, 8), 4, RGB(r, g, b)                         '画圆
    Circle (8, 27), 4, RGB(r, g, b), −1 / 8 * PI, −7 / 8 * PI  '画扇形
    Circle (8, 27), 6, RGB(r, g, b), 1 / 8 * PI, 7 / 8 * PI    '画圆弧
'画第二列图形
    Circle (18, 8), 4, RGB(r, g, b), , , 2                 '画长椭圆
    Circle (18, 27), 4, RGB(r, g, b), −1 / 8 * PI, −7 / 8 * PI, 2
                                                          '画长椭圆扇形
    Circle (18, 27), 6, RGB(r, g, b), 1 / 8 * PI, 7 / 8 * PI, 2  '画长椭圆弧
'画第三列图形
    Circle (28, 8), 4, RGB(r, g, b), , , 1 / 2            '画扁椭圆
    Circle (28, 25), 4, RGB(r, g, b), −1 / 8 * PI, −7 / 8 * PI, 1 / 2
                                                          '画扁椭圆扇形
    Circle (28, 25), 6, RGB(r, g, b), 1 / 8 * PI, 7 / 8 * PI, 1 / 2
                                                          '画扁椭圆弧
'画第四列图形
    Circle (40, 16), 4, RGB(r, g, b), −3 / 8 * PI, −2 * PI   '画扇形及圆弧
    Circle (40, 16), 6, RGB(r, g, b), 3 / 8 * PI, 0
    Circle (41, 15), 4, RGB(r, g, b), −2 * PI, −3 / 8 * PI
    Circle (41, 15), 6, RGB(r, g, b), 0 * PI, 3 / 8 * PI
'画圆柱体
    For i = 0 To 10 Step 0.02
        Circle (52, 8 + i), 4, RGB(r, g, b), , , 1 / 2
    Next i
    FillStyle = 0                                          '画顶端的椭圆
    FillColor = RGB(r + 40, g, b + 40)
    Circle (52, 8), 4, RGB(r + 40, g, b + 40), , , 1 / 2
End Sub
```

8.4.3　Pset 方法

1.语句格式

[容器对象.] Pset [Step] (x,y)[,颜色]

2. 功能

该方法用于在窗体、图片框或打印机的指定位置上画点。

3. 参数说明

(1)(x,y):为所画点的坐标。

(2)颜色:可选项,当没有指定颜色时,则采用前景色绘点。若使用背景色可清除某个位置上的点。

4. 应用举例

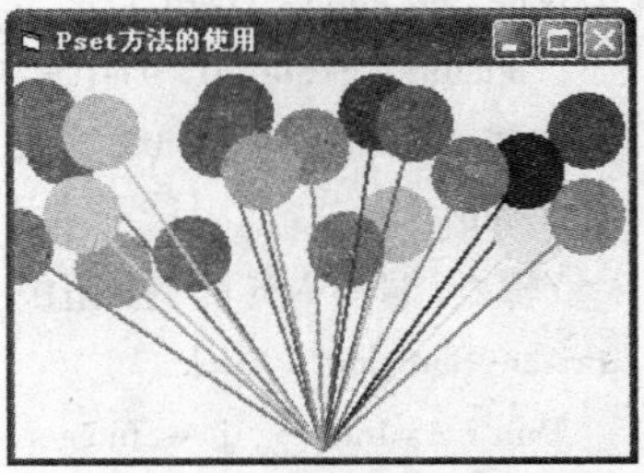

【例8.5】 使用 Pset 方法绘制如图8.14所示的一组气球。每次单击窗体时,会出现20只大小相同,位置及颜色随机变化的气球。

程序代码如下:

```
Private Sub form _ Click( )
    Cls
    Scale (0, 100) – (100, 0)          '自定义坐标系
    For i = 1 To 20                    '生成20只气球
        r = 255 * Rnd : g = 255 * Rnd : b = 255 * Rnd    '取随机颜色参数
        DrawWidth = 40                 '设置气球的大小
        x = Int(100 * Rnd)            '随机生成气球中心点的位置
        y = 40 + Int (50 * Rnd )      'y的取值不小于40,保证气球在上空
        Form1. PSet (x, y), RGB (r, g, b)     '绘制一个大点表示气球
        DrawWidth = 2
        Line (50, 2) – (x, y), RGB(r, g, b)   '绘制从点(50,2)到气球中心的直线
    Next i
End Sub
```

图 8.14　生成球的运行界面

8.4.4　Point 方法

图 8.15　图形的仿真输出

1. 语句格式

[容器对象.] Point (x , y)

2. 功能

该方法用于返回指定点的颜色值。

3. 应用举例

【例8.6】 使用 Point 方法获取右边图片框中图片的颜色信息,并使用 Pset 方法进行仿真输出。运行界面如图8.15所示。

操作步骤如下。

步骤1:在窗体上添加两个图片框和一个命令按钮,右侧的图片框名为 Picture1,左侧的图片框名

为 Picture2。

步骤 2：将 Picture1 的 AutoSize 属性设置为 True，并通过 Picture 属性加载一张图片。此时，图片框按装入的图片大小自动调整尺寸。

步骤 3：将 Picture2 的 BorderStyle 属性设置为 0，取消边框。

步骤 4：编写窗体的 Load 事件过程。代码如下：

```
Private Sub Form _ Load( )                   '自定义图片框的坐标系
    Picture1. Scale (0, 0)-(50, 100)
    Picture2. Scale (0, 0)-(50, 100)
End Sub
```

步骤 5：编写"仿真"按钮的 Click 事件过程。代码如下：

```
Private Sub Cmd _ Click ( )
    Dim i As Integer, j As Integer, Color As Long
    Picture2. DrawWidth = 4                    '设置点的大小
    For i = 1 To 100                           '逐行扫描
        For j = 1 To 100                       '逐列扫描
            Color = Picture1. Point(i, j)      '返回点的颜色信息
            Picture2. PSet (i, j), Color       '在 Picture2 图片框中进行仿真输出
        Next j
    Next i
End Sub
```

8.5　本章案例实现

1. 界面设计

在窗体中添加本案例所需的框架、按钮、标签、图片框、水平滚动条等控件或控件数组，放置到如图 8.1 所示的位置。

2. 属性设置

按表 8.8 设置窗体和各控件的属性。

表 8.8　窗体及各控件的属性设置

控件类型	控件名称	属性	属性值
窗体	Form1	Caption	简易画图板
图片框	Picture1	默认属性值	
框架	Frame1	Caption	当前颜色
	Frame2	Caption	调色板
	Frame3	Caption	（空）

续表

控件类型	控件名称	属性	属性值
标签及标签数组	Lbl_FColor	Caption	前景色
	Lbl_BColor	Caption	背景色
	LblFBC(0)	BorderStyle	1(带边框)
	LblFBC(1)	BorderStyle	0(带边框)
	Lbl_Color(0)~Lbl_Color(15)	BorderStyle	1(带边框)
	Lbl_LWidth	Caption	线宽:
	Lbl_LWNum	Caption	1
水平滚动条	HScroll1	Max	8
		Min	1
		Value	1
命令按钮	CmdDraw(0)	Caption	点
	CmdDraw(1)	Caption	直线
	CmdDraw(2)	Caption	矩形
	CmdDraw(3)	Caption	圆/椭圆
	CmdDraw(4)	Caption	自画线
	CmdDraw(5)	Caption	橡皮擦
	CmdCls	Caption	清除
	CmdSave	Caption	保存
	CmdEnd	Caption	退出

3. 编写事件过程

(1)在"通用"段声明模块变量:

```
Dim i                        '标识当前颜色是前景色还是背景色。0 为前景色,1 为背景色
Dim Mode                     '标识当前选择的绘图操作,取值 0~5
Dim PreMode                  '标识之前选择的绘图操作,取值 0~5
Dim SelColor As Single       '绘图颜色
Dim BgColor As Single        '画图板的颜色,即图片框的背景色
Dim Sx, Sy As Single         '起点坐标,在鼠标事件中使用
Dim Ex, Ey As Single         '终点坐标,在鼠标事件中使用
```

(2)窗体的 Load 事件过程:

```
Private Sub Form_Load()                      '初始化
    Picture1.BackColor = QBColor(15)         '设置画板的初始背景色为白色
    Picture1.ForeColor = QBColor(0)          '设置画板的初始前景色为黑色
    Picture1.DrawWidth = 1                   '设置初始线宽
```

```
    LblFBC(0).BackColor = QBColor(0)      '设置当前的前景色块
    LblFBC(1).BackColor = QBColor(15)     '设置当前的背景色
    For i = 0 To 15                       '设置调色板颜色,显示16种常用的颜色
      Lbl_Color(i).BackColor = QBColor(i)
    Next i
    i = 0                                 'i=0时,表示将设置前景色;i=1时,表示将设置背景色
    Mode = 0 ：PreMode = 0
    SelColor = vbBlack                    '默认的绘图颜色为黑色
  End Sub
```

（3）前景色／背景色显示色块（2个元素的标签数组）的 Click 事件过程：

```
  Private Sub LblFBC_Click (Index As Integer)      '标识要设置前景色还是背景色
    i = Index
    If i = 0 Then                         '当i=0时设置前景色,只有前景色块带边框
      LblFBC(0).BorderStyle = 1
      LblFBC(1).BorderStyle = 0
    Else                                  '当i=1时设置背景色,只有背景色块带边框
      LblFBC(0).BorderStyle = 0
      LblFBC(1).BorderStyle = 1
    End If
  End Sub
```

（4）调色板（16个元素的标签数组）的 Click 事件过程：

```
  '在调色板中选择颜色后,会相应改变前景色/背景色显示色块及画板的背景色
  Private Sub Lbl_Color_Click(Index As Integer)     '单击调色板中的某个颜色
    LblFBC(i).BackColor = QBColor(Index)    '设置前景色或背景色的显示色块为所选颜色
    If i = 1 Then                  '如果上面设置的是背景色,则要同时将画板的背景变为所选颜色
      Picture1.BackColor = QBColor(Index)
      BgColor = QBColor(Index)                '同时将背景颜色设为所选颜色
    Else                           '如果上面设置的是前景色,则将绘图颜色变为所选颜色
      SelColor = QBColor(Index)
    End If
  End Sub
```

（5）用于设置线宽的水平滚动条的 Change 事件过程：

```
  Private Sub HScroll1_Change()               '设置线宽
    Lbl_LWNum.Caption = HScroll1.Value        '显示当前的线宽值,范围是1~8
    Picture1.DrawWidth = HScroll1.Value       '将图片框的 DrawWidth 属性设置为该线宽
```

值

```
  End Sub
```

（6）绘图按钮（6个元素的标签数组）的 Click 事件过程：

```
  Private Sub CmdDraw_Click(Index As Integer)      '单击某个绘图按钮时事件
```

Lbl _ BColor. Enabled = False   '进入绘图状态后,不能修改背景色,否则已经画好的图形

                                          会消失

LblFBC(1). Enabled = False   '进入绘图状态后,可以随时修改前景色

CmdDraw(Index). FontSize = 10   '单击的那个按钮标题字体变大、倾斜且加下画线

CmdDraw(Index). FontItalic = True

CmdDraw(Index). FontUnderline = True

Mode = Index   '标识当前所选的绘图类型

'当单击另一个按钮后,之前单击过的按钮标题恢复为默认状态;

'若连续单击同一个按钮(Mode = PreMode)按钮标题样式保持不变

If Mode < > PreMode Then

    CmdDraw(PreMode). FontSize = 9   '之前所选的按钮标题恢复为默认状态

    CmdDraw(PreMode). FontItalic = False

    CmdDraw(PreMode). FontUnderline = False

End If

PreMode = Index   '标识此次单击了哪个绘图按钮

End Sub

(7)图片框的 MouseDown 事件过程:

Private Sub Picture1 _ MouseDown (Button As Integer, Shift As Integer, X As Single, Y As Single)

If Button = 1 Then

    Select Case Mode

    Case 0   '绘点

      Picture1. DrawMode = 13

      Picture1. PSet (X, Y), SelColor

    Case 1   '绘直线

      Picture1. DrawMode = 6

      Picture1. DrawStyle = 0

      Sx = X: Sy = Y : Ex = X: Ey = Y

    Case 2   '绘矩形

      Picture1. DrawMode = 6

      Picture1. DrawStyle = 0

      Sx = X: Sy = Y

      Ex = X: Ey = Y

    Case 3   '绘圆或椭圆

      Picture1. DrawMode = 6

      Picture1. DrawStyle = 0

      Sx = X: Sy = Y : Ex = X: Ey = Y

    Case 4   '绘自画线

      Picture1. DrawMode = 13

      Picture1. PSet (X, Y), SelColor

```
      Case 5              '橡皮擦
         Picture1. DrawMode = 13
         Picture1. FillColor = 0
         Sx = X: Sy = Y : CurrentX = X: CurrentY = Y
      End Select
   End If
End Sub
```

（8）图片框的 MouseMove 事件过程：

```
Private Sub Picture1 _ MouseMove ( Button As Integer, Shift As Integer, X As Single, Y As Single)
   If Button = 1 Then
      Select Case Mode
         Case 1              '绘直线
            Picture1. Line (Sx, Sy) – (Ex, Ey)
            Ex = X: Ey = Y
            Picture1. Line (Sx, Sy) – (Ex, Ey)
         Case 2              '绘矩形
            Picture1. Line (Sx, Sy) – (Ex, Ey), , B
            Ex = X: Ey = Y
            Picture1. Line (Sx, Sy) – (Ex, Ey), , B
         Case 3              '绘圆或椭圆
            R1 = Abs(Ey – Sy) + 1 : R2 = Abs(Ex – Sx) + 1
            If R1 > R2 Then r = R1 Else r = R2
            If r > 10 Then   '防止画圆/椭圆时旁边出现小点。想想为什么会产生一个点？
               Picture1. Circle ((Sx + Ex)/ 2, (Sy + Ey)/ 2), r / 2, , , , R1 / R2
            End If
            Ex = X: Ey = Y
            R1 = Abs(Ey – Sy) + 1 : R2 = Abs(Ex – Sx) + 1
            If R1 > R2 Then r = R1 Else r = R2
            Picture1. Circle ((Sx + Ex)/ 2, (Sy + Ey)/ 2), r / 2, , , , R1 / R2
         Case 4              '绘自画线
            Picture1. Line – (X, Y), SelColor
         Case 5              '橡皮擦,其实是用背景色画矩形将原图擦除
            Picture1. Line (Sx, Sy) – Step(150, 150), BgColor, BF
            Sx = X: Sy = Y
      End Select
   End If
End Sub
```

（9）图片框的 MouseUp 事件过程：

```
Private Sub Picture1 _ MouseUp ( Button As Integer, Shift As Integer, X As Single, Y As Single)
```

```
    If Button = 1 Then
      Select Case Mode
      Case 1              '绘直线
        Picture1. DrawMode = 13
        Picture1. Line (Sx, Sy) - (Ex, Ey), SelColor
      Case 2              '绘矩形
        Picture1. DrawMode = 13
        Picture1. Line (Sx, Sy) - (Ex, Ey), SelColor, B
      Case 3              '绘圆或椭圆
        Picture1. DrawMode = 13
        R1 = Abs(Ey - Sy) + 1
        R2 = Abs(Ex - Sx) + 1
        If R1 > R2 Then r = R1 Else r = R2
        Picture1. Circle ((Sx + Ex)/ 2, (Sy + Ey)/ 2), r / 2, SelColor, , , R1 / R2
      End Select
    End If
  End Sub
```

(10)"保存"按钮的 Click 事件过程:将用户在对话框中输入的文件名保存到变量 file _ name 中,并将图片框中的图形以该文件名存盘。如果此时已存在同名的文件,则重写该文件;否则建立新文件。此外,设置"退出"按钮获得焦点。代码如下:

```
Private Sub CmdSave _ Click( )
  Dim file _ name As String
  file _ name = InputBox ("请输入路径、文件名:", "保存文件")
  SavePicture Picture1. Image, file _ name
  CmdEnd. SetFocus
End Sub
```

(11)"清除"按钮的 Click 事件过程:

```
Private Sub CmdCls _ Click( )
  Picture1. Cls                     '清除图片框中所画的图形
  Lbl _ BColor. Enabled = True      '背景色标签变为黑色,表示可设置
  LblFBC(1). Enabled = True         '此时可以重新设置背景色
End Sub
```

(12)"退出"按钮的 Click 事件过程:

```
Private Sub CmdEnd _ Click( )
  End              '退出
End Sub
```

4. 运行程序

首先选取前景色、背景色及线宽,然后单击"点"按钮,在画板(图片框))上画点;或单击"直线"按钮,画直线;或单击"矩形"按钮,画矩形;或单击"圆/椭圆"按钮,画

圆或画椭圆;或单击"自画线"按钮随意在画板上画曲线。如果不满意,可单击"橡皮擦"按钮将部分图形擦除。在绘图过程中,可随时改变前景色和线宽,但背景色不能改变。单击"清除"按钮,会将所画图形全部擦除,这时背景色也可改变了。如果想要保存所画的图形,可单击"保存"按钮,然后输入路径和文件名即可。单击"退出"按钮可关闭画图板。

利用该画图程序随意画的一幅图如图 8.1 所示,可将此图保存为. jpg 文件、. bmp 文件、. gif 文件或. wmf 文件等。

本章小结

绘图操作是 VB 的应用技术之一。默认的 VB 坐标系统的坐标原点 (0,0) 位于容器内部的左上角,X 轴的正向水平向右,Y 轴的正向垂直向下。

为了绘图的方便,用户可以自定义坐标系统。创建自定义坐标系统既可以使用容器对象的属性,也可以使用 Scale 方法。在使用属性创建坐标系时,除了 ScaleMode 属性外,还可用 Scale 属性组即 ScaleLeft、ScaleTop、ScaleWidth、ScaleHeight 创建坐标系;在使用 Scale 方法建立坐标系时,可调用容器对象的 Scale 方法,其语句格式为:

[容器对象.] Scale (X1,Y1) - (X2,Y2)

在绘图过程中,当图形与控件之间产生重叠时,各类对象默认的放置位置不同。工具箱中除标签、直线和形状控件之外的可视对象位于最上层;标签、直线和形状控件对象位于中间层;由图形方法绘制的图形位于最下层。同一图形层内的控件对象的排列与添加控件的操作有关,先添加的控件位于下方,后添加的控件位于上方。可以使用 Zorder 方法将某一控件提到前面或置于后面,也可以单击位于前面的控件,然后单击鼠标右键,选择"置后"命令。

VB 提供了两个用来显示图片的控件:图片框 PictureBox 和图像框 Image,它们都可以显示位图文件(. bmp)、图标文件(. ico)、元文件(. wmf)、GIF 文件(. gif)等类型的文件;图片框不仅可以显示图像,还可以作为其他控件的容器,功能比图像框更强。图片框控件和图像框控件常用属性有 Picture 属性、Autosize 属性、Stretch 属性、BorderStyle 属性等。

VB 提供了两种绘图方法,一种方法是使用图形控件,如 Line 直线控件和 Shape 形状控件;另一种方法是使用图形方法,如 Line 方法、Circle 方法、Pset 方法等。使用图形控件只能画一些标准的图形,如直线、矩形、圆和椭圆等。画图时常用的属性有 Shape 属性、FillStyle 和 FillColor 属性、BackColor 属性、BorderColor 属性、BorderWidth 属性。使用图形方法可以绘制较复杂的图形。Line 方法可以画线和矩形;Circle 方法可以绘制圆、椭圆、圆弧和扇形;Pest 方法可以画点;用 Point 方法可返回指定位置处的颜色值。

在绘图操作中,颜色是很重要的绘图元素。有 4 种方式可以指定颜色:使用 QBcolor 函数、使用 RGB 函数、使用 VB 内部颜色常量和直接输入颜色值。另外,在绘图时还经常使用到下面几种绘图属性:线宽 DrawWidth 属性、线型 DrawStyle 属性、填充类型 FillStyle 和填充颜色 FillColor 属性。

思考题与习题 8

一、选择题

1. 在用户自定义坐标系中,Scale 属性组包含 4 个以 Scale 为前缀的属性,其中不属于该属性组的是_____。

A. ScaleLeft   B. ScaleTop   C. ScaleMode   D. ScaleWidth

2. 对 Shap 控件的属性描述不正确的是_____。

A. FillStyle 属性用于为 Shape 控件指定填充的图案

B. FillColor 属性用于为 Shape 控件着色

C. BorderColor 属性用于为 Shape 控件填充颜色

D. BoderStyle 属性用于设定边线的样式

3. 在下列选项中,不能将图像装入图片框或图像框的方法是_____。

A. 在设计阶段手工在图片框或图像框中绘制图形

B. 在设计阶段通过 Picture 属性装入图片

C. 在设计阶段使用剪贴板粘贴上图像

D. 在运行阶段通过 LoadPicture 函数装入图片

4. 在下列选项中,能绘制椭圆的语句是_____。

A. Circle (100,100),50,RGB(255,0,0),0.5

B. Circle (100,100),50,RGB(255,0,0), ,0.5

C. Circle (100,100),50,RGB(255,0,0), , ,0.5

D. Circle (100,100),50,RGB(255,0,0), , , ,0.5

5. 在下列选项中,能绘制填充矩形的语句是_____。

A. Line (100,100) – (200,200)

B. Line (100,100) – (200,200),B

C. Line (100,100) – (200,200),BF

D. Line (100,100) – (200,200), , BF

二、填空题

1. 构成坐标系的三要素有:坐标原点、坐标_____、坐标轴的_____。

2. 窗体中控件的_____属性是指控件左上角到窗体绘图区左边的距离;_____属性是指控件左上角到窗体绘图区顶边的距离。

3. 容器对象的 ScaleMode 属性改变后,VB 将重新定义容器对象的坐标度量单位属性_____和_____,以便它们与新刻度保持一致。

4.在程序运行时,指定颜色值有4种方式分别是:_____、_____、VB 内部颜色常量、直接输入颜色值。

5.在用户自定义坐标系中,使用 Scale 方法建立如图8.16 所示的坐标系,程序语句应是_____。

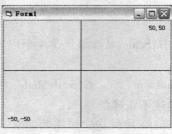

图 8.16　用户自定义坐标系

三、判断题

1.图像框支持各种图形方法和打印方法,也可作为容器。(　　)

2.图像框可通过 Stretch 属性调整控件或图片的大小。(　　)

3.图片框在默认状态下带边框。(　　)

4.图像框在默认状态下带边框。(　　)

5.使用 Line 控件和使用 Line 方法一样,可以绘制矩形。(　　)

四、简答题

1.简述怎样建立用户的坐标系。

2.窗体的 ScaleWidth 与 Width 属性有何区别? ScaleHeight 与 Height 属性有何区别?

3.当用 Line 方法画线之后,CurrentX 和 CurrentY 属性的值如何变化?

五、程序设计题

1.用随机函数和 Line 方法绘制一组从窗体中心发出的彩色射线。

2.使用不同的颜色绘制正弦曲线和余弦曲线。

3.以粗实线画圆和它的外切正方形,并填充不同的颜色。

4.用 PSet 方法绘制阿基米德螺线。阿基米德螺线的参数方程是:

$$\begin{cases} x = n \times \cos(n) \\ y = n \times \sin(n) \end{cases}$$

实验 8　创建简易的图片浏览器

一、实验目的

(1)掌握在 PictureBox 控件中输出文字的方法;

(2)熟练掌握 Image 控件的属性及使用方法；

(3)综合使用文件系统控件及 Image 控件完成图片的浏览功能。

二、实验内容及简要步骤

1. 任务

创建如图 8.17 所示的简易图片浏览器。

具体要求：用户通过图 8.17 中
左侧的文件系统控件选择指定路径
下的图片文件，其右侧的图像框中就
能显示出相应的图片，同时在界面的
左下方显示当前图片的尺寸。当单
击"放大"、"缩小"或"还原"按钮
后，该图片会放大、缩小或还原为初
始大小，同时，当前图片的尺寸数值
也会随之改变；当单击"退出"按钮
后，程序结束。

2. 设计思路及步骤

(1)新建一个工程。

(2)设计界面。在窗体的左侧
添加 3 个文件系统控件：DriveListBox

图 8.17 简易浏览器界面

控件、DirListBox 控件和 FileListBox 控件，用于显示所访问的驱动器、文件夹及图片文
件列表。在文件系统控件的下面，添加 1 个 PictureBox 图片框，用于显示 Image 图像
框的尺寸，当然也可以用标签来显示尺寸信息，在此只是介绍一下如何在图片框中显
示文字。在窗体的右侧添加 1 个 Image 图像框，用来显示图片。在窗体的下方有一
组命令按钮，用于对图片进行放大、缩小、还原等操作。窗体界面如图 8.17 所示。

(3)设置属性。按表 8.9 设置窗体和各控件的属性。

表 8.9 窗体及各控件的属性设置

控件	名称(Name)	属性	属性值
Form	Form1	Caption	简易图片浏览器
DriveListBox	Drive1		
DirListBox	Dir1		
FileListBox	File1	Pattern	*.bmp；*.jpg；*.gif；*.png
Label	Label1	Caption	当前图片尺寸：
PictureBox	Picture1	BorderStyle	0-None

控件	名称（Name）	属性	属性值
Image	Image1	BorderStyle	1-Fixed Single
		Stretch	True
		Height	200
		Width	180
CommandButton	Cmd _ Big	Caption	放大
	Cmd _ Small	Caption	缩小
	Cmd _ Restore	Caption	还原
	Cmd _ End	Caption	退出

（4）编写事件过程代码。

①编写 Drive1 和 Dir1 的 Change 事件过程：使 DriveListBox、DirListBox 及 FileList-Box 控件关联，当单击 Drive1 选取新的驱动器时，Dir1 中显示的内容应相应改变，同时，File1 中所显示的内容也要相应改变。代码如下：

```
Private Sub Drive1 _ Change( )
    ChDrive Drive1. Drive            '改变当前的驱动器
    Dir1. Path = Drive1. Drive
End Sub
Private Sub Dir1 _ Change( )
    ChDir Dir1. Path                 '改变当前目录或文件夹
    File1. Path = Dir1. Path
End Sub
```

②编写文件列表控件 File1 的 Click 事件过程：通过 File1 的 Pattern 属性设置文件列表中只能显示. bmp 文件、. jpg 文件、. gif 文件和. png 文件。当单击一个图片文件后，Image1 图像框中将显示相应的图片，同时，在 Picture1 图片框中，使用 Print 方法显示图像框的尺寸。代码如下：

```
Private Sub File1 _ Click( )
    Image1. Picture = LoadPicture( File1. FileName)
    Picture1. Cls
    Picture1. Print Str $ ( Image1. Width)& "×" & Str $ ( Image1. Height)
End Sub
```

③编写"放大"按钮的 Click 事件过程：当单击"放大"按钮后，图像框的宽度和高度都扩大为原来的 1. 1 倍，同时，宽度和高度的尺寸会显示在 Picture1 图片框中。代码如下：

```
Private Sub Cmd _ Big _ Click( )        '放大
    Image1. Width = Image1. Width * 1. 1
```

```
Image1. Height = Image1. Height * 1.1
Picture1. Cls
Picture1. Print Str $ (Image1. Width)& "×" & Str $ (Image1. Height)
End Sub
```

④编写"缩小"按钮的 Click 事件过程:当单击"缩小"按钮后,图像框的宽度和高度都缩小为原来的 0.9 倍,同时,宽度和高度的尺寸会显示在 Picture1 图片框中。代码如下:

```
Private Sub Cmd _ Small _ Click( )        '缩小
Image1. Width = Image1. Width * 0.9
Image1. Height = Image1. Height * 0.9
Picture1. Cls
Picture1. Print Str $ (Image1. Width)& "×" & Str $ (Image1. Height)
End Sub
```

⑤编写"还原"按钮的 Click 事件过程:当单击"还原"按钮后,图像框的宽度和高度都变为初始的尺寸,同时,宽度和高度的尺寸会显示在 Picture1 图片框中。代码如下:

```
Private Sub Cmd _ Restore _ Click( )     '还原
Image1. Height = 200
Image1. Width = 180
Picture1. Cls
Picture1. Print Str $ (Image1. Width)& "×" & Str $ (Image1. Height)
End Sub
```

⑥编写"退出"按钮的 Click 事件过程:

```
Private Sub Cmd _ End _ Click( )         '退出
    End
End Sub
```

(5)运行程序。用户在文件系统控件中选择图片文件所在的驱动器、文件夹及图片文件名,则相应的图片就显示在右侧的图像框中,单击"放大"、"缩小"、"还原"按钮,图片就会相应地变化,且图像框的宽度和高度显示在"当前图片尺寸:"的下方。单击"还原"按钮,可退出程序。

(6)保存程序。将本实验程序的窗体保存为"Form1(实验8).frm",工程保存为"实验8.vbp"。

(7)生成可执行文件。选择"文件"菜单中的"生成实验8.exe"命令,在打开的对话框中单击"确定"按钮。

(8)脱离 Visual Basic 集成开发环境后,双击"实验8.exe"文件,观察运行是否正常。

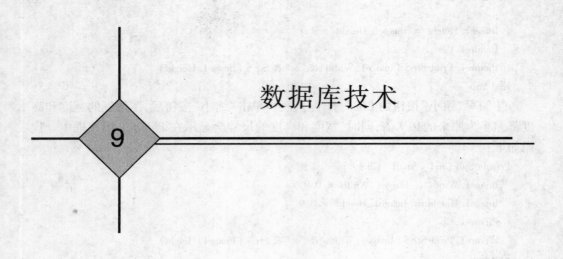

数据库技术

9

☞ **本章知识导引**

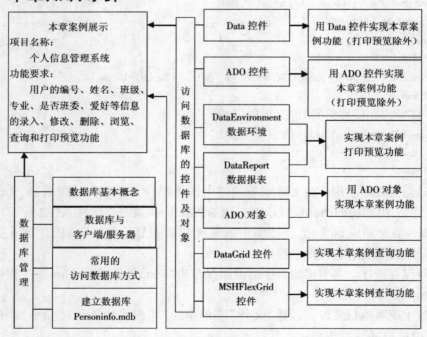

➥本章学习目标

本章概述数据库管理的基础知识,通过案例展示来说明基于数据库的 VB 程序设计过程,并对程序实现过程中的多种方法进行介绍和详细分析,为读者提供思考的空间。通过本章的学习和上机实践,读者应掌握以下内容:

☑ 常用的数据库访问方式与 ADO 对象的编程思想;

☑ DATA、ADO 控件和数据环境的设计方法;

☑ 利用 ADO 技术实现对数据库的读、写访问;

☑ 利用表格控件实现数据的查询;

☑ 设计报表,进行数据输出。

9.1   本章案例

项目名称: 个人信息管理系统(开发语言为 VB 6.0,数据库为 Access 2000)

用户界面: 如图 9.1、图 9.2、图 9.3 所示,个人信息表的结构如图 9.4 所示。

图 9.1   个人资料信息系统用户
信息管理界面

图 9.2   个人信息查询管理界面

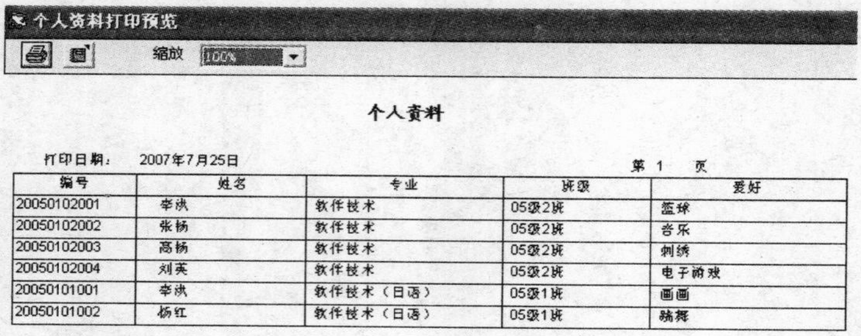

图 9.3   用户信息打印预览界面

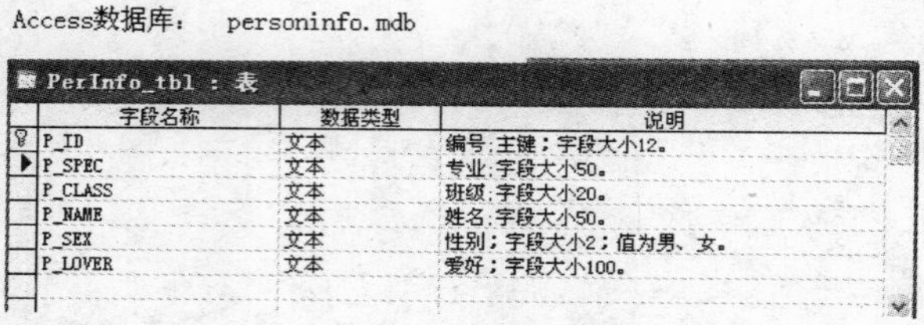

Access数据库: personinfo.mdb

图 9.4   个人信息管理系统数据库 personinfo.mdb,表 PerInfo_tbl 结构

本案例中,利用用户界面的功能可以实现对数据库中数据的访问——数据的录入、修改、删除、查询以及对数据的打印功能。那么,VB 的程序是怎样访问数据库的呢? 又是怎样控制数据库中的数据呢? 带着这些疑问让我们先了解一些有关数据库技术的新知识吧!

9.2　数据库管理概述

9.2.1　数据库基本概念

程序设计中用到数据库的越来越多。什么是数据库呢? 简单地说,数据库是数据和管理数据的程序的集合。从数据库的历史来看,有层次型数据库系统、网状型数据库系统和关系型数据库系统,而关系型数据库管理系统是当今的主流,诸如 Oracle、DB2、Sybase、SQL Server、Access 等都是关系型数据库管理系统。

9.2.2　数据库与客户端/服务器

一般来说,习惯将用 Visual Basic 等开发环境设计的应用程序叫前端(客户端),称数据库管理系统及其所管理的数据为后端(服务器端),前端与后端可以在同一台机器上,也可以在不同的机器上。

数据库管理是 Visual Basic 应用程序设计中的一个重要部分。Visual Basic 提供了强大的数据库功能,用户可以使用数据访问对象(DAO)、远程数据对象(RDO)和 ActiveX 数据对象(ADO)等接口方式访问数据库。在 Visual Basic 中设计一个良好的数据库应用系统是一件复杂的工作。

9.2.3　常用的访问数据库方式

一般来说在 Visual Basic 中的应用程序可以通过以下几种方式访问数据库。

1. 数据控件(DATA)

它是新数据库开发人员的传统入口点,常用于需求容量少的应用程序,最适合访问类似 Jet 到 SQL Server 的数据库。它虽然可用,但从使用性能的角度考虑,不是最优的。

2. 数据访问对象(DAO)

对大多数开发者来说,DAO 是越过数据控件后的第一步,它是数据库应用程序开发活动的一个灵活而强大的对象模型。用链接表和 SQL Passthrough 几乎可以完成所有的服务器数据库工作。

3. 远程数据控件(RDC)

它对许多应用程序而言较为方便,但是存在与数据控件相同的缺陷。

4. ODBC Direct

它使用 DAO 模型,但是直接通过 RDO 向数据库服务器发送查询,与 Jet 完全不同。只要把现有的 DAO 代码做较小的改动,就能获得 RDO 的性能收益。但是 DAO

的局限性仍然存在。许多服务器数据库特性不能使用或用起来有诸多不便。

5. 远程数据对象(RDO)

它是与 DAO 等同的远程服务器。RDO 经过优化可在智能服务器数据库下工作,与 DAO 用 Jet 引擎捆绑不同的是 RDO 不包含查询引擎,所有的查询过程都发生在服务器上。

6. OLE DB/ADO

OLE DB 是数据库提供者和客户应用程序之间的一种基于 COM 的接口。Microsoft 在 OLE DB 上创建了易于使用的 ADO。ADO 是进入 OLE DB 的接口,借助 ADO,VB 就可以利用 UDA(通用数据访问)的优点。OLE DB 是 SQL Server 的新的本地接口,它的目标是基于 WEB 的应用程序。ADO 致力取代 DAO 和 RDO。

综上可以看出,访问数据库的技术各有优势,在这里先介绍易于接受的数据控件 DATA,然后重点介绍 ADO 技术。

9.2.4 用 Microsoft Access 2000 建立数据库 Personinfo. mdb

现在简单介绍在 Access 2000 中建库、建表的过程。

图 9.5 选择新建数据库

步骤 1:打开 Access 以后,程序将会要求你打开已有的数据库文件,或是新建一个数据库,这里选择"空 Access 数据库",参见图 9.5 所示。

步骤 2:单击"确定"按钮,建立一个新的空白数据库,出现如图 9.6 所示对话框,其中默认的数据库名为 db1. mdb,在此更改为"personinfo. mdb",同时选择数据库存放的路径"C:\vb案例"。单击"创建"按钮,即可在"C:\vb 案例"路径下产生 personinfo. mdb 数据库。

步骤 3:创建数据库后,首要设计的就是表对象,它是存放原始数据的地方。在图 9.7 中选择"表"对象,并单击工具栏上的"新建"按钮,出现"新建表"对话框。

步骤 4:在"新建表"对话框中,选择"设计视图"并单击"确定",进行如图 9.8 所示的数据表的设置,并把表的名称保存为"PerInfo_tbl"。

步骤 5:完成表的设计后,可以按 Access 2000 工具栏上的 ▥ 按钮,切换到数据表视图,并录入几行记录, 如图 9.9 所示。

这样就可以用 VB 中的 Data 控件或 ADO 来访问数据库 Personinfo. mdb 了。

图 9.6 新建数据库文件对话框

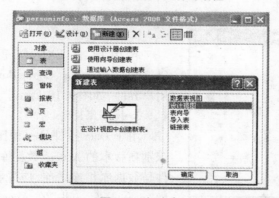

图 9.7 新建表

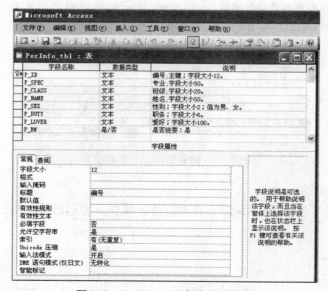

图 9.8 PerInfo_tbl 表的设计视图

图 9.9   录入后的表中记录

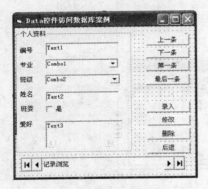

9.3   用来访问数据库的控件及对象

9.3.1   Data 控件

图 9.10   用 Data 控件访问数据库
的界面设计

1. 用户界面设计

利用标准 EXE 工程,Label、TextBox、CheckBox、ListBox、ComboBox 和 Data 控件设计用户界面,如图 9.10 所示。

2. 数据库设计

由于 Data 控件是一种比较老的技术,无法识别新版本的 Access 数据库,因此在将 Data 控件与数据库相连之前,应先将前面设计的数据库"personinfo. mdb"在 Access 2000 中打开,按图 9.11 所示转换成早期版本并保存为"person-info9 – 1. mdb"。

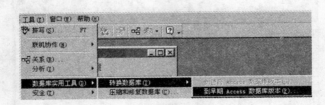

图 9.11   转换数据库到早期版本

3. 控件初始化

(1)在数据库设计完成后,进行界面控件的属性及绑定设置,参见表 9.1 所示。

表9.1 主要控件属性设置值表

序号	控件名称	属性	属性值	关键点
1	Frmdata	Caption	Data 控件访问数据库案例	
2	Data1	Caption	记录浏览	①选择数据库后，数据库不能换位置 ②RecordsetType 的参数： • 0-Table——一个表类型 Recordset； • 1-Dynaset——动态设定记录. 从 Dynaset-type 可以添加、改变或删除记录，改变反映在正在运行的表中； • 2-Snapshot——一个快照类型 Recordset
		Connect	Access	
		DatabaseName	C:\vb 案例\personinfo9-1. mdb	
		RecordSource	PerInfo _ tbl	
		RecordsetType	1-Dynaset	
3	Text1	DataSource	Data1	
		DataField	P _ ID	
4	Text2	DataSource	Data1	①在进行绑定时，必须先进行 Data1 的 DatabaseName 和 RecordSource 的设置，然后再设置 Text 等其他控件的属性，设置顺序为先设置 DataSource，再设置 DataField ②可通过下拉列表框进行选择输入属性值 ③相关属性： • DataSource——给定数据控件和哪个 Data 控件绑定； • DataField——给定数据控件的记录集（表）中字段名
		DataField	P _ NAME	
5	Text3	DataSource	Data1	
		DataField	P _ LOVER	
6	Combo1	DataSource	Data1	
		DataField	P _ SPEC	
7	Combo2	DataSource	Data1	
		DataField	P _ CLASS	
8	Check1	DataSource	Data1	
		DataField	P _ BW	
9	Cmdprivous	Caption	上一条	主要使用 Data 的 Recordset 属性的各种 Move 方法实现记录的移动功能 • MovePrevious——指针移动到前一条记录； • MoveNext——指针移动到后一条记录； • MoveFirst——指针移动到第一条记录； • MoveLast——指针移动到最后一条记录
10	Cmdnext	Caption	下一条	
11	Cmdfirst	Caption	第一条	
12	Cmdlast	Caption	最后一条	
13	Cmdaddnew	Caption	录入	主要使用 Data 的有关 Record 的方法实现对数据库的读写功能 • AddNew——向表中添加一条记录； • UpdateRecord——修改表中的当前记录； • Delete——删除表中的当前记录
14	Cmdupdate	Caption	修改	
15	Cmddelete	Caption	删除	
16	Cmdexit	Caption	后退	关闭当前窗体

（2）添加 Data 数据控件。在新建标准 EXE 工程 1 后，Data 控件作为标准控件在 VB 的工具箱中直接添加到窗体 Frmdata 中即可，如图 9.12 所示。

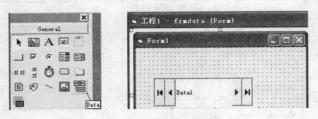

图 9.12　Data 数据控件的添加

（3）设置 Data 数据控件。Data 数据控件是 DAO(Data　Access　Objects)技术在 Visual Basic 中的一种应用，它在 Visual Basic 的低版本中应用较广。

在使用它时必须设置 Connect、DataBaseName、RecordSource 和 RecordsetType 等 4 个属性。

- Connect：给定关于数据源信息的值。
- DataBaseName：为数据控件设定数据源的名称和位置。
- RecordSource：设定要使用的数据表或视图。
- RecordsetType：设定记录集类型。

在设置属性时必须按照 Connect→DataBaseName→RecordSource→RecordsetType 顺序设置，因为这四者是包含的关系。

Connect 属性设置如图 9.13 所示。选中 Frmdata 中的 Data1 控件，在 Data1 控件 的属性窗口中 Connect 属性的下拉选项中选中 Access。

然后选 DatebaseName 属性，如图 9.14 所示，单击 ⬛，弹出 DatebaseName 对话框 如图 9.15 所示，进行 DatebaseName 属性设置。在 C 盘根目录下的"vb 案例"文件夹 中找到"personinfo9－1.mdb"数据库文件，单击"打开"按钮，将完整路径添加到 Data1 控件的 DatebaseName 中。

图 9.13　Connect 属性设置

图 9.14　DatebaseName 属性

打开"personinfo9-1.mdb"后，在 Data1 控件的属性窗口 RecordSource 属性的下拉

选项中选择 PerInfo _ tbl；（如有多个表，在此处均会列出来，但是只能选择一个）在 Data1 控件的属性窗口中 RecordsetType 属性的下拉选项中选择 1-Dynaset（此处有 3 个选项，0-Table、1-Dynaset、2-Snapshot。具体含义参照表 9.1 中 Data1 的关键点）。RecordSource 和 RecordsetType 属性的设置如图 9.16 所示。

图 9.15　DatebaseName 属性设置

（4）设置 Text、Combo、Check 控件。

图 9.16　RecordSource 和 RecordsetType 属性的设置

首先设置 Text1 ～ Text3、Combo1 ～ Combo2、Check1 的 DataSource 属性为"Data1"，如图 9.17 所示。这个属性除了加载数据控件外还可加载数据环境（如果已经设计了数据环境的话）。

然后，依次选中 Text1 ～ Text3 分别将其 DataField 属性设置为"P _ ID"、"P _ NAME"、"P _ LOVER"。

接下来分别设置 Combo1 ～ Combo2 的 DataField 属性，值为"P _ SPEC"、"P _ CLASS"。

最后设置 Check1 的 DataField 属性为"P _ BW"。具体设置如图 9.18 所示。

图 9.17　Text 的 DataSource 属性设置

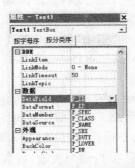

图 9.18　控件的 DataField 属性设置

4. 命令按钮功能的实现

分别双击窗体上的各个按钮，在代码窗口中添加控制代码。

• "上一条"按钮功能代码如下：

```
Private Sub Cmdprivous _ Click( )
    Data1. Recordset. MovePrevious
End Sub
```

- "下一条"按钮功能代码如下：

```
Private Sub Cmdnext _ Click()
    Data1. Recordset. MoveNext
End Sub
```

- "第一条"按钮功能代码如下：

```
Private Sub Cmdfirst _ Click()
    Data1. Recordset. MoveFirst
End Sub
```

- "最后一条"按钮功能代码如下：

```
Private Sub Cmdlast _ Click()
    Data1. Recordset. MoveLast
End Sub
```

- "录入"按钮功能代码如下：

```
Private Sub Cmdaddnew _ Click()
    Data1. Recordset. AddNew
End Sub
```

- "修改"按钮功能代码如下：

```
Private Sub Cmdupdate _ Click()
    Data1. UpdateRecord
End Sub
```

- "删除"按钮功能代码如下：

```
Private Sub Cmddelete _ Click()
    Data1. Recordset. Delete
End Sub
```

- "退出"按钮功能代码如下：

```
Private Sub Cmdexit _ Click()
    Unload Me
End Sub
```

　　至此工程中的记录浏览和数据的录入、修改、删除和后退的功能完全实现。保存文件，并运行(按【F5】)一下。工程运行后结果如图 9.19 所示。

　　思考 1：做个实验，将数据库文件 personinfo9 – 1. mdb 由"C：\vb 案例"目录下剪切到本工程文件所在的路径下，即"工程 1"与 personinfo9 – 1. mdb 具有完全相同的路径。再运行一下工程，发现什么了？程序运行出错，找不到数据库！那么怎么解决这个问题呢？

　　提示：试着将本工程中 Data1 的 DatabaseName 属性清空，然后在 Frmdata 窗体的 Form _ load 事件中编写代码，具体如下：

```
Private Sub Form _ Load()
    Data1. DatabaseName = App. Path & "\personinfo9 – 1. mdb"
```

End Sub

保存文件,然后运行工程,怎么样? 成功了吧!

思考2:再做一个实验。将工程文件保存后关闭,把整个包含窗体、工程和数据库的文件夹剪切到 D 盘根目录下,再运行工程文件。运行结果怎么样? 当然没问题啦! 这是为什么呢?

因为代码" App. Path & " \ personinfo9 - 1. mdb""中的"App. Path"是相对路径的意思,也就是说,只要 App. Path 后面的"personinfo9 - 1. mdb"文件或文件夹路径与工程文件所在路径相同,不管

图9.19 程序运行结果

程序换到哪个路径下,都能找到当前路径下的文件,所以在用 Access 数据库时一定注意绝对路径要改为相对路径。

9.3.2 ADO 控件

1. 利用 ADO 控件实现用户界面设计

在 Data 控件访问数据库的界面设计基础上稍作改动,首先将 Data 控件删掉,然后添加 ADO 控件,将窗体文件另存为 FrmADO;再将 ADO、Text、Combo、Check 控件的属性值重新设置,略改代码即可。其他与利用 Data 控件实现系统功能相同。

2. ADO 数据控件的添加

打开标准 EXE 工程的时候,ADO 控件并不存在于 VB 工作环境中的"工具箱"窗口中。必须利用"部件"对话框选择"Microsoft ADO Data Control 6.0(OLEDB)"这一个项目,将 ADO 控件加入到工具箱中,如图 9.20 所示。在工具箱中选取 Adodc 控件,将其加入到窗体中。设计后的用户界面如图 9.21 所示。

3. ADO 数据控件的属性设置

(1) Adodc1 的 ConnectionString 属性:它包含用来建立到数据源的连接信息,是一个字符串值。

首先,必须选择在程序中要使用的数据库为何种连接。

设置使用的数据库有 3 种方式:"使用 Data Link 文件"、"使用 ODBC 数据源名称"及"使用连接字符串"。在这里用"使用连接字符串"指定使用的数据库。其具体设置过程如下。

选中 Adodc1 控件,单击鼠标右键,弹出快捷菜单,选择"ADODC 属性",如图 9.22所示,弹出图 9.23 所示"属性页"对话框。单击"生成"按钮以后,可以看到"数据链接属性"对话框。选择"提供程序"选项卡页面,选择使用的数据库种类。在此,由于用的是 Access 2000 的数据库,所以选择"Microsoft. Jet. OLEDB 4.0"(如果是 Access 97,则可以使用 Microsoft. Jet. OLEDB 3.51)。单击"下一步"按钮,出现图 9.24

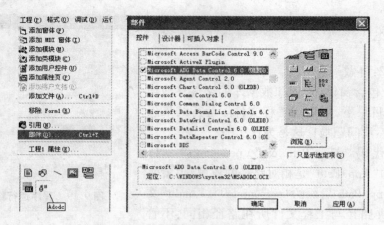

图 9.20   ADO 数据控件向工具箱中添加

图 9.21   ADO 访问数据库案例用户界面

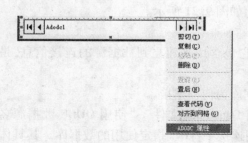

图 9.22   ADODC 属性

对话框,跳到"连接"选项卡页面,选择"C:\vb 案例\personinfo. mdb"数据库文件。按下"测试连接"按钮,会弹出"测试连接成功"消息框,然后单击"确定"按钮,出现图 9.25对话框,至此完成建立连接字符串。

这时在原先属性页中的使用连接字符串框中会看到"Provider = Microsoft. Jet. OLEDB. 4. 0;Data Source = C:\vb 案例\personinfo. mdb; Persist Security Info = False"字符串,单击"确定"按钮完成连接字符串的设置。(注意:此次数据库并没有选择 personinfo9 - 1. mdb,因为 ADODC 控件完全能识别 Access 2000 的数据库)

在这个例子里的连接字符串可以划分为 3 部分:"Provider"、"Data Source"、"Persist Security Info"。它们代表的意义分别是:数据提供者、数据文件位置、是否保

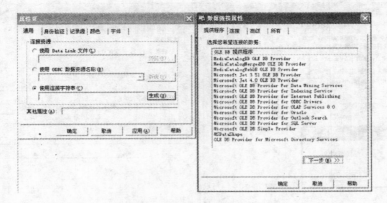

图 9.23　数据库驱动程序的选择

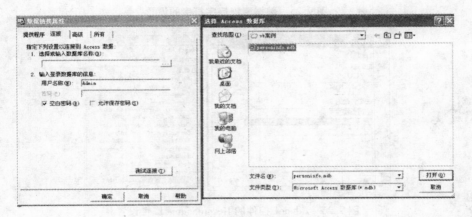

图 9.24　数据库的添加

存密码。

也可以在程序代码中指定 ADODC 控件的 ConnectionString 属性,如此可以增加程序的灵活性。就像在"Data Source"的设置值中,使用 App. Path 取代部分路径,这样可以把数据库文件和程序文件放在同一个目录下,以方便日后程序的移植。

(2)RecordSource 属性:ADO 控件中的 RecordSource 属性是用来设置语句或返回一个记录集的查询。

首先选中 Adodc1 控件,再在属性窗口中选择 RecordSource 属性,这时会弹出"属性页"的对话框,选择"2 - adCmdTable"命令类型,选择"PerInfo_tbl"表名,再单击"确定"按钮,这时 Adodc1 控件的 RecordSource 属性就被设置成了"PerInfo_tbl",参见图 9.26。其他属性的设置采用默认即可。

这时,再将 Text1 ~ Text3、Combo1 ~ Combo2、Check1 的 DataSource 属性设置全部改为"Adodc1"。

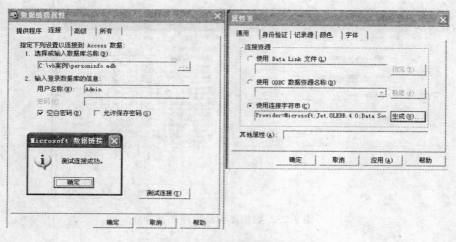

图 9.25   数据库连接字符串的设置

图 9.26   Adodc1 控件的 RecordSource 属性设置

接下来将原来的代码做一个简单的处理。

- 把"Data1"全部替换为"Adodc1"。
- 删除 Form _ load 事件,同时,将"修改"按钮的事件代码修改如下:

```
Private Sub Cmdupdate _ Click( )
    Adodc1. Recordset. Update
End Sub
```

最后,保存窗体 FrmADO,运行程序。

思考一下:如果要访问的是 SQL Server 数据库应怎样连接呢?

9.3.3   DataEnvironment 数据环境

1. DataEnvironment 数据环境的引用与添加

1)引用数据环境设计器

首先在"工程"菜单中,选择"引用..."命令,然后从弹出的"引用"对话框中,选择"Microsoft Data Environment Instance 1.0",单击"确定"按钮即可。数据环境的引用如图9.27所示。

2)添加数据环境设计器

首先从"文件"菜单下,"新建工程"对话框的"新建"选项卡中,选择"标准 EXE"工程,然后单击"打开";再从"工程"菜单中,选择"添加 Data Environment"菜单项。一旦数据环境设计器被添加到 Visual Basic 工程中,数据环境设计器窗口便出现,并且将

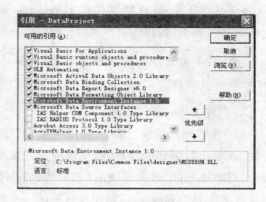

图9.27 数据环境的引用

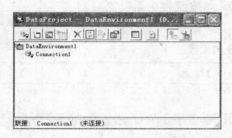

图9.28 数据环境的添加

一个 Connection 对象添加到数据环境中。如图9.28所示。一旦创建了一个 Connection,就可以对它添加 Command 命令了。

2. DataEnvironment 数据环境的功能

(1)添加一个数据环境设计器到一个 Visual Basic 工程中。

(2)创建 Connection 对象。

(3)基于存储过程、表、视图、同义词和 SQL 语句创建 Command 对象。

(4)基于 Command 对象的一个分组,通过与一个或多个 Command 对象相关联来创建 Command 的层次结构。

(5)为 Connection 和 Recordset 对象编写和运行代码。

(6)从数据环境设计器中拖动一个 Command 对象中的字段到一个 Visual Basic 窗体或数据报表设计器。

3. DataEnvironment 数据环境的设计

1)创建数据库连接 Connection 对象

(1)单击数据环境设计器工具栏的"添加连接"或右键单击数据环境设计器,并从快捷方式菜单中选择"添加连接"。一旦添加了一个 Connection,数据环境就被更新为新的 Connection 对象。这个对象的缺省名字是"Connection"后面加上一个数字,例如 Connection1。

(2)设置 Connection 名称和数据源。在 Visual Basic"属性"窗口中,将缺省的"名称"更改为一个更有意义的名字。例如,将 Connection1 更改为"MYDE9"。右键单击 MYDE9 并选择"属性",以访问"数据链接属性"对话框。对话框如图9.23所

示,参考9.3.2中ADO数据控件ConnectionString属性设置方法,设置MYDE9访问
"personinfo. mdb"数据库。

> **提示:**不论选择何种数据源类型,数据环境都是通过 ADO 和 OLE DB 接口来
> 访问所有的数据。

2)创建 Command 对象

(1)在数据环境设计器工具栏中单击"添加"命令;或右键单击一个 Connection
对象,或单击数据环境设计器,从快捷方式菜单中选择"添加"命令。一旦一个 Com-
mand 对象被添加,数据环境的"概要型"视图就显示新的 Command 对象。这个对象
的缺省名字是"Command"和加在后面的一个数字,例如 Command1。

(2)指定 Command 对象属性。右键单击 Connection 对象并选择"属性",打开
"Command 属性"对话框。单击"通用"选项卡,并按照表9.2设置。

表9.2　选项卡的设置

项　目	目　的
Command Name	将数据库对象的缺省命令名称改为一个更有意义的名字。例如,将 Command1 改为 COMD9
Connection	如果 Command 对象是从一个 Connection 对象的快捷方式菜单中创建的,Connection 名字被自动地设置。但是,可以更改这个 Connection 注意:每一个 Command 对象要想有效,必须与一个 Connection 对象相关联
Database Object	从下拉列表中选择数据库对象的类型。类型可以是一个存储过程、同义词、表或视图
Object Name	从下拉列表中选择一个对象的名字。列出的对象来自连接,并且与选择的数据库对象类型匹配
-或-	
SQL Statement	如果选择该项作为您的数据源,在"SQL 语句"框中输入一个对您数据库有效的SQL 查询 或要建立此查询,单击"SQL 生成器..."启动查询设计器

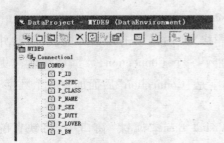

图9.29　数据环境的设计

(3)单击"确定"将此属性应用于
COMD9 对象,并关闭对话框,显示图9.29 所
示的界面。

9.3.4　DataReport 数据报表

1. DataReport 数据报表的功能

Microsoft 数据报表设计器(Microsoft Data

Report designer)是一个多功能的报表生成器,以创建联合分层结构报表的能力为特色。同数据源(如数据环境设计器(Data Environment designer))一起使用,可以从几个不同的相关表创建报表。除创建可打印报表之外,也可以将报表导出到 HTML 或文本文件中。

2. 数据报表设计器特性

(1)对字段的拖放功能:把字段从 Microsoft 数据环境设计器拖到数据报表设计器。当进行这一操作时,Visual Basic 自动地在数据报表上创建一个文本框控件,并设置这个文本框的 DataMember 和 DataField 属性。也可以把一个 Command 对象从数据环境设计器拖到数据报表设计器。在这种情况下,对于每一个 Command 对象包含的字段,将在数据报表上创建一个文本框控件;每一文本框的 DataMember 和 DataField 属性将被设置为合适的值。

(2)Toolbox 控件:数据报表设计器以它自己的一套控件为特色。当数据报表设计器被添加到工程时,控件被自动创建在一个名为 DataReport 的新"工具箱"选项卡上。多数的控件在功能上与 Visual Basic 内部控件相同,并且包括 Label、Shape、Image、TextBox、Line、Function 控件。其中 Function 控件自动地生成如下 4 种信息中的一种:Sum、Average、Minimum 或 Maximum。

(3)打印预览:通过使用 Show 方法预览报表。然后生成数据报表并显示在它自己的窗口内。

提示:要在打印预览方式中显示报表,必须在计算机上安装一台打印机或添加默认打印机设置,同时要注意纸张大小设置,设置的报表大小不能超出所设置纸张的尺寸,否则会报错。

(4)打印报表:通过调用 PrintReport 方法,以编程方式打印一个报表。当数据报表处于预览方式,用户也可以通过单击工具栏上的打印机图标打印报表。

提示:要打印报表,必须在计算机上安装一台打印机或网络中可访问的打印机。

(5)文件导出:使用 ExportReport 方法导出数据报表信息。导出格式包括 HTML 和文本。

(6)导出模板:可以创建一个文件模板集合,以同 ExportReport 方法一起使用。这对于以多种格式导出报表是很有用的。

(7)异步操作:DataReport 对象的 PrintReport 与 ExportReport 方法是异步操作。使用 ProcessingTimeort 事件可以监视这些操作的状态,并取消任何花费时间过长的操作。

3. 数据报表设计器的组成部分

缺省的数据报表设计器包含如下部分。

(1)报表标头:包含显示在一个报表开始处的文本,例如报表标题、作者或数据库名。如果想把报表标头作为报表的第一页,应将它的 ForcePageBreak 属性设置为 rptPageBreakAfter。

（2）页标头:包含在每一页顶部出现的信息,例如报表的标题。

（3）分组标头/注脚:包含数据报表的一个“重复”部分。每一个分组标头与一个分组注脚相匹配。标头和注脚对与数据环境设计器中的一个单独的 Command 对象相关联。

（4）细节:包含报表的最内部的“重复”部分(记录)。详细部分与数据环境层次结构中最低层的 Command 对象相关联。

（5）页注脚:包含在每一页底部出现的信息,例如页数。

（6）报表注脚:包含报表结束处出现的文本,例如摘要信息或一个地址或联系人姓名。报表注脚出现在最后一个页标头和页注脚之间。

4. 数据报表控件

当一个新的数据报表设计器被添加到一个工程时,下列控件将自动地被放置在名为 DataReport 的“工具箱”选项卡中。

（1）TextBox 控件(RptTextBox):允许规定文本格式,或指定一个 DataFormat。

（2）Label 控件(RptLabel):允许在报表上放置标签、标识字段或部分。

（3）Image 控件(RptImage):使用户能在报表上放置图形。注意,该控件不能被绑定到数据字段。

（4）Line 控件(RptLine):使用户能在报表上绘制标尺,以进一步区分部分。

（5）Shape 控件(RptShape):使用户能在报表上放置矩形、三角形或圆形(椭圆形)。

（6）Function 控件(RptFunction):是一个特殊的文本框控件,它在报表运行时自动计算数值。

5. 数据报表的引用与添加

1）引用数据报表

图 9.30   数据报表的引用

首先在“工程”菜单中,选择“引用…”命令,然后从弹出的“引用”对话框中选择“ Microsoft Data Report Desiger v6.0”,单击“确定”即可。数据报表的引用如图 9.30 所示。

2）添加数据报表

首先从“文件”菜单下“新建工程”对话框的“新建”选项卡中,选择“标准EXE”工程,然后单击“打开”;再从“工程”菜单中,选择“添加 Data Report”命令。这样数据报表设计器窗口(如图

9.31 所示)被添加到 Visual Basic 工程中。

6. 数据报表的设计

在图9.31所示的数据报表基础上,参考图9.32所示的数据报表,首先将报表的名称改为"DRTper9",再设置报表的 Caption 属性值为"个人资料打印预览",接下来,按以下步骤实现对 personinfo. mdb 数据库内 PerInfo_tbl 表中数据的访问。

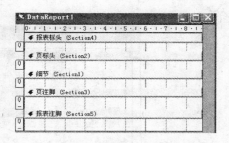

图9.31 数据报表的添加

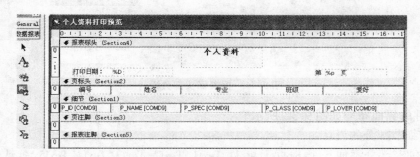

图9.32 数据报表的设计

1)报表数据源的设置

图9.33 数据报表的设置

选中报表对象"DRTper9",在其属性窗口中设置 Data-Source 属性值为"MYDE9",DataMember 属性值为"COMD9"。报表数据源的设置如图9.33所示。

2)报表标头和报表注脚的设计

在报表标头部分添加3个 RptLabel 控件 Label1、Label2、Label3(注意:报表中不存在控件数组),分别设置 Caption 属性值为"个人资料"、"打印日期:"、"第 页"(注意:"第"和"页"之间有3个空格);再添加"当前页码"(默认 Caption 属性值为%p)和"当前日期"(默认 Caption 属性值为%D)两个控件。在报表注脚部分添加一个 RptLabel 控件,设置 Caption 属性值为"我的第一个报表,成功了!"。添加过程见图9.34所示,控件的界面布局参见图9.32。

3)页标头和页注脚的设计

在页标头部分添加5个 RptLabel 控件 Label5、Label6、Label7、Label8、Label9,分别设置这5个控件的 Caption 属性值为"编号"、"姓名"、"专业"、"班级"和"爱好";再添加8个 RptLine 控件,其中,2条为横线,6条为竖线。在页注脚部分添加1个 RptLabel 控件 Label10,设置 Caption 属性值为"共 页"(注意:"共"和"页"之间有3个空格);再添加"总页码"(默认 Caption 属性值为%p)。添加过程如图9.34所

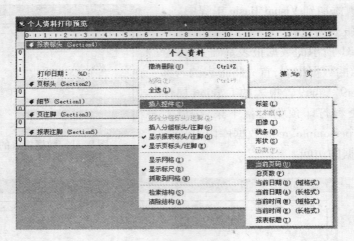

图 9.34　报表标头部分设计

示,控件的界面布局如图 9.32 所示。

4)细节部分的设计

在细节部分添加 5 个 RptText 控件 Text1、Text2、Text3、Text4、Text5,默认情况下这 5 个文本框显示"非绑定",分别设置它们的 DataMember 和 DataField 属性。首先将这 5 个文本框的 DataMember 属性值都设置为"COMD9",然后分别设置它们的 DataField 属性值为"P_ID"、"P_NAME"、"P_SPEC"、"P_CLASS"、"P_LOVER"。设计过程如图 9.35 所示。

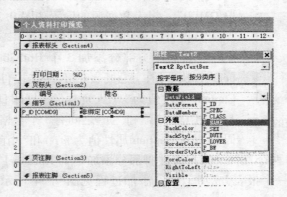

图 9.35　报表细节部分设计

7. 数据报表的预览

在 Frmdata 或 FrmADO 的窗体界面添加 1 个 Command 按钮,在这个按钮的 click 事件中编写代码"DRTper9. Show",然后保存文件,并运行程序。这时单击此 Command 按钮,则会出现图 9.36 所示的运行结果。

至此利用数据环境与数据报表我们已经能够进行数据的打印预览控制了。如果

编号	姓名	专业	班级	爱好
20050101001	李洪	软件技术（日语）	05级1班	画画、唱歌
20050101002	杨红	软件技术（日语）	05级1班	跳舞
20050102001	李洪	软件技术	05级2班	篮球
20050102002	张杨	软件技术	05级2班	音乐
20050102003	高杨	软件技术	05级2班	刺绣
20050102004	刘英	软件技术	05级2班	电子游戏

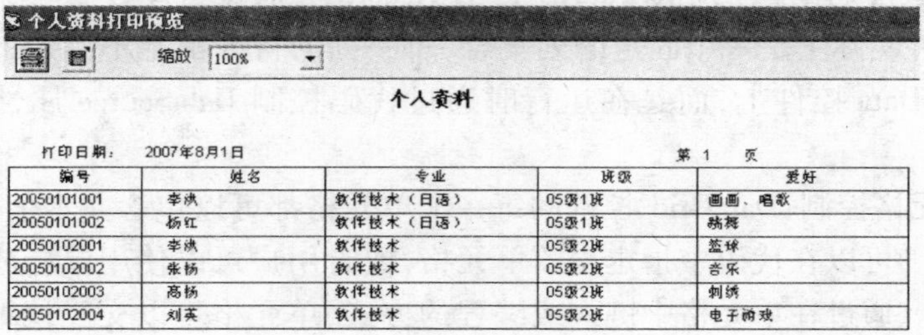

图 9.36 报表预览

想将此报表打印到打印纸上，单击图 9.36 中工具条上"打印机"图标按钮，就可以利用系统的打印设置功能。

除利用报表可以看到用户查询的数据外，还可以通过表格来浏览数据。下面分别用 DataGrid 和 MSHFlexGrid 表格控件来实现用户查询数据预览功能，然后再用报表直接输出到打印机上。

9.3.5 DataGrid 控件

1. DataGrid 控件的添加

首先在"工程"菜单中选择"部件..."命令，然后从弹出的"部件"对话框中选择"Micnosoft DataGrid Control 6.0"，单击"确定"按钮，这时 DataGrid 控件便显示在工具箱中，如图 9.37 所示。

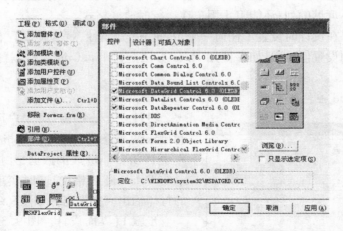

图 9.37 DataGrid 和 MSHFlexGrid 表格控件的添加

2. DataGrid 控件的功能

DataGrid 控件显示并允许对 Recordset 对象中代表记录和字段的一系列行和列进行数据操纵。

(1) DataSource 属性：用于设置 DataGrid 控件的 DataSource 属性为一个 Data 控

件,以自动填充该控件并且从 Data 控件的 Recordset 对象自动设置其列标头。这个 DataGrid 控件实际上是一个固定的列集合,每一列的行数都是不确定的。当然也可以不绑定在 Data 控件上,而是在运行时通过代码控制 DataSource 属性而给控件赋值。

(2)单元格控制:DataGrid 控件的每一个单元格都可以包含文本值,但不能链接或内嵌对象。可以在代码中指定当前单元格,或者用户可以使用鼠标或方向键在运行时改变它。通过在单元格中键入或编程的方式,单元格可以交互地编辑。单元格能够被单独地选定或按照行来选定。

如果文本太长,以至于不能在一个单元格中全部显示,则文本将在同一单元格内折行到下一行。要显示折行的文本,必须增加单元格的 Column 对象的 Width 属性和/或 DataGrid 控件的 RowHeight 属性。在设计时,可以通过调节列来交互地改变列宽度,或在 Column 对象的属性页中改变列宽度。

(3)行和列:使用 DataGrid 控件的 Columns 集合的 Count 属性和 Recordset 对象的 RecordCount 属性,可以决定控件中行和列的数目。DataGrid 控件可包含的行数取决于系统的资源,而列数最多可达 32 767 列。

选择一个单元格,则 ColIndex 属性被设置,也就是选择了 DataGrid 对象的 Columns 集合中的一个 Column 对象。Column 对象的 Text 和 Value 属性引用当前单元格的内容。使用 Bookmark 属性能够访问当前行的数据,它能够提供对下一级 Recordset 对象中记录的访问。DataGrid 控件中的每一列都有自己的字体、边框、自动换行、和另外一些与其他列无关的能够被设置的属性。在设计时,可以设置列宽和行高,并且建立对用户不可见的列;还能阻止用户在运行时改变格式。

但是如果在设计时设置了任何一个 DataGrid 列属性,就必须设置它的所有属性以保持当前的设置值,而且如果使用 Move 方法定位 DataGrid 控件,就必须使用 Refresh。

3. DataGrid 控件的使用

设计一个查询窗体,用户可以依据专业和班级两个条件,查询 personinfo. mdb 数据库中 PerInfo_tbl 表的数据,并把查询结果显示在 DataGrid 表格中,同时实现所查询数据的打印输出。查询窗体如图 9.38 所示。

步骤 1:界面设计。 图 9.38 中 DataGrid 控件的设计过程如下。

①添加 DataGrid 控件到窗体后,选中 DataGrid,单击鼠标右键弹出快捷菜单,选中"编辑"命令;再选中 DataGrid,单击鼠标右键弹出快捷菜单,选中"插入"命令。每插入一

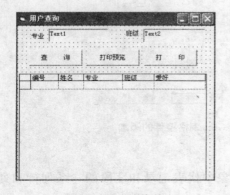

图 9.38   查询窗体

次会添加一列,这样重复添加,使表格具有 6 列。DataGrid 列表的添加见图 9.39 所示。

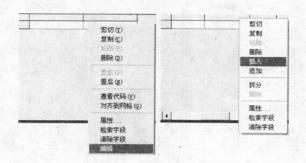

图 9.39　DataGrid 列表的添加

②选中 DataGrid,单击鼠标右键弹出快捷菜单,选中"属性…"命令,弹出"属性页"对话框,这时在"列"选项卡中会有加载的 6 列 Column0~Column5,如图 9.40 所示。

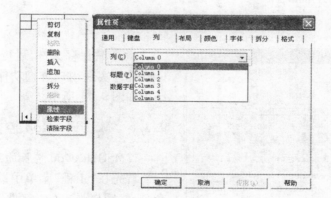

图 9.40　DataGrid 列的属性

③在列中依次选择列 Column0、Column1、Column2、Column3、Column4、Column5,并分别设置标题为"编号、姓名、专业、班级、爱好、是否班委";再分别设置这六列的数据字段是"P_ID、P_NAME、P_SPEC、P_CLASS、P_LOVER、P_BW",如图 9.41 所示。然后选中"布局"选项卡,将"列(C)"指向"Column5(P_BW)",将"可见"复选框取消,如图 9.42 所示。

在窗体中添加 2 个 Label、2 个 Text 和 3 个 Command 按钮,按照图 9.38 查询窗体所示的界面设计就可以了。

步骤 2:功能实现。在添加 3 个 Command 按钮时,把它们做成控件数组,编写其 click 事件代码如下:

```
Private Sub Cmdcx _ Click( Index As Integer)
```

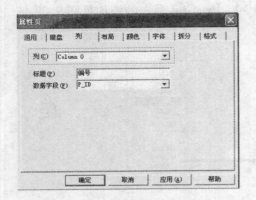

图 9.41　DataGrid 列的属性设置　　　　　图 9.42　DataGrid 列的隐藏设置

```
If Index = 1 Then                '打印预览功能
  DRTper9. Show
ElseIf Index = 2 Then            '直接打印功能(注意必须有相连的打印机)
  DRTper9. PrintReport
End If
End Sub
```

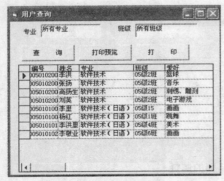

图 9.43　用 DataGrid 控件实现用户查询

步骤 3：保存文件，运行程序，用 Data-Grid 控件实现用户查询功能的程序，运行结果如图 9.43 所示。

9.3.6　MSHFlexGrid 控件

1. MSHFlexGrid 控件的添加

首先在"工程"菜单中选择"部件…"命令，然后从弹出的"部件"对话框中，选择" Microsoft Hierarchical FlexGrid Control 6.0 "，单击"确定"按钮，MSHFlexGrid 控件显示在工具箱中，如图 9.37 所示。

2. MSHFlexGrid 控件的功能

MSHFlexGrid（Microsoft Hierarchical FlexGrid）控件对表格数据进行显示和操作。在对包含字符串和图片的表格进行分类、合并以及格式化时，具有完全的灵活性。当绑定到 Data 控件上时，MSHFlexGrid 所显示的是只读数据。

可以将文本、图片，或者文本和图片，放在 MSHFlexGrid 的任意单元中。Row 和 Col 属性指定了 MSHFlexGrid 中的当前单元。可以在代码中指定当前单元；也可以在运行时，使用鼠标或者方向键来对其进行修改。Text 属性引用当前单元的内容。

如果单元的文本过长而不能在该单元中显示，而且 WordWrap 属性被设置为

True,那么文本就会换行到同一单元内的下一行。为了显示换行的文本,可能需要增加单元的列宽度(ColWidth 属性)或者行高度(RowHeight 属性)。

另外可以用 Cols 和 Rows 属性来决定 MSHFlexGrid 控件中的总列数和总行数。

3. MSHFlexGrid 控件的使用

步骤 1:界面设计。将图 9.38 所示的窗体界面中的 DataGrid1 控件换成 MSH-FlexGrid 控件,即可完成界面的设计。用 MSHFlex Grid 控件实现用户查询功能的窗体设计界面如图 9.44 所示。

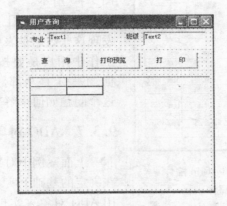

图 9.44 用 MSHFlexGrid 控件实现用户查询

设计 MSHFlexGrid 控件的 DataSource 属性为"MYDE9",DataMember 属性为"COMD9",如图 9.45 所示。

图 9.45 MSHFlexGrid
控件属性设置

步骤 2:功能实现。MSHFlexGrid 控件的使用需要编写功能代码,在运行时可见效果。

窗体加载时对 MSHFlexGrid 控件进行初始化,代码如下:

```
Private Sub Form _ Load( )
    With MSHFlexGrid1
        . Rows = 10                  '设置表格的行数为 10 行
        . Cols = 7                   '设置表格的列数为 7 列(索引为 0 ~ 6)
    End With

    With MSHFlexGrid1
        . TextMatrix(0, 1) = "编号"    '设置 0 行 1 列单元格的文本为编号
        . TextMatrix(0, 2) = "姓名"    '设置 0 行 2 列单元格的文本为姓名
        . TextMatrix(0, 3) = "专业"    '设置 0 行 3 列单元格的文本为专业
        . TextMatrix(0, 4) = "班级"    '设置 0 行 4 列单元格的文本为班级
        . TextMatrix(0, 5) = "爱好"    '设置 0 行 5 列单元格的文本为爱好
        . TextMatrix(0, 6) = "是否班委" '设置 0 行 6 列单元格的文本为是否班委
```

```
        .ColWidth(6) = 0                    '隐藏表格的第7列
      End With

      Text1.Text = "所有专业"
      Text2.Text = "所有班级"
    End Sub
```

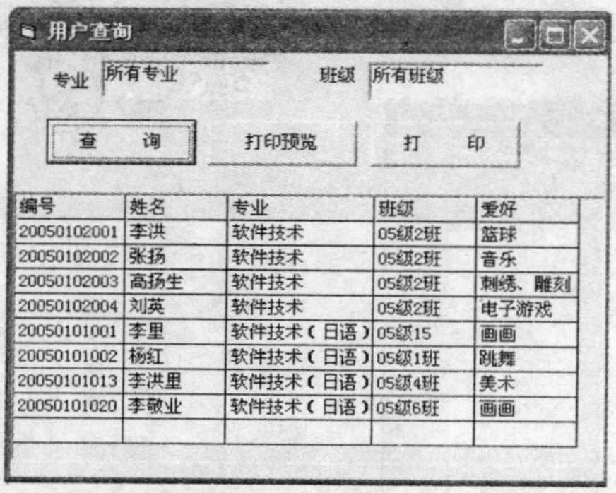

步骤 3：保存文件，运行程序，结果如图 9.46 所示。

仔细观察以上案例中显示的数据，会发现这些数据是表中的所有记录。而实际工作中用户是要按照需求查询想要的数据，不一定是全部数据，然后再打印出来。这个问题如何来解决呢？

**图 9.46　用 MSHFlexGrid 控件
实现查询窗体**

9.3.7　ADO 对象

上面案例中对数据库的访问均是建立在绑定的基础上实现的，用起来极不方便。用 ADO 对象来实现对数据库的访问就方便多了。

1. ADO 编程模型

连接、命令、参数、记录集、字段、错误、属性、集合、事件是 ADO 编程模型中的关键部分。

1）连接

通过"连接"可从应用程序访问数据源，连接是交换数据所必需的环境。通过如 IIS（Internet Information Server）等媒介，应用程序可直接（有时称为双层系统）或间接（有时称为三层系统）访问数据源。对象模型使用 Connection 对象使连接概念得以具体化。

"事务"用于界定在连接过程中发生的一系列数据访问操作的开始和结束。ADO 可明确事务中操作造成对数据源的更改或者成功发生，或者根本没有发生。如果取消事务或它的一个操作失败，最终的结果将仿佛是事务中的操作均未发生，数据源将会保持事务开始以前的状态。对象模型无法清楚地体现出事务的概念，而是用一组 Connection 对象方法来表示事务开始 BeginTrans、事务结束 CommitTrans 或事务取消 RollbackTrans。

2）命令

通过已建立的连接发出的"命令"可以某种方式来操作数据源。一般情况下，命令可以在数据源中添加、删除或更新数据，或者在表中以行的格式检索数据。

对象模型用 Command 对象来体现命令概念。使用 Command 对象可使 ADO 优化命令的执行。

3）参数

通常命令需要的变量部分（即"参数"），可以在命令发布之前进行更改。例如，可重复发出相同的数据检索命令，但每一次均可更改指定的检索信息。

参数对与函数活动相同的可执行命令非常有用，这样就可知道命令是做什么的，但不必知道它如何工作。例如，发出一项银行过户命令，从一方借出贷给另一方，可将要过户的款额设置为参数。

对象模型用 Parameter 对象来体现参数概念。

4）记录集

如果命令是在表中按信息行返回数据的查询（行返回查询），则这些行将会存储在本地。

对象模型将该存储体现为 Recordset 对象。但是，不存在仅代表单独一个 Recordset 行的对象。

记录集是在行中检查和修改数据最主要的方法。Recordset 对象用于：

（1）指定可以检查的行；

（2）移动行；

（3）指定移动行的顺序；

（4）添加、更改或删除行；

（5）通过更改行更新数据源；

（6）管理全部 Recordset 状态。

5）字段

一个记录集行包含一个或多个"字段"。如果将记录集看作二维网格，字段将排列构成"列"。每一字段（列）都分别包含有名称、数据类型和值的属性，在值中包含了来自数据源的真实数据。

对象模型以 Field 对象体现字段。

要修改数据源中的数据，可在记录集行中修改 Field 对象的值，对记录集的更改最终被传送给数据源。作为选项，Connection 对象的事务管理方法能够可靠地保证更改要么全部成功，要么全部失败。

6）错误

错误随时可在应用程序中发生，通常是由于无法建立连接、执行命令或对某些状态（例如，试图使用没有初始化的记录集）的对象进行操作。

对象模型以 Error 对象体现错误。

任意给定的错误都会产生一个或多个 Error 对象，随后产生的错误将会放弃先前的 Error 对象组。

7）属性

每个 ADO 对象都有一组唯一的"属性"来描述或控制对象的行为。

属性有内置和动态两种类型。内置属性是 ADO 对象的一部分并且随时可用。动态属性则由特别的数据提供者添加到 ADO 对象的属性集合中,仅在提供者被使用时才能存在。

对象模型以 Property 对象体现属性。

8)集合

ADO 提供"集合",这是一种可方便地包含其他特殊类型对象的对象类型。使用集合方法可按名称(文本字符串)或序号(整型数)对集合中的对象进行检索。

ADO 提供四种类型的集合:

(1)Connection 对象具有 Errors 集合,包含为响应与数据源有关的单一错误而创建的所有 Error 对象;

(2)Command 对象具有 Parameters 集合,包含应用于 Command 对象的所有 Parameter 对象;

(3)Recordset 对象具有 Fields 集合,包含所有定义 Recordset 对象列的 Field 对象;

(4)此外,Connection、Command、Recordset 和 Field 对象都具有 Properties 集合。它包含所有属于各个包含对象的 Property 对象。

ADO 对象拥有可在其上使用的诸如"整型"、"字符型"或"布尔型"这样的普通数据类型来设置或检索值的属性。然而,有必要将某些属性看成是数据类型"COLLECTION OBJECT"的返回值。相应地,集合对象具有存储和检索适合该集合的其他对象的方法。

例如,可认为 Recordset 对象具有能够返回集合对象的 Properties 属性。该集合对象具有存储和检索描述 Recordset 性质的 Property 对象的方法。

9)事件

ADO 2.0 将"事件"的概念引入编程模型。事件是对将要发生或已经发生的某些操作的通知。一般情况下,可用事件高效地编写包含几个异步任务的应用程序。

对象模型无法显式体现事件,只能在调用事件处理程序例程时表现出来。

在操作开始之前调用的事件处理程序便于对操作参数进行检查或修改,然后取消或允许操作完成。

操作完成后调用的事件处理程序在异步操作完成后进行通知。ADO 2.0 引入了一些增强的异步操作并可以有选择地执行。例如,用于启动异步 Recordset.Open 操作的应用程序将在操作结束时得到执行完成事件的通知。

ADO 有以下两种事件。

(1)ConnectionEvents:当连接中的事务开始、被提交或被回卷时,当 Commands 执行时,和当 Connections 开始或结束时产生的事件。

(2)RecordsetEvents:当在 Recordset 对象的行中进行定位,更改记录集行中的字段,更改记录集中的行,或在整个记录集中进行更改时,所产生的用于报告数据检索进程的事件。

ADO 的目标是访问、编辑和更新数据源,而编程模型体现了为完成该目标所必需的系列动作的顺序。ADO 提供类和对象以完成以下活动。

- 连接到数据源(Connection)。可选择开始一个事务。
- 可选择创建对象来表示 SQL 命令(Command)。
- 可选择在 SQL 命令中指定列、表和值作为变量参数(Parameter)。
- 执行命令(Command、Connection 或 Recordset)。
- 如果命令按行返回,则将行存储在缓存中(Recordset)。
- 可选择创建缓存视图,以便能对数据进行排序、筛选和定位(Recordset)。
- 通过添加、删除或更改行和列编辑数据(Recordset)。
- 在适当情况下,使用缓存中的更改内容来更新数据源(Recordset)。
- 在使用事务之后,可以接受或拒绝在事务期间所作的更改,然后结束事务(Connection)。

10)ADO 对象总结

ADO 对象总结如表9.3 所示。

表9.3　ADO 对象

对　　象	说　　明
Connection	启用数据的交换
Command	包含 SQL 语句
Parameter	包含 SQL 语句参数
Recordset	启用数据的定位和操作
Field	包含 Recordset 对象列
Error	包含连接错误
Property	包含 ADO 对象特性

11)ADO 集合总结

ADO 集合总结如表9.4 所示。

表9.4　ADO 集合

集　　合	说　　明
Error	所有为响应单个连接错误而创建的 Error 对象
Parameter	所有与 Command 对象关联的 Parameter 对象
Fields	所有与 Recordset 对象关联的 Field 对象
Properties	所有与 Connection、Command、Recordset 或 Field 对象关联的 Property 对象

2. 常用 ADO 编程技巧

利用 ADO 对象实现图 9.1 的"上一条"、"下一条"、"录入"、"修改"、"删除"5

个按钮的功能的部分代码如下。

- 窗体加载事件

```
Private Sub Form _ Load( )
Public cn As New ADODB. Connection          '声明共有连接对象 cn
Public rs As ADODB. Recordset               '声明共有记录集对象 rs
    cn. ConnectionString = "Provider = Microsoft. Jet. OLEDB. 4. 0;Data Source = " _
    & App. Path & "\personinfo. mdb;Persist Security Info = False"
    cn. Open                                '打开连接
    Set rs = New ADODB. Recordset           '创建一个新的记录集对象
    '通过连接 cn,以键集、更新锁向表中查询所有字段中数据,返回到记录集 rs 中
    rs. Open "select • from PerInfo _ tbl", cn, adOpenKeyset, adLockOptimistic
    If rs. BOF = True And rs. EOF = True Then    '判断是否有记录
        MsgBox "记录集中没有记录!", , "提示"
    Else
        rs. MoveFirst                       '指针移到第一条记录,向控件中依次添加数据
        Text1. Text = rs. Fields("P _ ID")      '编号字段
        Combo1. Text = rs. Fields("P _ SPEC")   '专业字段
        ……
    End If
End Sub
```

- 上一条

```
Private Sub Cmdprivous _ Click( )
    rs. MovePrevious                        '指针不在记录头,则将指针向上移一条记录
    Text1. Text = rs. Fields("P _ ID")          '编号
    Combo1. Text = rs. Fields("P _ SPEC")       '专业
    ……
End Sub
```

- 下一条

```
Private Sub Cmdnext _ Click( )
    rs. MoveNext                            '指针不在记录尾,则将指针向下移一条记录
    Text1. Text = rs. Fields("P _ ID")          '编号
    Combo1. Text = rs. Fields("P _ SPEC")       '专业
    ……
End Sub
```

- 录入

```
Private Sub Cmdaddnew _ Click( )
    On Error GoTo line1                     '遇到错误跳转到 line1
    cn. BeginTrans                          '事务开始
    rs. AddNew                              '向表中添加一条新记录
```

```
    rs. Fields("P _ ID") = Text1. Text                '编号
    rs. Fields("P _ SPEC") = Combo1. Text             '专业
    ……
    rs. Update                                        '数据更新
    cn. CommitTrans                                   '事务结束
    MsgBox "保存成功!", , "提示"
    Exit Sub                                          '跳出 sub
line1:
    cn. RollbackTrans                                 '事务取消
    MsgBox "保存失败!", , "提示"
End Sub
```

• 修改

```
Private Sub Cmdupdate _ Click()
    rs. Fields("P _ SPEC") = Combo1. Text             '专业
    ……
    rs. Update                                        '更新当前记录
    MsgBox "修改成功!", , "提示"
End Sub
```

• 删除

```
Private Sub Cmddelete _ Click()
    rs. Delete
    MsgBox "删除成功!", , "提示"
                                                      '清空
    Text1. Text = ""
    Text2. Text = ""
    ……
End Sub
```

9.4 本章案例实现

本节利用 ADODB 对象实现 9.1 节中要完成的案例——个人信息管理系统的界面设计。(参考图 9.1、图 9.2、图 9.3)

1. 系统设计

1) 工程文件的建立

在打开 VB 6.0 应用程序时,选择工程为"数据工程"(数据工程中自动添加 1 个 Form、1 个数据环境、1 个数据报表,工具箱中自动添加 ADODC、DataGrid 和 MSHFlex-Grid 表格控件),将 Form 改名为"frmsys";然后添加 1 个窗体,改名为"frmquery",添加 1 个模块,改名为"myModule",从"工程资源管理器"窗口中移出数据环境,将数据报表改名为"DRTper9";然后把工程及工程中的所有文件,以及数据库 personinfo. mdb 保存在同一个文件夹中。

2)Frmsys 窗体的设计

设计的 Frmsys 窗体如图 9.47 所示。

3)Frmquery 窗体的设计

查询条件中的专业为 Combo1、班级为 List1,表格为 MSHFlexGrid1。设计的 Frmquery 窗体如图 9.48 所示。

4)DRTper9 报表的设计

数据报表如图 9.32 所示,但是要将 DataSource 和 DataMeber 属性设置为空。

5)myModule 模块的设计

在此部分添加如下代码:

```
Public cn As New ADODB. Connection        '声明共有连接对象 cn
Public rs As ADODB. Recordset             '声明共有记录集对象 rs
Sub main( )
    '连接对象的字符串赋值,此字符串可用 ADO 控件生成复制过来,改成相对路径即可
    cn. ConnectionString = "Provider = Microsoft. Jet. OLEDB. 4. 0;Data Source =" _
        & App. Path & "\personinfo. mdb;Persist Security Info = False"
    cn. Open                               '打开连接
    frmsys. Show                           '加载第一个运行窗体 frmsys
End Sub
```

6)工程启动对象的设置

在"工程"菜单的"属性"子菜单中设置启动对象为"Sub main"。

图 9.47　Frmsys 窗体的设计图

图 9.48　Frmquery 窗体的设计

2. 代码编制

1)Frmsys 窗体的代码实现

- 窗体加载事件:实现窗体中控件值的初始化。代码如下:

```
Private Sub Form _ Load( )
'控件初始化
```

```
'清空文本
Text1. Text = ""
Text2. Text = ""
Text3. Text = ""
'Combo1 专业初始化
Combo1. Clear                                  '清空控件中的值
Set rs = New ADODB. Recordset                  '创建一个新的记录集对象
'通过连接 cn、以静态游标只读锁向表中查询 P_SPEC 字段中不重复的数据,返回到记录集
  rs 中
rs. Open "select distinct P_SPEC from PerInfo_tbl", cn, adOpenStatic, adLockReadOnly
   If rs. RecordCount > 0 Then                  '判断记录集中是否有记录
     rs. MoveFirst                              '有记录将指针指向第一条记录
                                                '循环加载数据值到 Combo1 中
   While Not rs. EOF    '判断指针是否到记录尾,若不在记录尾,则向 Combo1 中添加数据值
     Combo1. AddItem rs. Fields(0). Value
       rs. MoveNext                             '指针下移一行
   Wend
   End If
   rs. Close                                    '关闭记录集
   Combo2. Clear
rs. Open "select distinct P_CLASS from PerInfo_tbl", cn, adOpenStatic, adLock    ReadOnly
   If rs. RecordCount > 0 Then
     rs. MoveFirst
     While Not rs. EOF
       Combo2. AddItem rs. Fields(0). Value
       rs. MoveNext
     Wend
   End If
   rs. Close
   '通过连接 cn,以键集、更新锁向表中查询所有字段中数据,返回到记录集 rs 中
   rs. Open "select * from PerInfo_tbl", cn, adOpenKeyset, adLockOptimistic
   If rs. BOF = True And rs. EOF = True Then    '判断是否有记录
     MsgBox "记录集中没有记录!", , "提示"
   Else
     '指针移到第一条记录,向控件中依次添加数据
   rs. MoveFirst
   Text1. Text = rs. Fields("P_ID")             '编号
   Combo1. Text = rs. Fields("P_SPEC")          '专业
   Combo2. Text = rs. Fields("P_CLASS")         '班级
```

```
        Text2. Text = rs. Fields("P _ NAME")              '姓名
        If rs. Fields("P _ BW"). Value = True Then        '是否班委
            Check1. Value = 1                             '是班委
        Else
            Check1. Value = 0
        End If
        Text3. Text = rs. Fields("P _ LOVER")             '爱好
    End If
End Sub
```

- "上一条"按钮单击事件:实现记录的向上一条浏览功能。代码如下:

```
Private Sub Cmdprivous _ Click( )
    If rs. BOF = False Or rs. EOF = False Then        '判断记录集是否有记录
        If rs. BOF = False Then                       '判断指针是否在记录头
                                                      '指针不在记录头,则将指针向上移一条记录
            rs. MovePrevious
            If rs. BOF = True Then                             '再次判断指针是否在记录头
                MsgBox "已经是第一条记录!", , "提示"
            Else
                                                      '指针不在记录头,向控件中依次添加数据
                Text1. Text = rs. Fields("P _ ID")            '编号
                Combo1. Text = rs. Fields("P _ SPEC")         '专业
                Combo2. Text = rs. Fields("P _ CLASS")        '班级
                Text2. Text = rs. Fields("P _ NAME")          '姓名
                If rs. Fields("P _ BW"). Value = True Then     '是否班委
                    Check1. Value = 1                         '是班委
                Else
                    Check1. Value = 0
                End If
                Text3. Text = rs. Fields("P _ LOVER")         '爱好
            End If
        End If
    End If
End Sub
```

- "下一条"按钮单击事件:实现记录的向下一条浏览功能。代码如下:

```
Private Sub Cmdnext _ Click( )
    If rs. BOF = False Or rs. EOF = False Then        '判断记录集是否有记录
        If rs. EOF = False Then                       '判断指针是否在记录尾
            rs. MoveNext                              '指针不在记录尾则将指针下移一条记录
            If rs. EOF = True Then                            '再次判断指针是否在记录尾
```

```
            MsgBox "已经是最后一条记录!",,"提示"
        Else                                    '指针不在记录尾,向控件中依次添加数据
            Text1.Text = rs.Fields("P_ID")          '编号
            Combo1.Text = rs.Fields("P_SPEC")        '专业
            Combo2.Text = rs.Fields("P_CLASS")       '班级
            Text2.Text = rs.Fields("P_NAME")         '姓名
            If rs.Fields("P_BW").Value = True Then    '是否班委
                Check1.Value = 1                      '是班委
            Else
                Check1.Value = 0
            End If
            Text3.Text = rs.Fields("P_LOVER")        '爱好
        End If
    End If
End If
End Sub
```

- **"第一条"按钮单击事件**:实现直接浏览到第一条记录的功能。代码如下:

```
Private Sub Cmdfirst_Click()
    If rs.BOF = False Or rs.EOF = False Then    '判断记录集是否有记录
        rs.MoveFirst                            '指针移到第一条记录
        Text1.Text = rs.Fields("P_ID")          '编号
        Combo1.Text = rs.Fields("P_SPEC")        '专业
        Combo2.Text = rs.Fields("P_CLASS")       '班级
        Text2.Text = rs.Fields("P_NAME")         '姓名
        If rs.Fields("P_BW").Value = True Then    '是否班委
            Check1.Value = 1                      '是班委
        Else
            Check1.Value = 0
        End If
        Text3.Text = rs.Fields("P_LOVER")        '爱好
    End If
End Sub
```

- **"最后一条"按钮单击事件**:实现直接浏览到最后一条记录的功能。代码如下:

```
Private Sub Cmdlast_Click()
    If rs.BOF = False Or rs.EOF = False Then    '判断记录集是否有记录
        If rs.EOF = False Then                  '判断指针是否在记录尾
            rs.MoveLast                         '指针移到最后一条记录
            Text1.Text = rs.Fields("P_ID")          '编号
            Combo1.Text = rs.Fields("P_SPEC")        '专业
```

```
    Combo2.Text = rs.Fields("P_CLASS")              '班级
    Text2.Text = rs.Fields("P_NAME")               '姓名
    If rs.Fields("P_BW").Value = True Then          '是否班委
      Check1.Value = 1                              '是班委
    Else
      Check1.Value = 0
    End If
    Text3.Text = rs.Fields("P_LOVER")              '爱好
    End If
  End If
End Sub
```

- "录入"按钮单击事件:实现将一条新记录写到数据库的表中功能。代码如下:

```
Private Sub Cmdaddnew_Click()
  rs.AddNew                                        '向表中添加一条新记录
  rs.Fields("P_ID") = Text1.Text                   '编号
  rs.Fields("P_SPEC") = Combo1.Text                '专业
  rs.Fields("P_CLASS") = Combo2.Text               '班级
  rs.Fields("P_NAME") = Text2.Text                 '姓名
  If Check1.Value = 1 Then                          '是否班委
    rs.Fields("P_BW").Value = True                  '是班委
  Else
    rs.Fields("P_BW").Value = False
  End If
  rs.Fields("P_LOVER") = Text3.Text               '爱好
  rs.Update                                        '数据更新
  MsgBox "保存成功!", , "提示"
End Sub
```

- "修改"按钮单击事件:实现将当前一条记录在数据库的表中更新功能。代码如下:

```
Private Sub Cmdupdate_Click()
  rs.Fields("P_SPEC") = Combo1.Text                '专业
  rs.Fields("P_CLASS") = Combo2.Text               '班级
  rs.Fields("P_NAME") = Text2.Text                 '姓名
  If Check1.Value = 1 Then                          '是否班委
    rs.Fields("P_BW").Value = True                  '是班委
  Else
    rs.Fields("P_BW").Value = False
  End If
  rs.Fields("P_LOVER") = Text3.Text               '爱好
  rs.Update                                        '更新当前记录
```

```
    MsgBox "修改成功!", , "提示"
End Sub
```

- "删除"按钮单击事件:实现将当前记录从数据库的表中删除掉功能。代码如下:

```
Private Sub Cmddelete _ Click( )
    rs. Delete
    MsgBox "删除成功!", , "提示"
                                                    '清空
    Text1. Text = ""
    Text2. Text = ""
    Text3. Text = ""
    Combo1. Text = ""
    Combo2. Text = ""
End Sub
```

- "查询"按钮单击事件:实现加载 Frmquery 窗体功能。代码如下:

```
Private Sub CmdQuery _ Click( )
    Frmquery. Show                          '加载查询窗体
    Me. Hide                                '隐藏当前窗体
End Sub
```

- "退出"按钮单击事件:实现系统关闭功能。代码如下:

```
Private Sub Cmdexit _ Click( )
    rs. Close
    Set rs = Nothing
    End
End Sub
```

2) Frmquery 窗体的代码实现

- 窗体加载事件:实现窗体中控件值的初始化。代码如下:

```
Private Sub Form _ Load( )
    Combo1. Clear
    Set rs = New ADODB. Recordset
    rs. Open "select distinct P _ SPEC from PerInfo _ tbl", cn, adOpenStatic, adLockReadOnly
    If rs. RecordCount > 0 Then
        Combo1. AddItem "所有专业"
        rs. MoveFirst
        While Not rs. EOF
            Combo1. AddItem rs. Fields(0). Value
            rs. MoveNext
        Wend
        Combo1. ListIndex = 0
    End If
```

```
        rs. Close
        List1. Clear
        rs. Open "select distinct P _ CLASS from PerInfo _ tbl", cn, adOpenStatic, adLockReadOnly
        If rs. RecordCount > 0 Then
            List1. AddItem "所有班级"
            rs. MoveFirst
            While Not rs. EOF
                List1. AddItem rs. Fields(0). Value
                rs. MoveNext
            Wend
        End If
        With MSHFlexGrid1
            . Rows = 2
            . Cols = 7
        End With

        With MSHFlexGrid1
            . TextMatrix(0, 1) = "编号"
            . TextMatrix(0, 2) = "姓名"
            . TextMatrix(0, 3) = "专业"
            . TextMatrix(0, 4) = "班级"
            . TextMatrix(0, 5) = "爱好"
            . TextMatrix(0, 6) = "是否班委"
            . ColWidth(6) = 0
        End With
    End Sub
```

• "查询"、"打印预览"按钮单击事件：实现根据查询条件，预览查询结果，并以
报表形式输出。代码如下：

```
Private Sub Cmdcx _ Click( Index As Integer)
    Dim i, j, k As Integer
    Dim strcx As String                      '查询条件
    If Index = 1 Then                        '打印预览
        If Combo1. Text = "所有专业" Then
        Else
            strcx = " where P _ SPEC ='" & Combo1. Text & "'"
        End If
        If List1. List( List1. ListIndex) = "所有班级" Then
        Else
            If strcx = "" Then
```

```
            strcx = " where P _ CLASS = '" & List1. List( List1. ListIndex)& "'"
        Else
            strcx = strcx & " and P _ CLASS = '" & List1. List( List1. ListIndex)& "'"
        End If
    End If
    rs. Close
    rs. Open "select * from PerInfo _ tbl" & strcx, cn, adOpenStatic, adLockReadOnly
    If rs. RecordCount > 0 Then
        rs. MoveFirst
        Set DRTper9. DataSource = rs
        DRTper9. Show
    End If
Else                                            '查询
    If Combo1. Text = "所有专业" Then
    Else
        strcx = " where P _ SPEC = '" & Combo1. Text & "'"
    End If
    If List1. List( List1. ListIndex) = "所有班级" Then
    Else
        If strcx = "" Then
            strcx = " where P _ CLASS = '" & List1. List( List1. ListIndex)& "'"
        Else
            strcx = strcx & " and P _ CLASS = '" & List1. List( List1. ListIndex)& "'"
        End If
    End If
    rs. Close
    rs. Open "select * from PerInfo _ tbl" & strcx, cn, adOpenStatic, adLockReadOnly
    If rs. RecordCount > 0 Then
        MSHFlexGrid1. Rows = rs. RecordCount + 1
        rs. MoveFirst
        While Not rs. EOF
            i = i + 1                            '改变行值
            k = 0
            For j = 1 To 6                       '给每一行的每一个单元格赋值
                MSHFlexGrid1. TextMatrix( i, j) = rs. Fields( k)& ""
                k = k + 1
            Next j
            rs. MoveNext
        Wend
```

```
        End If
      End If
    End Sub
```

3. 保存文件,运行工程

运行结果如图 9.49、图 9.50 所示。

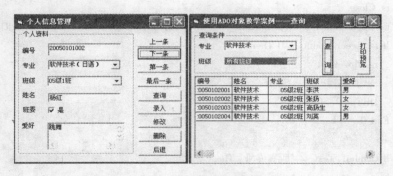

图 9.49　个人信息及根据条件查询结果浏览

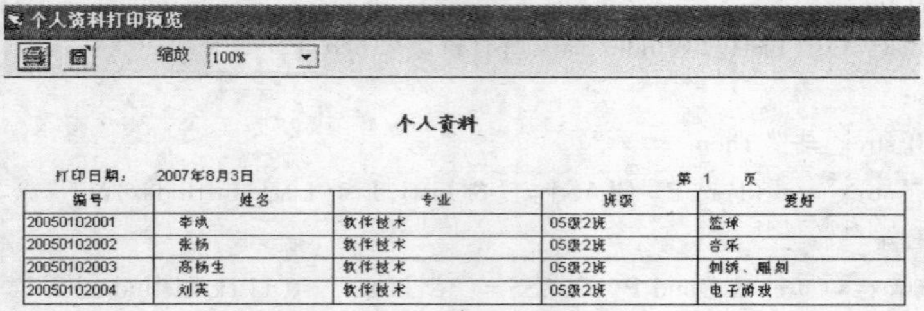

图 9.50　根据条件打印预览数据

本章小结

  本章首先介绍了常用的数据库访问方式、ADO 对象的编程思想,以及 ADO 的连接、命令、参数、记录集、字段几个对象的功能及用法;然后分别介绍了利用 DATA 控件、ADO 控件和 ADO 对象 3 种方式实现本章案例中对数据库的访问。本章以案例实现为主线穿插介绍了数据环境、数据表格控件和数据报表的设计和使用方法。

  其中 ADO 和数据环境的综合应用实现了案例的功能,但绑定的局限性较为明显;为达到灵活对数据库进行访问,利用 ADO 对象控制对数据库的读写,利用控件进行多条件查询,将查询结果显示在数据表格控件中,并且通过设计好的报表进行报表的输出。

  本章在 VB 对数据库设计开发的知识内容和使用技巧方面介绍得比较全面,学完本章,读者已经可以设计开发一个小型独立的信息管理系统了。

思考题与习题 9

一、填空题

1._____是进入 OLE DB 的接口,借助它,VB 就可以利用 UDA(通用数据访问)的优点。

2.ADO 控件中的_____属性是用来设置语句或返回一个记录集的查询。

3.使用_____可以创建 Connection 、Command ,以及基于 Command 对象的一个分组,或通过与一个或多个 Command 对象相关来创建 command 的层次结构,并为报表提供数据源。

4.缺省的数据报表设计器包含_____、_____、_____、_____、_____、_____、_____ 7 部分。

5.可以用_____和_____属性来决定 MSHFlexGrid 控件中的列数和行数。

二、选择题

1.ADO 编程模型中的关键部分有(多选)_____。

A.命令　　　　　B.记录集　　　　C.对象　　　　D.连接字符串

2.ADO 对象模型无法清楚地体现出事务的概念,而是用一组 Connection 对象方法来表示事务的,事务开始的命令是_____。

A.RollbackTrans　B.CommitTrans　C.BeginTrans　　D.Connection

3.ADO 对象模型以_____对象体现字段_____。

A.Field　　　　　B.Command　　　C.Recordset　　D.Connection

4.当一个新的数据报表设计器被添加到一个工程时,将自动地被放置在名为DataReport 的"工具箱"选项卡中的控件有_____。

A.TextBox　　　　B.RptLabel　　　C.Image　　　　D.Line

5.通过调用_____方法,以编程方式打印一个报表,使用_____方法导出数据报表信息。

A.PrintReport　　B.Show　　　　　C.ExportReport　D.Show Report

三、简述题

1.简述 ADO 控件的添加、使用和与数据库连接的步骤。

2.简述 ADO 对象的功能及其用法。

3.在一新建 VB 工程中用 ADO 控件连接 Access 2000 数据库。

4.在一新建 VB 工程中添加 MSFlexGrid 表格,并将 Access 2000 数据库表中的数据显示在表格中。

5.在一新建 VB 工程中用 ADO 控件连接 SQL Server 2000 数据库。

四、程序设计题

将 9.1 节中本章要完成的案例改为 SQL Server 数据库,完成的功能相同,但是要求在数据库中创建 5 个存储过程：

（1）在表中查询指定专业的班级名称，并返回班级名称；

（2）在表中查询指定的专业和班级名称，返回符合条件的记录；

（3）向表中添加一条新记录；

（4）修改表中指定编号的人的记录；

（5）删除表中指定编号的人的记录。

利用这 5 个存储过程，完成"录入"、"修改"、"删除"、"查询"、"打印"按钮的功能。

实验 9   个人信息管理系统——与数据库相关部分的功能实现

一、实验目的

在原有实训项目的基础上，掌握用 ADO 技术（控件或对象）实现对数据库、表的访问，能够实现数据的报表输出。

二、实验内容及要求

1. 任务

实现个人信息管理系统中个人信息的浏览、录入、修改、删除、查询、打印预览功能。

2. 操作步骤

（1）在数据库 personinfo. mdb 中添加表 user _ tbl 并添加两条记录。

①用户表设计分析。用户表中必须包含用户名称和用户密码，通过用户名称与密码的验证来对系统使用进行限制。但在这里要考虑一种特殊情况，即两个用户的名称与密码恰巧相同，这样两个用户就无法区分了，因此为了保证记录的唯一性，必须添加一个字段，建议在表中添加用户编号，让每个用户拥有不同的编号，并且把这个字段设成主键。主键字段存储的数据可以以自动编号的形式添加，在用户界面不使用用户编号判断登录用户，故把主键字段设成标识列。

②用户表实现。数据库 personinfo. mdb 中添加表 user _ tbl，表结构如图 9.51 所示。

图 9.51   user _ tbl 表结构

③在用户表中添加两条记录。参考内容如表 9.5 所示。

表9.5　在用户表中添加记录

序号	用户名	用户密码
1	ADMIN	ADMIN
2	user	123

提示："序号"一列不是 u_id 字段内的值，而是自动编号列，它是不允许用户直接编辑数据的，数据在当前记录被存储时自动由系统产生。

（2）实现登录窗体的校验用户名和密码的功能。

①登录窗体界面的设计分析。在登录窗体中最关键的人机交互功能就是用户名、用户密码和提交验证的功能。

通常情况下用户的名称如果能够由系统自动给出的话，会大大增加经常使用的用户操作的简捷性，同时把用户名按照升序排列，这样即使不是经常使用的用户也能很快了解设计者为其提供的方便用意。故可将用户名称的人机交互控件设计为组合框，并在窗体初始化时自动加载数据库用户表中的用户名称。

用户密码的输入随机性很强，无规律可循，同时还要把密码隐藏，故在设计密码输入控件时选择文本框，同时将 PasswordChar 属性设置为"＊"。

人机交互命令按钮"登录"和"退出"选择命令按钮即可。

界面设计除了要考虑功能的实用性外，还要考虑界面的美观性，但这不是必需的，设计者可根据系统的使用领域、使用者的环境，以及对色彩的偏爱和眼睛的舒适度去设计，在这里不做统一要求。

②登录窗体界面的实现。参考界面如图9.52所示。

③登录窗体功能要求如下。

• 窗体加载功能：当窗体加载后，user _ tbl 表中所有用户名被自动添加到 combo 控件中，并清除密码 text 框中的内容。

• "登录"按钮功能：当单击"登录"按钮时，将用户输入的"用户名"和"密码"同时进行验证，如果存在此用户，密码也正确，则允许用户登录，

图9.52　登录界面

并将本窗体卸载，同时加载信息管理窗体；如果用户名不正确，则利用对话框通知用户"用户名输入错误，请重新输入！"；如果密码不正确，则利用对话框通知用户"密码输入错误，请重新输入！"；不管用户名错误还是密码错误，都不允许用户登录，而且每个用户只有三次登录机会，如果超过三次，则不允许用户登录系统并自动关闭系统。

• 退出按钮功能：当单击"退出"按钮时，关闭整个系统。

（3）实现信息管理界面的"上一条、下一条、第一条、最后一条"和"录入、修改、删除、查询、后退"功能。

①信息管理窗体的界面设计参考图9.53。

图9.53 信息管理界面

②信息管理功能分析及要求如下。

· 窗体加载功能：实现窗体中控件值的初始化，自动加载表中不重复的专业到 combo1 中，加载表中不重复的专业名称到 combo2 中。

· combo1 的单击事件功能：当用户选择一个专业时，先清空 combo2 中的专业名称，然后向 combo2 中加载表中用户所选专业下的所有班级名称。

· "上一条"按钮单击事件：实现记录的向上一条浏览功能。

· "下一条"按钮单击事件：实现记录的向下一条浏览功能。

· "第一条"按钮单击事件：实现直接浏览到第一条记录的功能。

· "最后一条"按钮单击事件：实现直接浏览到最后一条记录的功能。

· "录入"按钮单击事件：实现将一条新记录写到数据库的表中功能。

· "修改"按钮单击事件：实现将当前一条记录在数据库的表中更新功能。

· "删除"按钮单击事件：实现将当前记录从数据库的表中删除掉功能。

· "查询"按钮单击事件：实现切换 SSTab 控件到查询界面，并隐藏工具条中"录入、修改、删除、查询"按钮的功能。

· "后退"按钮单击事件：实现系统关闭功能。

（4）建立个人信息查询窗体界面，利用表格控件，根据查询条件对数据进行筛选,并把符合条件的记录添加到表格控件中,同时实现对报表的调用。

①信息查询窗体界面设计如图9.54所示,要与信息管理窗体在一起,设计时只是将SSTab选项卡的第二页设计成信息查询的功能。

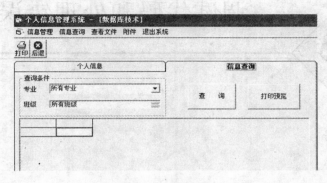

图9.54 查询界面

②信息查询窗体功能要求如下。

• 查询按钮功能:利用表格控件,根据查询条件对数据进行筛选,并把符合条件的记录添加到表格控件中显示。

• 打印预览按钮功能:实现将查询结果显示到报表中,并可以调用报表。

(5)设计报表,根据查询结果做打印预览输出。

要求输出所有字段的内容,并在报表中设有打印日期、当前页码和总页码。

(6)运行程序调试代码,保存文件。

调试代码和处理错误

10

☞ **本章知识导引**

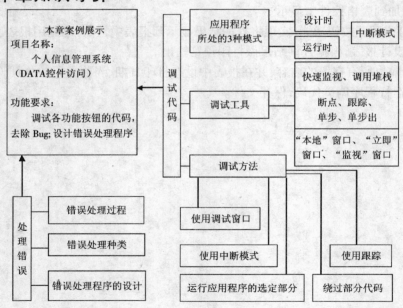

➡本章学习目标

本章讲述错误的分类、常用的错误处理方法,介绍代码调试工具的用法,并通过案例展示来说明 VB 程序的错误处理设计方法,以及利用工具调试代码的技巧。经过训练,读者对程序中常见的错误能够进行判断和处理,最终能够对一个独立的应用程序进行充分的调试,并尽可能减少 Bug。通过本章的学习和上机实践,读者应掌握以下内容:

☑ 错误种类;

☑ 设计错误处理程序;

☑ 如何处理错误;

☑ 利用调试工具调试程序方法。

10.1   本章案例

项目名称:使用 DATA 控件访问个人信息管理系统数据库

项目运行:在第 9 章的 DATA 控件访问数据库案例的基础上,运行程序,使用各功能按钮。当不断单击"上一条"按钮时,会出现图 10.1 所示的错误提示;当单击"调试"按钮时光标停在出错代码行,如图 10.2 所示。

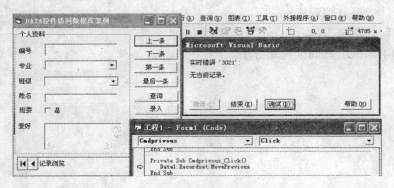

图 10.1   "上一条"按钮运行时显示的错误

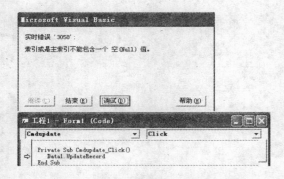

图 10.2   "调试"按钮运行时显示的错误

10.2   处理错误

10.2.1   如何处理错误

无论多么仔细精巧地制作代码,都可能出现错误。就理想的情况而言,Visual Basic 过程根本不需要错误处理代码。遗憾的是,有时文件会被误删除、磁盘驱动器空间会溢出、网络驱动器会意外分离。硬件出现的问题或用户出乎意料的操作都会造成运行时错误,这些错误会使代码终止,而且通常无法恢复应用程序的运行。其他错误也许不会中断代码,但是这些错误可能使代码产生意想不到的操作。

为了处理这些错误,需要将错误处理代码添加到过程中。有时错误也可能出现在代码内部,通常称这类错误为缺陷。

【例10.1】　参考第9章案例中的"上一条"按钮功能,代码如下:

```
Private Sub Cmdprivous _ Click( )
    rs. MovePrevious                    '将指针向上移一条记录
    Text1. Text = rs. Fields("P _ ID")
    Combo1. Text = rs. Fields("P _ SPEC")
    Combo2. Text = rs. Fields("P _ CLASS")
    Text2. Text = rs. Fields("P _ NAME")
    If rs. Fields("P _ BW"). Value = True Then
        Check1. Value = 1
    Else
        Check1. Value = 0
    End If
    Text3. Text = rs. Fields("P _ LOVER")
End Sub
```

运行此程序,多次单击"上一条"按钮,这时会看到如图10.3所示的提示。

这是什么原因呢? 原来记录集中的记录是有头有尾的,BOF是记录的头,EOF是记录的尾,根据"上一条"按钮的功能,可以判断,记录集已经在头了,不能再向上移动了。可是怎样来处理这种错误呢?

图10.3　错误提示

10.2.2　设计错误处理程序

错误处理程序是应用程序中捕获和响应错误的例程。对于预感可能会出错的任何过程(应该假定任何 Basic 语句都可能导致错误,除非确知情况并非如此),均要对其添加错误处理程序。

设计错误处理程序的过程包括3步。

(1)当错误发生时,通知应用程序在分支点(执行错误处理例程的地方)设置或激活错误捕获。

当 Visual Basic 执行 On Error 语句时激活错误捕获。On Error 语句指定错误处理程序。当包含错误捕获的过程是活动的时候,错误捕获始终是激活的,也就是说,直到该过程执行 Exit Sub、Exit 函数、Exit 属性、End Sub、End 函数或 End 属性语句时,错误捕获才停止。尽管在任一时刻任一过程中只能激活一个错误捕获,但可建立几个供选择的错误捕获并在不同的时刻激活不同的错误捕获。借助于 On Error 语句的特例" On Error GoTo 0"也能停用某一错误捕获。

为设置一个跳转到错误处理例程的错误捕获,可用 On Error GoTo line 语句,此处,line 指出识别错误处理代码的标签。

On Error 语句激活捕获并指引应用程序到标记着错误处理例程开始的标号处。如【例 10.1】中在 rs. MovePrevious 语句前加上 On Error 语句。

(2)编写错误处理例程,这对所有能预见的错误都作出响应。如果在某些点,控件实际上分支进入捕获,则说捕获是活动的。

书写错误处理例程的第一步是添加行标签,标志着错误处理例程开始。行标签应该有一个具有描述性的名称,其后必须加冒号。有这样一个公共约定,即把错误处理代码放置在过程末端,该过程在紧靠行标签前方处具有 Exit Sub、Exit 函数或 Exit 属性语句。这样,如果未出现错误,则过程可避免执行错误处理代码。

(3)退出错误处理例程。Resume 语句使代码后退到语句出错的地方分支。然后,Visual Basic 再次执行那条语句。如果状态还未变化,则发生另一条错误,而且,执行后退到错误处理例程处分支。

【例 10.2】 在【例 10.1】的基础上编写错误处理程序。

代码如下:

```
Private Sub Cmdprivous _ Click( )
    On Error GoTo h1                    '遇到错误跳转到 h1 行
    rs. MovePrevious                    '将指针向上移一条记录
    On Error GoTo 0                     '停用当前错误捕获
    On Error Resume Next                '遇到错误忽略,执行下一个分支
    Text1. Text  =  rs. Fields("P _ ID")
    Combo1. Text  =  rs. Fields("P _ SPEC")
    Combo2. Text  =  rs. Fields("P _ CLASS")
    Text2. Text  =  rs. Fields("P _ NAME")
    If rs. Fields("P _ BW"). Value  =  True Then
        Check1. Value  =  1
    Else
        Check1. Value  =  0
    End If
    Text3. Text  =  rs. Fields("P _ LOVER")
    '跳出 Sub 程序段,避免因正确执行代码而出现错误提示
    Exit Sub
    '用对话框提示用户错误描述,进而修改错误
    h1:      MsgBox Err. Description,  , "错误提示"
End Sub
```

现在,再运行程序看一下。

10.3　调试代码

在应用程序中查找并修改错误的进程称之为调试。调试为我们制作出高可靠的软件提供了可能。使用 Visual Basic 提供的分析工具就可以进行调试。

10.3.1　调试方法

Visual Basic 不能诊断或更正错误,但可以提供工具来帮助分析运行是如何从过程的一部分流动到另一部分的,分析变量和属性是如何随着语句的执行而改变的。有了调试工具,就能深入到应用程序内部去观察,从而确定到底发生了什么,以及为什么会发生。

Visual Basic 的调试支持包括断点、中断表达式、监视表达式、通过代码一次经过一个语句或一个过程、显示变量和属性的值。Visual Basic 还包括专门的调试功能,比如可在运行过程中进行编辑、设置下一个执行语句以及在应用程序处于中断模式时进行过程测试等。

10.3.2　错误种类

为了更有效地使用调试手段,把可能遇到的错误分成编译错误、运行时错误和逻辑错误 3 类。

1. 编译错误

编译错误包括语法错误和由于不正确构造代码而产生的错误,在编译应用程序时就会检测到这些错误。

【例 10.3】　如果第 9 章的案例中"上一条"按钮的功能代码编写如下,编译时就会出现以下错误提示点:

```
Private Sub Cmdprivous _ Click( )
   If rs. BOF = False Or rs. EOF = False Then
      If rs. BOF = False Then
      MovePrevious                    '语法错误,缺少对象 rs,应该为 rs. MovePrevious
      If rs. BOF = True Then
       MsgBox "已经是第一条记录!", , "提示"
      Else
       Text1 Text = rs. Fields("P _ ID")   '遗漏了某些必需的标点符号,应该为 Text1. Text
       Combo1. Text = rs. Fields("P _ SPEC")
       Combo2. Text = rs. Fields("P _ CLASS")
       Text2. Text = rs. Fields("P _ NAME")
       If rs. Fields("P _ BW"). Value = True Then
        Check1. Value = 1
```

```
        Eles                              '不正确地键入了关键字,应该为 Else
            Check1. Value = 0
        End If
        Text3. Text = rs. Fields("P _ LOVER")
    End If
    '在设计时使用了一个 If 语句而没有 End If 语句结束 ,此处应该加 End If
    '与 If rs. BOF = False Then 相对应
    End If
End Sub
```

　　类似上面的错误,对于初学者来说是经常遇到的,还好,Visual Basic 中提供了自动语法检测功能,可以更快地发现这种错误。

　　先选择"工具"菜单中的"选项"命令,再单击弹出的"选项"对话框的"编辑器"选项卡,勾选"自动语法检测"一项,如图 10.4 所示。这样只要在"代码"窗口中输入一个语法错误,Visual Basic 就会立即显示错误消息。

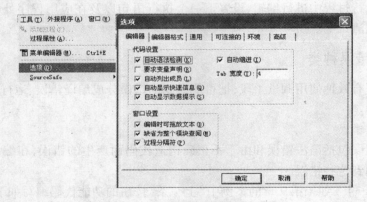

图 10.4　自动语法检测功能设置

　　2.运行时错误

　　应用程序正在运行(而且被 Visual Basic 检测)期间,当一个语句力图执行一个不能执行的操作时,就会发生运行时错误。

　　【例 10.4】　计算器的程序中有关于除法运算的这样一个语句:

```
Dim x, y, z As Double
z = x/ y
```

　　如果变量 y 的值为零,除法就是无效操作,尽管语句本身的语法是正确的。必须运行应用程序才能检测到这个错误。

　　3.逻辑错误

　　当应用程序未按预期方式执行时就会产生逻辑错误。从语法角度来看,应用程序的代码可以是有效的,在运行时也未执行无效操作,但还是产生了不正确的结果。应用程序运行得正确与否,只有通过测试应用程序和分析产生的结果才能检验出来。

【例 10.5】　判断三个整数的顺序并从大到小输出。

代码如下：

```
Dim x , y , z As Integer
  x = 5
  y = 3
  z = 6
1： If x > y Then
2：   If y > z Then
3：     Print x & ">" & y & ">" & z
4：   Else
5：       If z > x Then
6：         Print x & ">" & z & ">" & y
7：       Else
8：         Print z & ">" & x & ">" & y
9：       End If
    End If
  Else
    If x > z Then
      Print y & ">" & x & ">" & z
    Else
      If y > z Then
        Print y & ">" & z & ">" & x
      Else
        Print z & ">" & y & ">" & x
      End If
    End If
  End If
```

图 10.5　逻辑错误

运行结果如图 10.5 所示。

此段代码编译运行均无错误,但是一看运行结果就会发现逻辑错误,应该 6 > 5 > 3 而不是 5 > 6 > 3。回头再看代码,会发现行号为 6 和 8 的两行写反了,应该把这两行代码互换一下。

10.3.3　利用调试工具

1. 调试工具的功能

调试工具的功能是帮助处理逻辑错误和运行时错误,观察无错代码的状况。

例如,在结束一长串计算后可能会得到一个不正确的结果。调试过程的任务就是确定导致错误结果的原因,以及错误发生的地方。很可能是忘记了初始化某个变量、用错了操作符或使用了不正确的公式。

调试的技巧并不神秘，每次工作也无成规可循。调试主要是有助于了解在应用程序运行时正在发生的事情。调试工具提供了应用程序当前状态的快照，包括用户界面（UI）的外观，变量、表达式和属性的值，活动的过程调用。越是透彻了解应用程序的运行，就越能迅速发现错误。

2. 调试工具栏的使用

在众多调试工具中，Visual Basic 在可选的"调试"工具栏上提供了几个很有用的按钮。要显示"调试"工具栏，可在 Visual Basic 工具栏上单击鼠标右键并选定"调试"选项，或者从"视图"菜单中选择"调试"命令。"调试"工具栏参见图 10.6 所示。

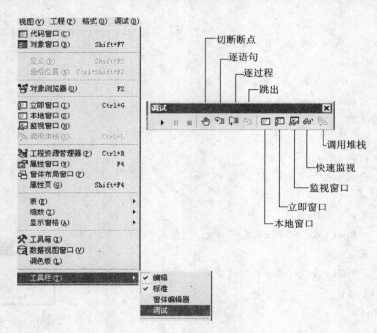

图 10.6 "调试"工具栏

每个工具的用途见表 10.1 所示。

表 10.1 调试工具功能表

调试工具	目的
断点	在"代码"窗口中确定一行，Visual Basic 在该行终止应用程序的执行
跟踪（逐语句）	执行应用程序代码的下一个可执行行，并跟踪到过程中
单步（逐过程）	执行应用程序代码的下一个可执行行，但不跟踪到过程中
单步出（跳出）	执行当前过程的其他部分，并在调用过程的下一行处中断执行
"本地"窗口	显示局部变量的当前值

续表

调试工具	目的
"立即"窗口	当应用程序处于中断模式时,允许执行代码或查询值
"监视"窗口	显示选定表达式的值
快速监视	当应用程序处于中断模式时,列出表达式的当前值
调用堆栈	当处于中断模式时,呈现一个对话框来显示所有已被调用但尚未完成运行的过程

3. 设计时、运行时以及中断模式

Visual Basic 的标题栏总显示当前模式。共有设计时、运行时和中断 3 种模式的标题栏。3 种模式的特性如表 10.2 所示。

表 10.2　3 种模式标题栏特性表

模式	描　述
设计时	创建应用程序的大多数工作都是在设计时完成的。在设计时,可以设计窗体、绘制控件、编写代码并使用"属性"窗口来设置或查看属性设置值。除了可以设置断点和创建监视表达式外,不能使用调试工具 在"运行"菜单中选择"启动",或单击"运行"按钮切换到运行时 如果应用程序在启动时执行了代码,而且本身又包含这些代码,那么就选择"运行"菜单中的"单步"(或按下【F8】),使应用程序在第一个可执行语句处被置为中断模式
运行时	当应用程序进行控制时,可像用户那样与应用程序交互。可查看代码,但不能改动它 选择"运行"菜单中的"结束",或单击"结束"按钮切换回设计时
中断模式	选择"运行"菜单中的"中断",单击"中断"按钮,或按下【Ctrl + Break】切换到中断模式 运行应用程序时也可中止执行。可以查看并编辑代码(选择"视图"菜单中的"代码",或按下【F7】)、检查或修改数据、重新启动应用程序、结束执行或从中止处继续运行 可以在设计时设置断点和监视表达式,但其他调试工具只能在中断模式下使用 为测试和调试应用程序,在任何时刻都要知道应用程序正处在 3 种模式的哪种模式之下。在设计时用 Visual Basic 创建应用程序,而在运行时运行这个程序

4. 使用调试窗口

有时可运行部分代码来查找问题产生的原因。但是,经常要做的往往还是分析数据到底发生了什么变化。可以在有关变量或属性的问题中将不正确的值放到一边,然后就需要确定变量或属性是如何得到不正确的值的以及为什么会得到这些值。

在逐步运行应用程序的语句时,可用调试窗口监视表达式和变量的值。有 3 个调试窗口,它们是"立即"窗口、"监视"窗口和"本地"窗口。

(1)"立即"窗口:显示代码中正在调试的语句所产生的信息,或直接往窗口中键入的命令所请求的信息。

（2）"监视"窗口：显示当前的监视表达式，在代码运行过程中可决定是否监控这些表达式的值。中断表达式是一个监视表达式，当定义的某个条件为真时，它将使Visual Basic 进入中断模式。在监视窗口中，"上下文"列指出过程、模块，每个监视表达式都在这些过程或模块中进行计算。只有当前语句在指定的上下文中时，监视窗口才能显示监视表达式的值。否则，"Value"列只显示一条消息，指出语句不在上下文中。为访问监视窗口，应选定视图菜单中的"监视窗口"。

（3）"本地"窗口：显示当前过程中所有变量的值。当程序的执行从一个过程切换到另一个过程时，"本地"窗口的内容会发生改变，它只反映当前过程中可用的变量。为了访问"本地"窗口，应选定"视图"菜单中的"本地"窗口。

5. 使用中断模式

在设计时可改变应用程序的设计或代码，但却看不到这些变更对应用程序的运行产生的影响。在运行时可观察应用程序的工作状况，但不能直接改变代码。

中断模式可随时中止应用程序的执行，并提供有关应用程序的情况快照。因为变量和属性设置值被保留下来，所以，可以分析应用程序的当前状态并输入修改内容，这些修改将影响应用程序的运行。当应用程序处于中断模式时，可以：

（1）在应用程序中修改代码；

（2）观察应用程序界面的情况；

（3）确定哪个活动过程已被调用；

（4）监视变量值、属性和语句；

（5）改变变量值和属性设置值；

（6）查看或控制应用程序下一步运行的语句；

（7）立即运行 Visual Basic 语句；

（8）手工控制应用程序的操作。

6. 运行应用程序的选定部分

如果能够识别产生错误的语句，那么单个断点就有助于对问题定位；但更常见的情况是只知道产生错误的代码的大体区域。断点有助于将问题区域进行隔离，然后用跟踪和单步执行来观察每个语句的效果。如果有必要，还可在一条新行上开始执行，从而跳过几条语句或倒退回去。单步执行模式的描述如 10.3 所示。

表 10.3　单步执行模式特性表

单步执行模式	描　述
跟踪	执行当前语句并在下一行处中断执行，即使它处在另一个过程中亦如此
单步	执行当前行调用的整个过程，并在当前行之后的一行处中断
单步出	执行当前过程的其余部分，并在调用该过程的语句之后的一条语句处中断

提示：必须在中断模式下使用这些命令。在设计时或运行时它们都是不可用的。

7. 使用跟踪

可用跟踪来一次一条语句地执行代码（这也被称为单步执行）。在单步通过每条语句之后，可以通过查看应用程序的窗体或调试窗口来看它的效果。

单步执行代码时，要选择"调试"菜单的"单步"命令，或单击"调试"工具栏的"单步"按钮，（为显示"调试"工具栏，在 Visual Basic 工具栏上单击鼠标右键并选择"调试"命令）或按下【F8】键。

当单步执行整个代码时，Visual Basic 暂时切换到运行时来执行当前语句，并前进到下一条语句。然后又回过头来切换到中断模式。

提示：Visual Basic 允许分别跟踪一些语句，即使它们处在同一行内。一行代码可包含两条或更多语句，其间用冒号（:）隔开。Visual Basic 用一个矩形轮廓将要执行的下一条语句醒目标出。断点只应用于多语句行的第一条语句。

8. 绕过部分代码

当应用程序处在中断模式时，可用"运行到光标处"命令在代码的后部选择想要停止运行的语句。因此可以略过不感兴趣的那部分代码，比如巨大的循环。

要运行到光标处，可以先把应用程序设置为中断模式，然后把光标设置在需要停止运行的地方，再按下【Ctrl + F8】或选择"调试"菜单的"运行到光标处"命令。

【例 10.6】 利用"断点"，单步逐语句跟踪【例 10.3】，并在"监视"窗口、"本地"窗口、"立即"窗口进行调试跟踪。过程如图 10.7 所示。

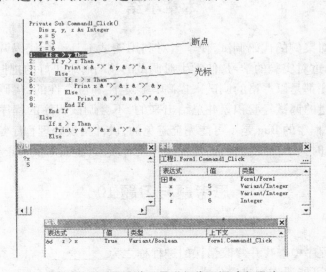

图 10.7 利用调试工具进行代码调试和跟踪

在图中,设置行标为"1"这一行作为断点(设置断点只需在代码行的左侧灰条内按鼠标左键一下即可,若再按鼠标左键一次则取消断点),按下【F5】快捷键开始运行程序,当程序运行到 1 行时,光标停在这行,等待用户干预;按下【F8】键一次,光标移动一行,图中黄色光条为当前光标所在位置,这时如果想了解目前变量 x 的值,可以在"立即"窗口输入一个"?",然后在它的后面输入"x",回车后,在下一行会返回当前 x 的值。也可以在"本地"窗口看到对象的值和类型,当然还可以在"监视"窗口中监视表达式的值和类型。这样在遇到错误调试程序时就方便多了,尤其对于逻辑错误来讲,设置断点进行单步跟踪是十分必要的。

10.3.4   避免错误

可用以下几个方法避免在应用程序中产生错误。

(1)写出相关事件以及代码响应每个事件的方法,精心设计应用程序。为每个事件过程和每个普通过程都指定一个特定、明确的目标。

(2)多加注释。如果用注释说明每个过程的目的,那么,在回过头来分析代码时,就能更深入理解这些代码。

(3)尽可能显式引用对象。尽量不用 Variant 或一般的 Object 数据类型。

(4)在应用程序中对变量和对象提出一种前后一致的命名方案。

(5)造成错误的一个最普遍的原因就是键入了不正确的变量名,或把一个控件与另一个控件搞混了。可用 Option Explicit 来要求显式变量声明,进而避免变量名的拼写错误。

本章小结

本章通过对案例的代码调试,使学生对利用调试工具进行代码调试有了一定的理解和认识;通过对实验的学习,使学生对调试的技巧有了更好的把握。可以说任何一个成功的程序都是以严格的调试来提高其稳定性和可靠性的,代码调试的技巧和思路是靠着大量的调试经验积累并总结出来的,不会调试程序的程序员不是一个好程序员。同样,程序的 Bug 是不可能完全避免的,设计错误处理程序是为了尽量减少用户的损失,及时提示出现的异常,与程序开发者联系,进而解决 Bug。

思考题与习题 10

一、填空题

1. 在应用程序中查找并修改错误的进程称之为_____。

2. VB 中把可能遇到的错误分成_____、_____和_____ 3 类。

3. Visual Basic 的调试支持包括:_____、_____、_____、通过代码一次

经过一个语句或一个过程、显示变量和属性的值。

　　4.在逐步运行应用程序的语句时,可用调试窗口监视表达式和变量的值。有3个调试窗口,它们是"_____"窗口、"_____"窗口和"_____"窗口。

　　5.可用_____来要求显式变量声明,进而避免变量名的拼写错误。

二、选择题

　　1.一行代码可包含两条或更多语句,其间用____符号隔开。Visual Basic 用一个矩形轮廓将要执行的下一条语句醒目标出。断点应用于多语句行的____语句。

　　A.冒号（:）　　　　　　B.分号（;）　　　　　C.第一条　　　　　　D.最后一条

　　2.单步执行代码的快捷键是____,启动运行程序的快捷键是____。

　　A.Ctrl + F8　　　　B.F8　　　　　　C.Ctrl + F5　　　　D.F5

　　3."本地"窗口用来显示____,"立即"窗口在应用程序处于中断模式时,允许____。

　　A.局部变量的当前值　　　　　　B.所有变量的值

　　C.执行代码或查询值　　　　　　D.监测表达式

　　4.编译错误包括____和由于不正确构造代码而产生的错误,在编译应用程序时就会检测到这些错误。

　　A.语法错误　　　　B.拼写错误　　　　C.逻辑错误　　　　D.运行时错误

　　5.____程序是应用程序中捕获和响应错误的例程。

　　A.应用处理　　　　B.逻辑处理　　　　C.错误处理　　　　D.编译处理

三、简述题

　　1.简述设计错误处理程序的进程包括哪3步。

　　2.简述"立即"窗口、"监视"窗口和"本地"窗口的功能。

　　3.简述避免在应用程序中产生错误的方法。

四、程序设计题

　　在第9章第四题作业的基础上,调试整个应用程序代码,完成以下内容:

　　(1)写出调试的过程,并统计出常见的错误;

　　(2)设计错误处理程序,使程序能够稳定运行;

　　(3)将本次作业的内容形成测试报告。

　　测试报告格式如下。

系统测试报告

测试人：　　　　　　　　　　　　　测试日期：

测试模块一：

测试过程：

测试结果：

测试模块二：

测试过程：

测试结果：

测试模块三：

测试过程：

测试结果：

……

实验 10　个人信息管理系统——错误处理、代码调试及优化

一、实验目的

在实验 9 的基础上，掌握调试工具的使用技巧，能够单步对程序进行代码跟踪，对常见的错误能够进行判断和调试；同时能够设计错误处理程序，对常见的错误能够进行判断和处理，最终能够实现对个人信息管理系统的错误处理设计和代码调试。

二、实验内容及要求

1. 任务

实现个人信息管理系统的错误处理程序设计，并对原有程序进行代码调试和优化。

2. 操作步骤

（1）实现信息管理界面的"上一条"按钮的代码调试。

要求：运行程序，单击"上一条"按钮，直到第一条记录；再次单击"上一条"按钮，如出现实时错误提示，则要修改代码，判断记录集是否到头，同时设计遇到错误忽略的错误处理程序。然后调试代码，直到程序正确运行。

（2）实现信息管理界面的"下一条"按钮的代码调试。

要求：运行程序，单击"下一条"按钮，直到最后一条记录；再次单击"下一条"按钮，如出现实时错误提示，则要修改代码，判断记录集是否到尾，同时设计错误处理程序。然后调试代码，直到程序正确运行。

（3）实现信息管理界面的"第一条、最后一条"按钮的代码调试。

要求：在记录的浏览过程中，程序能直接定位到第一条和最后一条记录上。

（4）实现信息管理界面的"录入"按钮的代码调试。

要求：利用"断点"，单步逐语句跟踪代码，并在"监视"窗口、"本地"窗口、"立即"窗口进行调试跟踪。添加的新记录用户能够同步监测到。同时设计遇到错误捕捉，并提示用处理的错误处理程序。

（5）实现信息管理界面的"修改"按钮的代码调试。

要求：利用调试工具在"监视"窗口、"本地"窗口、"立即"窗口进行修改记录的跟踪。

（6）实现信息管理界面的"删除"按钮的代码调试。

（7）在数据库 personinfo. mdb 中，清空 user _ tbl 表，运行程序，执行"上一条、下一条、第一条、最后一条、修改、删除"按钮的功能，如有错误，调试并修改代码。

（8）运行程序，通过程序界面中的"录入"按钮向表中添加 5 条记录；然后点击"上一条、下一条、第一条、最后一条"按钮浏览所有的记录；再选择一条记录，进行修改，单击"修改"按钮保存到数据表中，观察表中的记录是否正确改变；最后选择一条记录，单击"删除"按钮，观察表中的记录是否被删除。

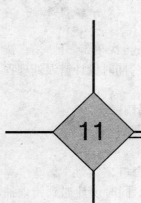

发布应用程序

11

☞ **本章知识导引**

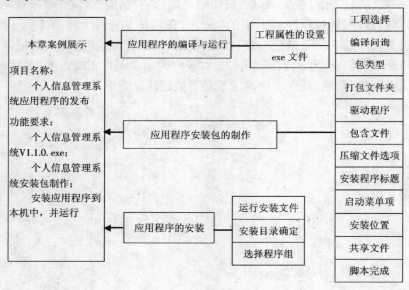

↦本章学习目标

本章讲述可执行文件的编译方法，介绍利用 VB 自带的打包和展开向导工具制作应用程序安装包的技术，展示应用程序的安装过程。通过本章的学习和上机实践，读者应掌握以下内容：

☑ 可执行文件的编译；

☑ 应用程序安装包的制作；

☑ 应用程序的安装。

11.1　本章案例

项目名称：个人信息管理系统应用程序的发布

项目运行：将调试好的个人信息管理系统应用程序编译成"个人信息管理系统 V1.1.0.exe"；利用 VB 自带的打包和展开向导工具将开发的应用程序制作成"个人信息管理系统安装程序"；将制作好的安装程序安装到本机中，并运行。制作后的安装包内容如图 11.1 所示。

图 11.1　个人信息管理系统安装程序

11.2　应用程序的编译与运行

图 11.2　可执行文件的编译

在编译应用程序之前，要将整个工程文件保存，并打开，然后在 VB 的"运行"菜单可对其工程随时编译与运行；并且又可在"文件"菜单下将工程生成 .exe 可执行文件。exe 文件的编译菜单项参见图 11.2。图中"生成 DataProject.exe"选项中的"DataProject"不是固定的，它取决于定义工程文件的名称，如果工程文件名称为"个人信息管理系统"，那么此选项将变成"生成个人信息管理系统.exe"。生成的可执行文件通常保存到与工程文件相同的文件目录下，如图 11.3 所示。

编译后的可执行文件的图标默认

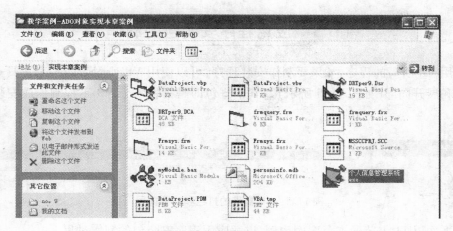

图 11.3　编译后的可执行文件

是 VB 中的窗口图标,如图 11.3 中的 Frmsys.frm 文件的图标所示,而图中的"个人信息管理系统.exe"文件的图标却与报表文件的图标一致,这是因为我们通过控制工程的属性而得来的。具体操作如下:在 VB 的"工程"菜单中选择"属性"命令,在弹出的属性对话框中选择"生成"选项卡,如图 11.4 所示,修改版本号为"1.1.0",应用程序图标选择报表文件"DRTper9",单击"确定"按钮,编译后则出现如图 11.3 所示的文件。

　　直接运行编译后的应用程序,就可以像用户一样使用它了。但是发给用户的文件中只有这一个可执行文件就不行了。初学者可能会遇到这样一个问题,程序在自己的机器上运行得很好,而若把可执行文件和数据库复制到另外一台电脑上却不能运行了。这是因为使用 VB 所开发的程序中,都会引用 VB 本身所附加的一些 DLL 文件(动态链接库)。如果复制可执行文件的计算机上没有这些 DLL 文件的话,在程序执行时,就会因为找不到相关的

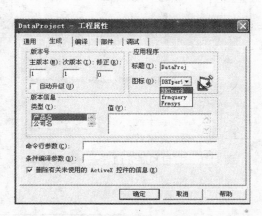

图 11.4　工程属性的设置

文件而发生错误。因此,一般在计算机中装入软件时,通常都是用安装程序(常命名为 Install.exe 或 Setup.exe)来进行安装,而不是简单的复制。

11.3　应用程序安装包的制作

用 VB 所写的程序,如果要制作安装程序,可以使用 VB 所附带的一套工具——打包和展开向导(如图 11.5 所示)。其中打包即是指将一个 VB 工程制作成安装程序。

图 11.5　VB 自带的打包和展开向导

下面以 11.1 节的本章案例为例,讲解应用程序安装包的制作过程。

步骤 1:打开"打包和展开向导"。按照图 11.5 所示找到"打包和展开向导"并打开,单击"浏览"按钮,找到要进行打包的工程文件,添加后,在"选择工程"的文本框中出现工程文件的完整路径和名称,如图 11.6 所示界面。

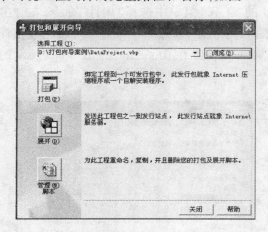

图 11.6　打包和展开向导——工程选择

步骤 2:选择好工程文件以后,按"打包"按钮,将弹出如图 11.7 所示的对话框。这是由于在打包前已经编译好了一个"个人信息管理系统.exe"文件,此处问询选择"否",则不再重新编译,后面的文件将直接加载事先编译好的可执行文件;如果选择"是",则重新编译可执行文件,并把原来的文件覆盖;如果选择"取消",则放弃打包。在这里选择"否",跳过执行,然后会弹出图 11.8 所示的画面。

步骤 3:图 11.8 所示为安装包的类型,其中"相关文件"仅会记录这个

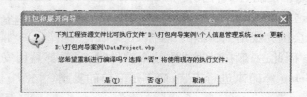

图 11.7　打包和展开向导——是否重新编译问询对话框

工程所需使用的其他相关文件的数据,所以这里选择"标准安装包"选项。之后将要求输入所产生的安装程序被放置的目录,如图11.9所示。

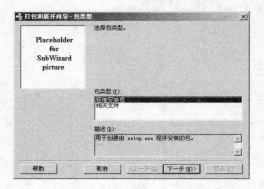

图 11.8 打包和展开向导——包类型

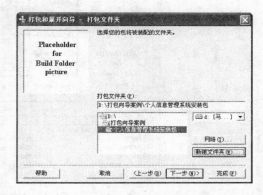

图 11.9 打包和展开向导——打包文件夹

步骤4:若是安装目录已经创建,可以直接浏览并选择,如果需要输入一个新的目录名称,则先选择路径,然后在选择的路径下创建新的目录。单击"新建文件夹"按钮,会出现一个对话框窗口要求确认,这里新创建一个"个人信息管理系统安装包"文件夹,然后单击"下一步"按钮,出现图11.10所示的画面。

图 11.10 打包和展开向导——DAO 驱动程序

步骤5:如果程序中使用了"可用的驱动程序"中的某种驱动,可以通过移动按钮添加到"包含的驱动程序"中;如果程序没有使用列表中的驱动,如这里打包的案例就是用 ADO 对象做的,那么则直接单击"下一步"按钮,出现图11.11所示的画面。

步骤6:在包含文件这一步加载的文件包含程序运行所需的 DLL 文件、可执行文件、数据库等。如果在列表中没有,可通过单击"添加"按钮,到要添加的路径下将文件(如工程运行时要读取的文本文件、图片文件等)加到列表中。文件确定后,单击"下一步"按钮,出现图11.12所示画面。

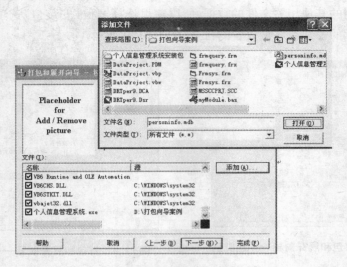

图 11.11 打包和展开向导——包含文件

步骤 7: 在图 11.12 中可以选择打包的样式。其中"单个的压缩文件"是将所有的相关文件存到一个打包文件中;"多个压缩文件"是分割成数个等大的压缩文件。

通常,若是程序将要利用光盘为媒介传递,那么就可以选择单个压缩文件;若只能用磁盘,或是要放置在网络上提供给他人下载,则建议分割成多个压缩文件。在这里选择"单个的压缩文件",然后单击"下一步"按钮,出现图 11.13 所示的画面。

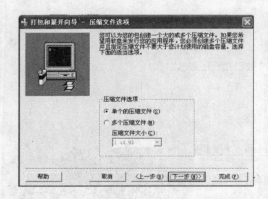
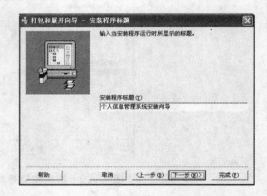

图 11.12 打包和展开向导——压缩文件选项 　　图 11.13 打包和展开向导——安装程序标题

步骤 8: 选择在安装时的画面外观(其实只能选择安装程序标题),这里将标题设置为"个人信息管理系统安装向导",然后单击"下一步"按钮,出现启动菜单项中所增加的菜单项,如图 11.14 所示。

步骤 9: 单击"下一步"进行安装位置的设置。通常系统自动选取的文件不需要改变;当然也可以选择各个文件的安装位置,如图 11.15 所示。

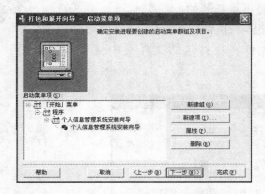

图 11.14 打包和展开向导——启动菜单项

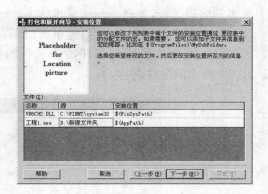

图 11.15 打包和展开向导——安装位置

步骤 10：单击"下一步"按钮，进行共享文件的设置。如果把一个文件设置为共享文件，那么日后在 Windows 控制面板中删除此程序时，该文件将不会被删除，如图 11.16 所示。这里不共享文件，则直接单击"下一步"按钮，出现图 11.17 所示画面。

图 11.16 打包和展开向导——共享文件

图 11.17 打包和展开向导——完成

步骤 11：结束选项以后，打包和展开向导将会要求输入一个脚本名称，脚本将会记录这一次打包操作的所有信息。下一次若要进行同样或类似的打包操作，就可以用这一个脚本作为基准加以修改。图 11.17 所示为把脚本名称设置为"个人信息管理系统 V1.1.0"。

步骤 12：单击"完成"按钮，本次打包程序的结果报告被显示出来（如图 11.18 所示）。如果曾经对一个工程进行过打包操作，在下一次选择打包时，就会先看到如图 11.17

图 11.18 打包报告

所示的窗口,要求先选择一个打包脚本,或是再重新开始。

这个报告如果需要保存,则单击"保存报告"按钮;如果不需要保存,则单击"关闭"按钮,即完成了应用程序的安装包的制作。在打包的文件夹中就会看到如图11.19 所示的文件内容。

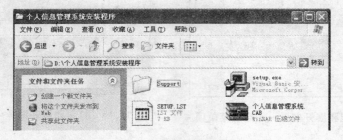

图 11.19 个人管理信息系统安装程序文件

在这个文件目录下的"Support"文件夹中包含了我们添加进来的可执行文件、数据库等,如图 11.20 所示。这也就为安装时提供了程序所需的文件。

图 11.20 个人管理信息系统安装程序"Support"文件夹内容

11.4 应用程序的安装

如图 11.19 所示的安装程序包文件夹中包含 setup. exe、SETUP. LST 和个人信息管理系统. CAB 三个文件。运行其中的 Setup. exe 就可以将程序安装到用户的电脑中了。

应用程序的安装步骤如下。

步骤 1:运行 setup. exe 文件,将看到如图 11.21 所示的程序安装画面。

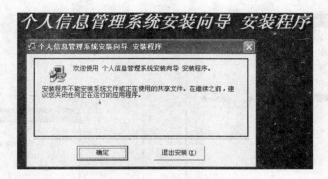

图 11.21 安装程序

步骤 2：单击"确定"按钮，出现如图 11.22 所示画面。如果不想把应用程序安装在默认路径下，可以单击"更改目录"按钮，然后出现如图 11.23 所示画面。在此窗口可以选择新的路径，也可以建新文件夹。这里在 D 盘根目录下创建"个人信息管理系统"文件夹，单击"确定"按钮后，出现图 11.24 所示的文件夹确定的画面；单击"是"按钮，则会回到类似图 11.22 所示的画面，但是此时的路径已经更改为"d：\ 个人信息管理系统\"，如图 11.25 所示。

图 11.22 选择安装路径或直接安装程序

步骤 3：在图 11.25 所示画面中单击"安装"图标按钮，即可进行程序的安装。在安装过程中，如果想结束安装，可单击"取消"按钮，否则等待安装进程，直到出现图 11.26 所示的画面。

步骤 4：在此可以从列表中选择一个组，也可以创建新的程序组。这里按照默认的选项，单击"继续"按钮，出现图 11.27 所示的画面，完成了应用程序的安装。然后回到系统"开始"→"程序"菜单中，看到如图 11.28 所示的应用程序文件。打开"个人信息管理系统安装向导"文件，即可运行应用程序。

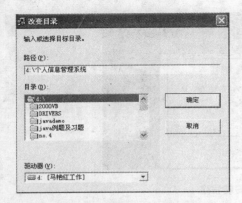

图 11.23 选择安装路径或创建新的文件夹

图 11.24 创建新文件夹确认

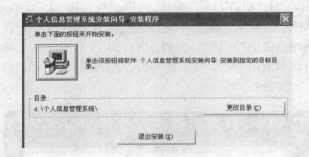

图 11.25 创建新安装路径

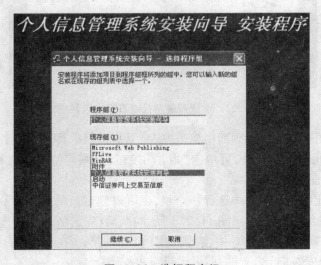

图 11.26 选择程序组

图 11.27 安装成功

图 11.28 应用程序安装到"程序"菜单中

本章小结

通过对本章案例可执行文件的编译、安装包的制作以及应用程序的安装,展示了可执行文件的编译方法,以及利用 VB 自带的打包和展开向导工具将开发的应用程序制作成可安装的独立应用程序的过程,最后说明了安装应用程序到计算机中常见的问题的解决方法,从而为一个独立的应用程序系统的完成画上了圆满的句号。

思考题与习题 11

一、填空题

1. 利用 VB 开发的应用程序要将其工程文件_____成可执行文件。

2. 在 VB 的"_____"菜单可对其工程随时编译与运行,并且又可在"文件"菜单下将工程生成_____可执行文件。

3. 利用 VB 开发的应用程序,一般不会用直接拷贝相关文件的方式来解决在计算机中加入新应用软件的问题。通常必须先执行它的_____程序(常见的命名有_____. exe 或 _____. exe)。

二、简述题

1. 简述应用程序的安装包制作过程。

2. 简述应用程序的安装步骤。

三、程序设计题

在第 10 章第四题的基础上,完成以下内容:

(1)可执行文件的编译;

(2)制作应用程序的安装包;

（3）安装应用程序到其他计算机中。

提示：SQL Server 数据库文件的添加和安装。

实验 11　个人信息管理系统——编译、打包、安装

一、实验目的

在实验 10 的基础上，掌握编译可执行文件的方法，能够利用 VB 自带的安装和打包向导进行应用程序安装包的制作，同时能够运行安装文件将应用程序安装到指定的目录下。

二、实验内容及要求

1. 任务

实现个人信息管理系统可执行文件的编译、安装包的制作以及应用程序的安装。

2. 操作步骤

（1）"个人信息管理系统.exe"文件的编译。

要求：打开工程文件，修改工程属性中编译的图标为非 VB 默认文件的图标，脚本文件为"1.1.0"，编译"个人信息管理系统.exe"文件到工程文件所在的路径下。

（2）个人信息管理系统安装包的制作。

要求：关闭工程文件。打开 VB 自带的打包和安装向导，将个人信息管理系统进行打包。注意把安装文件放到"C:\个人信息管理系统安装包"中。

（3）个人信息管理系统的安装。

要求：运行"Setup.exe"文件，把应用程序安装到程序菜单中。

综合案例

12

☞ **本章知识导引**

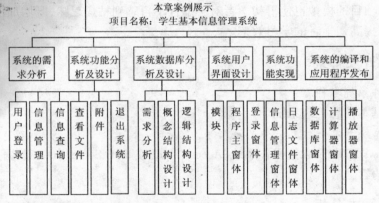

►►本章学习目标

本章以学生基本信息管理系统项目的开发为例,将软件开发的工作过程融入案例模拟的过程中,案例展示基于关系数据库的应用程序设计、开发和发布过程及开发技巧。通过本章的学习和上机实践,读者应掌握以下内容:

☑ 系统的需求分析;

☑ 系统功能分析及设计;

☑ 系统数据库分析及设计;

☑ 系统用户界面设计;

☑ 系统功能实现;

☑ 系统的编译和应用程序发布。

12.1 学生基本信息管理系统的需求分析

12.1.1 编写目的

计算机已经普及到千家万户,IT 行业如今也是一门很热的行业。要想在这个热门的领域站稳脚,首先要做的就是掌握如何与计算机沟通。要想学好一门语言,光靠掌握书本上的理论知识是远远不够的,即便是伴有相关实例,也只能是某部分知识点的应用,而无法从一个完整项目的角度来把握基于工作过程的程序设计和实现技巧。

本章以学生基本信息管理系统为例,从软件开发的需求分析、系统设计、数据库设计到功能实现,每个环节都进行详细的项目开发工作过程要求介绍。系统中包含VB 初学者应掌握的重要知识点,通过对本系统的分析和模拟,达到独立开发小型的基于关系数据库的应用程序系统的目的。

学生基本信息管理作为教学软件系统,囊括了 VB 语言的重要知识点,项目的开发让书本上理论知识生动地显现在初学者面前。初学者可以一边模拟操作,一边深入理解理论知识,通过边学边做来积累软件开发的经验,为就业提供更强的专业竞争力。另外,项目的模拟也使得初学者对于编程不再感到枯燥乏味,既增加初学者的学习兴趣,又提高初学者的学习效率。

12.1.2 开发背景

1. 软件系统名称

学生基本信息管理系统

2. 本系统开发平台

Windows 2000 及以上操作系统;Access 2000 或 SQL Server 2000 数据库;VB 6.0程序设计语言。

12.1.3 需求分析

随着科学技术的发展,计算机的地位变得越来越重要。它能够代替人做各种重复、繁琐的劳动,并且拥有操作简单、可信度好、不易出错等优点,大大减少了不必要的人力消耗,提高个人的工作效率。学生基本信息管理系统需要对学生的编号、专业、班级、姓名、性别、职务、爱好等信息进行管理,同时还能够以专业和班级为条件进行学生信息的查询,查询后的结果可以打印输出;在系统中可以直接对数据库进行管理,可以使用计算器进行简单的数学计算,可以欣赏音乐,可以记录每一个使用此软件的用户编号、名称和使用时间;整个系统在使用上要划分权限,管理员具有所有权限,普通用户则不能编辑学生信息、控制数据库管理、阅读日志文件;用户界面简洁大方,操作简单,人机交互性好。

12.2　学生基本信息管理系统的系统设计

12.2.1　系统功能分析

系统开发的总体任务是实现学生信息关系的系统化、规范化和自动化。系统功能分析是在系统开发的总体任务的基础上完成的。

学生基本信息管理系统需要的功能有以下 6 项。

（1）信息管理：录入信息、修改信息、删除信息、查看信息。

（2）信息查询：信息查询、打印预览、打印。

（3）查看文件：日志文件管理、数据库备份与维护。

（4）附件：计算器、播放器。

（5）权限管理：登录系统的用户分为两种权限，一种是管理员身份，另一种是普通用户身份。其中，以普通用户身份登录后，可以对信息进行查询、打印，还可以使用系统中的计算器、播放器；以管理员身份登录后，系统中所有功能都可以使用。

（6）退出系统。

12.2.2　系统功能模块图

系统功能模块如图 12.1 所示。

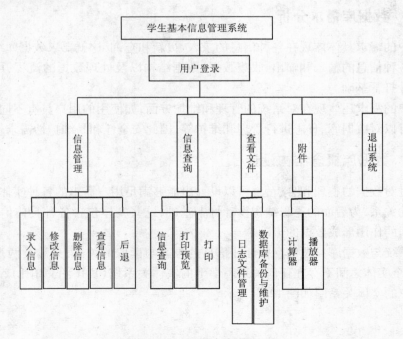

图 12.1　系统功能图

12.2.3　第三方控件的添加

在使用本系统之前,首先要把播放器控件添加到工程中,否则执行起来会有问题。

添加方法:打开"工程"主菜单,选择"部件"命令,进入"部件"对话框。可通过"浏览"按钮找到"msdxm. ocx"文件,然后单击"确定"按钮即可在弹出的对话框中选择文件,在复选框中选中"windows media player"(部件中有两个同名的控件,选择刚注册的文件所对应的控件)即可。这时可在工具栏中出现 图标,这就是播放器控件。

12.3　学生基本信息管理系统的数据库分析及设计

遵循标准和坚持开放是数据库设计的基本原则。由此选择的数据库平台和构造的数据库系统才能具有先进性、灵活性、可扩展性和继承性。本系统可选择 Microsoft 公司的 Access 2000 或 SQL Server 2000 数据库。

数据库结构设计的好坏对系统效率的影响很大,合理的数据库结构设计可以提高数据存储的效率和保证数据的完整性,也将有利于程序的实现。设计数据库应充分考虑用户现在以及将来可能的需求。

12.3.1　数据库需求分析

用户的需求具体体现在各种信息的录入、更新和查询,这就要求数据库结构能充分满足各种信息的输入和输出、收集数据、数据结构以及处理数据的流程,可以为以后的设计打下基础。

用户的需求还体现在对系统的管理和维护方面,如使用的用户具有不同的权限,管理员可以对数据库、日志进行管理和维护等,因此安全性和易维护性需求较高。

12.3.2　数据库概念结构设计

通过对数据的整理和分析,就可以设计出能够满足用户需求的各种实体,以及它们之间的关系,为后面的逻辑结构设计打下基础,这些实体包含各种具体信息,通过相互之间的作用形成数据的流动。

本系统与数据库只是信息验证和信息的录入与读取的关系,只涉及两个独立的实体,两个实体之间不存在任何关系。学生的实体关系图(E-R 图)如图 12.2 所示,登录用户的实体关系图如图 12.3 所示。

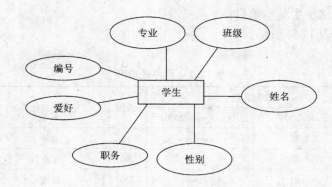

图 12.2　学生 E-R 图

图 12.3　登录用户 E-R 图

12.3.3　数据库逻辑结构设计

1. 数据库名称

Access 2000 数据库名称为 JXRJ.mdb(SQL Server 2000 数据库名称为 JXRJ)。

2. 涉及的相关表

1)用户登录表

表名:dl_tbl。

表功能:管理登录用户的权限。

表结构:如表 12.1 所示。

表 12.1　用户登录表

标识符	数据类型		长度	标题(描述)	备注
	Access 2000	SQL Server 2000			
Uid_dl	整型	int	4	用户权限	主键
Uname_dl	文本型	varchar	50	用户名	
Umm_dl	文本型	varchar	6	登录密码	

2)信息管理表

表名:xxgl_tbl。

表功能:存储学生基本信息。

表结构:如表 12.2 所示。

表 12.2   用户登录表

标识符	数据类型		长度	标题(描述)	备注
	Access 2000	SQL Server 2000			
Bh _ xxgl	文本型	varchar	12	编号	主键
Zy _ xxgl	文本型	varchar	30	专业	
Bj _ xxgl	文本型	varchar	20	班级	
Xm _ xxgl	文本型	char	10	姓名	
Xb _ xxgl	文本型	char	2	性别	
Zw _ xxgl	文本型	varchar	6	职务	
Ah _ xxgl	文本型	varchar	50	爱好	

3. SQL Server 2000 数据库涉及的相关存储过程

1)PRO _ insert

功能:向 xxgl _ tbl 表中插入一条新数据。

代码如下:

```
CREATE PROCEDURE PRO _ insert
@ bh varchar(12),@ zy varchar(30),@ bj varchar(20),@ xm varchar(10),@ xb char(2),
@ zw varchar(6),@ ah varchar(50)
AS
begin
    insert into dbo. xxgl _ tbl( bh _ xxgl,zy _ xxgl, bj _ xxgl, xm _ xxgl, xb _ xxgl, zw _ xxgl, ah _
    xxgl)
        values(@ bh,@ zy,@ bj ,@ xm ,@ xb ,@ zw ,@ ah)
end
GO
```

2)PRO _ update

功能:修改 xxgl _ tbl 表中一条数据

代码如下:

```
CREATE PROCEDURE PRO _ update
@ bh varchar(12),@ zy varchar(30),@ bj varchar(20),@ xm varchar(10),@ xb char(2),@ zw
varchar(6),@ ah varchar(50)
AS
begin
    update dbo. xxgl _ tbl set zy _ xxgl = @ zy, bj _ xxgl = @ bj, xm _ xxgl = @ xm, xb _ xxgl = @ xb,
```

zw _ xxgl = @ zw, ah _ xxgl = @ ah where bh _ xxgl = @ bh

```
end
GO
```

3）PRO _ delete

功能：删除 xxgl _ tbl 表中一条数据。

代码如下：

```
CREATE PROCEDURE PRO _ delete
@ bh varchar( 12)
AS
begin
    delete from dbo. xxgl _ tbl where bh _ xxgl = @ bh
end
GO
```

4. SQL Server 2000 数据库涉及的相关视图

名称：view _ seach

```
CREATE VIEW view _ seach
AS
SELECT zy _ xxgl, bj _ xxgl, xm _ xxgl, xb _ xxgl, zw _ xxgl, ah _ xxgl, bh _ xxgl FROM dbo. xxgl
_ tbl
```

12. 4　学生基本信息管理系统的用户界面设计

12. 4. 1　工程组成部分及功能描述

学生基本信息管理系统的工程名称为 DataProject。工程组成部分及其功能如下。

1. 模块

模块在整个工程中起着非常重要的作用，它关系着整个工程与数据库的连接，是整个系统的核心所在，其中的主方法 main( ) 是整个工程的入口。

在模块中要声明全局连接对象 cn、记录集对象 rs 和 rs1，在 main( ) 过程中给连接赋字符串，将连接打开，然后加载登录窗体。

2. 程序主窗体(MDIFrmMain. frm)

此窗体为 MDI 窗体，具有将整个应用程序高效连接在一起的功能。可实现 frmys9、frmrz、frmsjk、frmjsq、frmbfq 窗体的调用和退出整个系统的功能。

3. 登录窗体(frmlogion. frm)

此窗体可以实现对不同身份的用户权限和密码的校验。在用户名称和密码都正确的情况下，调用主窗体。

4. 信息管理和信息查询窗体（frmys9. frm）

此窗体是对学生基本信息进行管理和查询的窗体。在此窗体中通过一个 SSTab 控件可有效地把信息管理和信息查询两个功能模块连接起来，方便用户对信息的管理和查询。

5. 日志文件窗体（frmrz. frm）

此窗体只允许以管理员身份登录的用户来进行操作和管理。在这里记录登录用户的名称、操作时间和所发出的命令（如"修改"、"删除"、"登陆"等命令）。

6. 数据库窗体（frmsjk. frm）

此窗体也只允许以管理员身份登录的用户来进行操作和管理。此窗体可以对系统的数据库进行维护和备份操作。

7. 计算器窗体（frmjsq. frm）

此窗体可以实现对系统计算器的调用功能。

8. 播放器窗体（frmbfq. frm）

此窗体可以实现简单的播放器功能。可以播放 wma、mp3 等音频格式文件，还可以播放 .wmv 等视频文件。

12.4.2　系统操作流程

系统操作流程如图 12.4 所示。

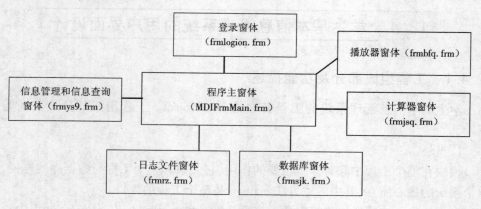

图 12.4　系统操作流程图

12.4.3　界面设计及功能描述

1. 登录窗体（frmlogion. frm）

登录窗体添加 2 个 label 控件，caption 分别为"用户名"和"密码"；添加 1 个 combo 控件，用于写入或选择用户名；添 1 个 text 控件，用于填写登录密码；添加 2 个 cammand 按钮，caption 为"登录"和"退出"。登录窗体的设计界面如图 12.5 所示。

此窗体的功能如下。单击"登录"时,要做的是校验该用户的权限,确定权限之后,进行用户名和密码的验证,都正确才允许进入。同时,也会将用户的登录信息记录到一个文本文件中,方便以后管理员管理和维护系统。"退出"即是退出整个系统。

图 12.5 登录窗体图

2. 程序主窗体(MDIFrmMain.frm)

窗体中添加一个菜单,包括"信息管理"、"信息查询"、"查看文件"、"附件"和"退出系统"等菜单项。其中"查看文件"包括"日志"和"数据库"两个子菜单,"附件"包括"计算器"和"播放器"两个子菜单。通过菜单可以调用其他窗体实现功能。程序主窗体的设计界面如图 12.6 所示。

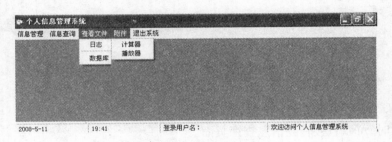

图 12.6 程序主窗体图

3. 信息管理和信息查询窗体(frmys9.frm)

信息管理和信息查询窗体添加 1 个 toolbar 控件,包括"录入"、"修改"、"删除"、"查询"、"打印"、"后退"等按钮;添加 1 个 SStab 控件,有 2 个选项卡,1 个是个人信息,另 1 个是信息查询。

(1)当选择个人信息选项卡时,工具条上仅有"录入"、"修改"、"删除"、"查询"按钮。在选项卡上添加 1 个 frame 控件,caption 为"个人资料"。在框架 frame1 中添加 7 个 label 控件,caption 分别为"编号"、"专业"、"班级"、"姓名"、"性别"、"职务"、"爱好";添加 3 个 text 控件,其中 1 个 text 属性设置为包含横纵滚动条;添加 2 个 combo 控件;添加 2 个 optionbutton 控件,caption 分别为"男"和"女";添加 3 个 checkbox 控件,caption 分别为"班长"、"学委"、"寝室长";添加 8 个 cammand 控件,caption 分别为"上一条"、"下一条"、"第一条"、"最后一条"、"录入"、"修改"、"删除"、"后退"。个人信息管理窗体详细设计如图 12.7 所示。

此窗体的功能如下。编号不允许空。以编号为条件,进行"上一条""下一条""第一条""最后一条"操作,可以对数据库中的信息进行浏览;通过编号,也可以选中某一条信息进行修改或删除。需要添加新信息时,可以进行录入。在工具条中,当单

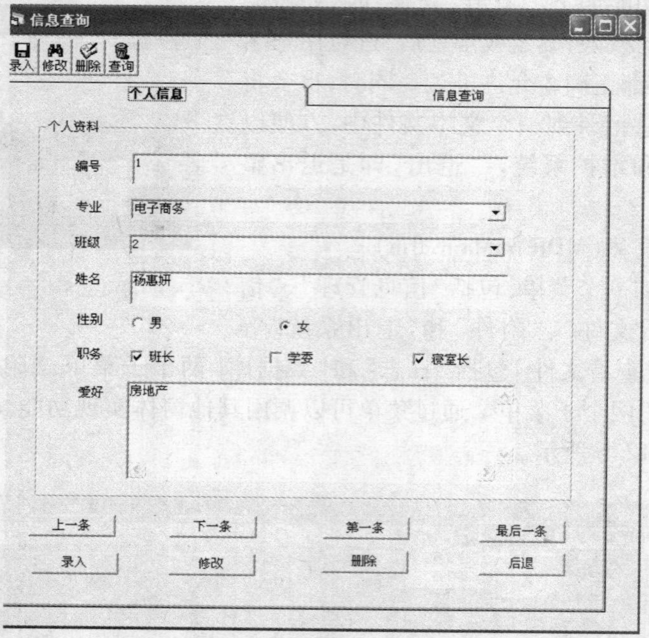

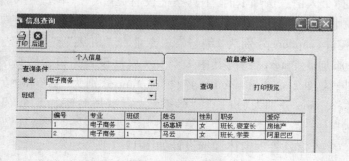

图 12.7　个人信息管理窗体图

击"查询"时,可以直接转到信息查询页面。

　　(2)当选择信息查询选项卡时,工具条上仅有"打印"和"后退"按钮。在选项卡上添加 1 个 frame 控件,caption 为"查询条件"。在框架中添加 2 个 label 控件,caption 分别为"专业"和"班级";添加 1 个 combo 控件和 1 个 list 控件,它们的 list 属性分别为""和"";在框架外,添加两个按钮 cammand,caption 分别为"查询"和"打印预览";添加 1 个 MSHFlexGrid 控件,用于显示查询后的结果。个人信息查询窗体详细设计如图 12.8 所示。

图 12.8　个人信息查询窗体图

　　此窗体的功能如下。选择要查询的专业和班级,单击"查询"按钮即可在下面的表格中显示数据库中存在的对应信息;单击"打印预览"按钮会调出一个报表,显示数据库中存在的对应信息。

4. 日志文件窗体(frmrz. frm)

窗体中添加 1 个 drivelistbox 控件,1 个 dirlistbox 控件,1 个 filelistbox 控件;再添加 2 个 cammand 控件,其 caption 分别为"打开文件"和"返回"。日志文件窗体详细设计如图 12.9 所示。

此窗体的功能如下。单击"打开文件"按钮,以 TXT 文本文档的形式打开文件,所以"打开文件"按钮需要实现调用外部文本文档的功能。日志文件只允许管理员使用,查看最近登录过系统的用户的一些信息并对其进行管理。

5. 数据库文件窗体(frmsjk. frm)

窗体中添加 1 个 SStab 控件,分为 2 个选项卡,分别是"数据库备份"和"数据库恢复"。数据库文件窗体详细设计如图 12.10 所示。

(1)在"数据库备份"选项卡中,添加 1 个 label 控件,caption 为"将数据库完全备份,以便发生意外时恢复!";添加 2 个 cammand 控件,caption 分别为"完全备份"和"差异备份"(如果为 Access 2000 数据库则没有"差异备份"这个命令按钮)。

此窗体的功能如下。单击"完全备份"按钮可以对当前使用的数据库进行完全备份(即数据库中所有文件都被备份);单击"差异备份"可以对当前数据库进行差异备份(即在数据库上次备份的基础上,把又被改动过的文件进行备份)。

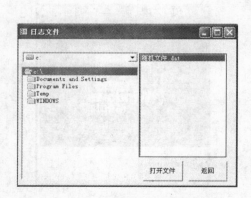
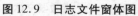

图 12.9　日志文件窗体图

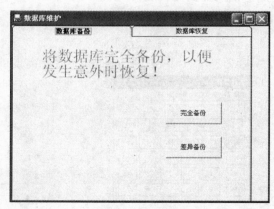

图 12.10　数据库备份窗体图

(2)在"数据库恢复"选项卡中,添加 1 个 drivelistbox 控件,1 个 dirlistbox 控件,1 个 filelistbox 控件;再添加 1 个 cammand 控件,其 caption 为"确定";添加 1 个 label 控件,其 caption 为"提示:操作将选定的数据完全覆盖当前的数据,慎重操作!"数据库恢复窗体的详细设计如图 12.11 所示。

此窗体的功能如下:在 filelistbox 控件中选择需要被恢复的数据库备份文件,单击"确定"按钮就可以实现恢复数据库的功能,恢复到所选备份的数据库状态。

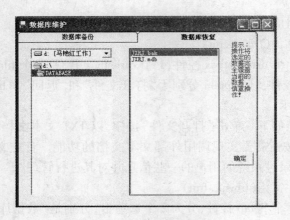

图 12.11　数据库恢复窗体图

6. 计算器窗体(frmjsq. frm)

直接调用系统中的计算器。计算器窗体如图 12.12 所示。

7. 播放器窗体(frmbfq. frm)

窗体中添加 1 个 windows media player 控件(注意使用前要先注册);添加 1 个菜单,包括"打开"和"退出"菜单,其中"打开"是从本地文件中选择音频或视频进行播放。播放器窗体如图 12.13 所示。

图 12.12　计算器窗体图

图 12.13　播放器窗体图

12. 5　学生基本信息管理系统的实现

12.5.1　模块 myModule

1. 声明

```
Public cn As ADODB. Connection          '声明共有连接对象 cn
```

```
Public rs As ADODB. Recordset               '声明共有记录集对象 rs
Public rs1 As ADODB. Recordset
```

2. Sub main

• Access 2000 数据库使用的 Sub main 代码如下：

```
Sub main( )
    Set cn = New ADODB. Connection
    '连接对象的字符串赋值,此字符串可用 ADO 控件生成复制过来
    '注意每个计算机数据库的安装设置是不同的,这个字符串会发生变化
    '做项目模拟时不要照抄,一定要参考第 9 章的 ADO 控件使用内容
    'Access 数据库,要将字符串改成相对路径
    cn. ConnectionString = "Provider = Microsoft. Jet. OLEDB. 4. 0;Data Source =" & App. Path &
    "\JXRJ. mdb;Persist Security Info = False"
    cn. open                                 '打开连接
    frm _ logion. Show
End Sub
```

• SQL Server 2000 数据库使用的 Sub main 代码如下：

```
Sub main( )
    Set cn = New ADODB. Connection
    '连接对象的字符串赋值,此字符串可用 ADO 控件生成复制过来
    '注意每个计算机数据库的安装设置是不同的,这个字符串会发生变化
    '做项目模拟时不要照抄,一定要参考第 9 章的 ADO 控件使用内容
    'SQL Server 数据库字符串不用修改
    cn. ConnectionString = "Provider = SQLOLEDB. 1;Integrated Security = SSPI;Persist Security Info
    = False;Initial Catalog = JXRJ"
    cn. open                                 '打开连接
    frm _ logion. Show
End Sub
```

12.5.2　系统主窗体 MDIFrmMain

1. "信息管理"菜单

功能：调用信息管理窗体。

```
Private Sub mnuXXGL _ Click( )
    With frm _ ys9
        . SSTab1. Tab = 0                           '显示信息管理选项卡
        . Toolbar1. Visible = True                  '工具条可见
        . Toolbar1. Buttons(5). Visible = False     '工具条中打印按钮不可见
        . Toolbar1. Buttons(6). Visible = False     '工具条中后退按钮不可见
        . Show
    End With
```

```
End Sub
```

2. 信息查询

功能：调用信息管理窗体，显示查询选项卡。

```
Private Sub mnuxxcx _ Click( )              '调用信息查询窗体
    With frm _ ys9
        . SSTab1. Tab = 1                   '显示信息查询选项卡
        . Toolbar1. Visible = True
        . Toolbar1. Buttons(5). Visible = True    '工具条中打印按钮可见
        . Toolbar1. Buttons(6). Visible = True    '工具条中后退按钮可见
        . Show
        . zy                                '调用 zy 过程,在 cmb _ zy 里加载所有专业名称
    End With
End Sub
```

3. 日志

功能：调用日志文件窗体。

```
Private Sub rz _ Click( )                   '调用日志文件窗体
    frm _ rz. Show
End Sub
```

4. 数据库

功能：调用数据库文件窗体。

```
Private Sub mnusjk _ Click( )               '调用数据库文件窗体
    frm _ sjk. Show
End Sub
```

5. 计算器

功能：调用 windows 计算器。

```
Private Sub mnujsq _ Click( )               '调用 windows 计算器
    Shell "calc. exe"
End Sub
```

6. 播放器

功能：调用播放器窗体。

```
Private Sub mnubfq _ Click( )               '调用播放器窗体
    frm _ bfq. Show
End Sub
```

7. 退出

功能：退出整个系统。

```
Private Sub mnuexit _ Click( )              '退出整个系统
    End
End Sub
```

12.5.3 信息管理窗体 frm _ ys9

1.声明

功能:窗体级变量的声明以及用户自定义过程的声明。

1)变量的声明

Dim sql As String   '查询用的 sql 语句字符串变量

2)初始化各控件过程 sub1

Sub sub1( )

'清空列表

Text1. Text = ""

Combo1. Text = ""

Combo2. Text = ""

Text2. Text = ""

Option1. Value = True

Check1(0). Value = 0

Check1(1). Value = 0

Check1(2). Value = 0

sub2   '调用过程 sub2

'调用信息

Text1. Text = rs. Fields("bh _ xxgl"). Value

Combo1. Text = rs. Fields("zy _ xxgl"). Value

Combo2. Text = rs. Fields("bj _ xxgl"). Value

Text2. Text = rs. Fields("xm _ xxgl"). Value

If rs. Fields("xb _ xxgl"). Value = "男" Then

Option1. Value = True

Else

Option2. Value = True

End If

If rs. Fields("zw _ xxgl"). Value Like "∗班长∗" Then Check1(0). Value = 1

If rs. Fields("zw _ xxgl"). Value Like "∗学委∗" Then Check1(1). Value = 1

If rs. Fields("zw _ xxgl"). Value Like "∗寝室长∗" Then Check1(2). Value = 1

Text3. Text = rs. Fields("ah _ xxgl"). Value

End Sub

3)向"专业"列表框中添加专业名称过程 sub2

Sub sub2( )   '把数据库中的专业字段添加到 combo1 中

Combo1. Clear

If rs1. State = 1 Then rs1. Close

'记录集使用活动连接 cn,静态游标,只读锁访问表 xxgl _ tbl

rs1. open "select distinct zy _ xxgl from xxgl _ tbl", cn, adOpenStatic, adLockReadOnly

```
    If rs1. RecordCount > 0 Then
      rs1. MoveFirst
      While Not rs1. EOF
        Combo1. AddItem rs1. Fields("zy _ xxgl")
          rs1. MoveNext
      Wend
    End If
End Sub
```

4)向"班级"列表框中添加当前专业的班级名称过程 sub3

```
Sub sub3( )                                      '把数据库中的班级字段添加到 combo2 中
    Combo2. Clear
    If rs1. State = 1 Then rs1. Close
    '记录集使用活动连接 cn,静态游标,只读锁访问表 xxgl _ tbl
    rs1. open "select distinct bj _ xxgl from xxgl _ tbl where zy _ xxgl = '" & Combo1. Text & "' ", cn,
    adOpenStatic, adLockReadOnly
    If rs1. RecordCount > 0 Then
      rs1. MoveFirst
      While Not rs1. EOF
        Combo2. AddItem rs1. Fields("bj _ xxgl")
          rs1. MoveNext
      Wend
    End If
End Sub
```

5)向"查询"选项卡的专业列表框中添加专业名称过程 zy

```
Sub zy( )                                        '在 SSTab2 选项卡的 cmb _ zy 里加载所有专业
    cmb _ zy. Clear
    If rs1. State = 1 Then rs1. Close
    '记录集使用活动连接 cn,静态游标,只读锁访问表 xxgl _ tbl
    rs1. open "select distinct zy _ xxgl from xxgl _ tbl ", cn, adOpenStatic, adLockReadOnly
    If rs1. RecordCount > 0 Then
      rs1. MoveFirst
      While Not rs1. EOF
        cmb _ zy. AddItem rs1. Fields("zy _ xxgl")
          rs1. MoveNext
      Wend
    End If
End Sub
```

2. 窗体加载事件

功能:设置记录集对象,打开 xxgl _ tbl 表,将第一条记录显示在控件中。

```
Private Sub Form _ Load( )
  Set rs = New ADODB. Recordset
  Set rs1 = New ADODB. Recordset
  '记录集使用活动连接 cn,键集游标,更新锁访问表 xxgl _ tbl
  rs. open "select * from xxgl _ tbl", cn, adOpenKeyset, adLockOptimistic
  If rs. BOF = False Or rs. EOF = False > 0 Then
    rs. MoveFirst
    sub1                                    '调用用户自定义过程 sub1
  End If
  '设置窗体大小
  Me. Width = 9060
  Me. Height = 9060
End Sub
```

3. 选项卡单击事件

功能:不同选项卡工具条按钮功能不同,并实现选项卡的切换。

```
Private Sub SSTab1 _ Click( PreviousTab As Integer)
  If SSTab1. Tab = 0 Then
    With Toolbar1
      . Visible = True
      . Buttons(1). Visible = True
      . Buttons(2). Visible = True
      . Buttons(3). Visible = True
      . Buttons(4). Visible = True
      . Buttons(5). Visible = False
      . Buttons(6). Visible = False
    End With
  Else
    With Toolbar1
      . Buttons(1). Visible = False
      . Buttons(2). Visible = False
      . Buttons(3). Visible = False
      . Buttons(4). Visible = False
      . Buttons(5). Visible = True
      . Buttons(6). Visible = True
    End With
    zy                            '调用过程 zy,在 cmb _ zy 里加载所有专业
  End If
End Sub
```

4. "第一条"按钮单击事件

功能:在有记录的前提下指向第一条记录,并将数据显示在控件中。

```
Private Sub Cmd _ first _ Click( )              '查看第一条记录
    If rs. RecordCount > 0 Then
        rs. MoveFirst                           '移到第一条记录
        sub1                                    '调用用户自定义过程 sub1
    End If
End Sub
```

5. "最后一条"按钮单击事件

功能:在有记录的前提下指向最后一条记录,并将数据显示在控件中。

```
Private Sub Cmd _ last _ Click( )              '查看最后一条记录
    If rs. RecordCount > 0 Then
        rs. MoveLast                           '移到最后一条记录
        sub1                                   '调用用户自定义过程 sub1
    End If
End Sub
```

6. "上一条"按钮单击事件

功能:在有记录的前提下指向上一条记录,并将数据显示在控件中。

```
Private Sub Cmd _ privous _ Click( )           '查看上一条记录
    If rs. BOF = True Then
        MsgBox "Sorry! 爬不上去了!"
        Exit Sub
    Else
        rs. MovePrevious                       '移到上一条记录
        If rs. BOF = True Then
            MsgBox "Sorry! 爬不上去了!"
            Exit Sub
        End If
    End If
    sub1                                       '调用用户自定义过程 sub1
End Sub
```

7. "下一条"按钮单击事件

功能:在有记录的前提下指向下一条记录,并将数据显示在控件中。

```
Private Sub Cmd _ next _ Click( )
    '判断指针是否指向了最后一条记录,若已指向最后一条,就退出方法
    If rs. EOF = True Then
        MsgBox "Sorry! 到底啦!", , "提示"
        Exit Sub
    Else
        rs. MoveNext                           '移到下一条记录
        If rs. EOF = True Then
```

```
        MsgBox "Sorry! 到底啦!", , "提示"
        Exit Sub
      End If
    End If
  sub1                              '调用用户自定义过程 sub1
End Sub
```

8."录入"按钮单击事件

功能:在判断编号不空,并且不重复的前提下,向表中添加一条新记录,然后重新打开记录集保持记录集与数据库中数据同步更新。

```
Private Sub Cmd _ addnew _ Click( )        '录入信息
    Dim str As String                      '职务变量
    If MsgBox("确定要录入新数据吗?", vbOKCancel) = vbOK Then
    If Text1. Text = "" Then
      MsgBox "编号不能为空!", , "提示"
      Exit Sub
    End If
    If rs. State = 1 Then rs. Close
    rs. open "select bh _ xxgl from xxgl _ tbl where bh _ xxgl = '& text1. text &'", cn, adOpenStatic,
    adLockReadOnly
    If Text1. Text = rs. Fields("bh _ xxgl"). Value Then
      MsgBox "Sorry! 已存在此编号信息!"
    Else
      If rs. State = 1 Then rs. Close
      rs. open "select * from xxgl _ tbl", cn, adOpenKeyset, adLockOptimistic
      rs. AddNew                           '添加记录
      rs. Fields("bh _ xxgl"). Value = Text1. Text
      rs. Fields("zy _ xxgl"). Value = Combo1. Text
      rs. Fields("bj _ xxgl"). Value = Combo2. Text
      rs. Fields("xm _ xxgl"). Value = Text2. Text

      If Option1. Value = True Then
        rs. Fields("xb _ xxgl"). Value = "男"
      Else
        rs. Fields("xb _ xxgl"). Value = "女"
      End If

      If Check1(0). Value = 1 Then
        str = "班长"
      End If
```

```vb
        If Check1(1).Value = 1 Then
            str = str + "," + "学委"
        End If
        If Check1(2).Value = 1 Then
            str = str & "," & "寝室长"
        End If
        rs.Fields("zw _ xxgl").Value = str
        rs.Fields("ah _ xxgl").Value = Text3.Text
        rs.Update                          '更新
        rs.Close
        MsgBox "添加成功!", , "提示"
        rs.open "select * from xxgl _ tbl", cn, adOpenKeyset, adLockOptimistic
        If rs.RecordCount > 0 Then
            rs.MoveFirst
            sub1                           '调用用户自定义过程 sub1
        End If
    End If
  End If
End Sub
```

如果使用 SQL Server 数据库,还可以使用以下调用存储过程的代码:

```vb
Private Sub Cmd _ addnew _ Click( )          '录入信息
    Dim str As String                        '职务变量
    Dim strxb As dtring                      '性别变量

    If MsgBox("确定要录入新数据吗?", vbOKCancel) = vbOK Then
      If Text1.Text = "" Then
        MsgBox "编号不能为空!", , "提示"
        Exit Sub
      End If
      If rs.State = 1 Then rs.Close
      rs.open "select bh _ xxgl from xxgl _ tbl where bh _ xxgl = '& text1.text &'", cn, adOpenStatic,
      adLockReadOnly
      If Text1.Text = rs.Fields("bh _ xxgl").Value Then
        MsgBox "Sorry! 已存在此编号信息!"
      Else
        If Option1.Value = True Then
          strxb = "男"
        Else
          strxb = "女"
```

```
        End If
        If Check1(0).Value = 1 Then
            str = "班长"
        End If
        If Check1(1).Value = 1 Then
            str = str + "," + "学委"
        End If
        If Check1(2).Value = 1 Then
            str = str & "," & "寝室长"
        End If
        '调用存储过程 PRO _ insert,传参数 Text1.Text,Combo1.Text,Combo2.Text,strxb,str,
        Text3.Text;注意顺序要与存储过程一致
        cn.Execute "exec PRO _ insert Text1.Text,Combo1.Text,Combo2.Text,strxb,str,Text3
        .Text"

        MsgBox "添加成功!",,"提示"
        rs.open "select * from xxgl _ tbl",cn,adOpenKeyset,adLockOptimistic
        If rs.RecordCount > 0 Then
            rs.MoveFirst
            sub1                                 '调用用户自定义过程 sub1
        End If
    End If
End Sub
```

9. "修改"按钮单击事件

功能:在判断编号不空,并且确定表中确实有这条记录的前提下,更新当前记录,然后重新打开记录集,并保持记录集与数据库中数据同步更新。

```
Private Sub Cmd _ update _ Click( )              '修改当前记录
    Dim str As String
    If Text1.Text = "" Then
        MsgBox "编号不能为空!",,"提示"
        Exit Sub
    End If
    If rs.State = 1 Then rs.Close
    rs.open "select * from xxgl _ tbl where bh _ xxgl = '" & Text1.Text & "'",cn,adOpenKeyset,
    adLockOptimistic
    If rs.BOF = False Or rs.EOF = False Then          '记录存在
        rs.Fields("zy _ xxgl").Value = Combo1.Text
        rs.Fields("bj _ xxgl").Value = Combo2.Text
```

```vb
        rs. Fields("xm _ xxgl"). Value  =  Text2. Text
    If Option1. Value  =  True Then
        rs. Fields("xb _ xxgl"). Value  =  "男"
    Else
        rs. Fields("xb _ xxgl"). Value  =  "女"
    End If
    If Check1(0). Value  =  1 Then
        str  =  "班长"
    End If
    If Check1(1). Value  =  1 Then
        str  =  str  +  ","  +  "学委"
    End If
    If Check1(2). Value  =  1 Then
        str  =  str & ","  & "寝室长"
    End If
        rs. Fields("zw _ xxgl"). Value  =  str
        rs. Fields("ah _ xxgl"). Value  =  Text3. Text
        rs. Update
        rs. Close
    End If
    MsgBox "修改成功!", , "提示"
    Set rs  =  New ADODB. Recordset
    rs. open "select  *  from xxgl _ tbl", cn, adOpenKeyset, adLockOptimistic
    If rs. BOF  =  False Or rs. EOF  =  False Then
        rs. MoveFirst
        sub1                                        '调用用户自定义过程 sub1
    End If
End Sub
```

如果使用 SQL Server 数据库,还可以使用以下调用存储过程的代码:

```vb
Private Sub Cmd _ update _ Click( )              '修改当前记录
    Dim str As String
    Dim strxb As String

    If Text1. Text  =  "" Then
        MsgBox "编号不能为空!", , "提示"
        Exit Sub
    End If
    If rs. State  =  1 Then rs. Close
```

```
    rs. open "select * from xxgl _ tbl where bh _ xxgl = '" & Text1. Text & "'", cn, adOpenKeyset,
    adLockOptimistic
    If rs. BOF = False Or rs. EOF = False Then '记录存在
        If Option1. Value = True Then
            strxb = "男"
        Else
            strxb = "女"
        End If
        If Check1(0). Value = 1 Then
            str = "班长"
        End If
        If Check1(1). Value = 1 Then
            str = str + "," + "学委"
        End If
        If Check1(2). Value = 1 Then
            str = str & "," & "寝室长"
        End If
        '调用存储过程 PRO _ update,传参数 Text1. Text, Combo1. Text, Combo2. Text, strxb, str,
        Text3. Text;注意顺序要与存储过程一致
        cn. Execute "exec PRO _ update Text1. Text, Combo1. Text, Combo2. Text, strxb, str, Text3.
        Text"
    End If
    MsgBox "修改成功!", , "提示"
    Set rs = New ADODB. Recordset
    rs. open "select * from xxgl _ tbl", cn, adOpenKeyset, adLockOptimistic
    If rs. BOF = False Or rs. EOF = False Then
    rs. MoveFirst
    sub1                                          '调用用户自定义过程 sub1
    End If
End Sub
```

10."删除"按钮单击事件

功能:在判断编号不空,并且确定表中确实有这条记录的前提下,删除当前记录,然后重新打开记录集,并保持记录集与数据库中数据同步更新。

```
Private Sub Cmd _ delete _ Click( )               '删除记录
    If MsgBox("确定要删除这条数据吗?", vbOKCancel) = vbOK Then
        If rs. State = 1 Then rs. Close
        rs. open "select * from xxgl _ tbl where bh _ xxgl = '" & Text1. Text & "'", cn, adOpenKeyset,
        adLockOptimistic
        If rs. EOF = False Or rs. BOF = False Then
```

```
      rs. Delete
      MsgBox "记录删除成功!", , "提示"
   End If
   rs. Close
   Set rs = New ADODB. Recordset
   rs. open "select * from xxgl _ tbl", cn, adOpenKeyset, adLockOptimistic
   If rs. RecordCount > 0 Then
      rs. MoveFirst
      sub1                                  '调用用户自定义过程 sub1
   End If
   Else
      Exit Sub
   End If
End Sub
```

如果使用 SQL Server 数据库,还可以使用以下调用存储过程的代码:

```
Private Sub Cmd _ delete _ Click( )              '删除记录
   If MsgBox("确定要删除这条数据吗?", vbOKCancel) = vbOK Then
      If rs. State = 1 Then rs. Close
      rs. open "select * from xxgl _ tbl where bh _ xxgl = '" & Text1. Text & "'", cn, adOpenKeyset,
adLockOptimistic
      If rs. EOF = False Or rs. BOF = False Then
         rs. Close
         cn. Execute "exec PRO _ delete Text1. Text"
         MsgBox "记录删除成功!", , "提示"
      End If
      rs. Close
      Set rs = New ADODB. Recordset
      rs. open "select * from xxgl _ tbl", cn, adOpenKeyset, adLockOptimistic
      If rs. RecordCount > 0 Then
         rs. MoveFirst
         sub1                                  '调用用户自定义过程 sub1
      End If
   Else
      Exit Sub
   End If
End Sub
```

11. "信息管理"选项卡中专业列表框的单击事件

功能:当专业名称改变时,班级直接显示当前专业下的班级名称。

```
Private Sub cmb _ zy _ Click( )              '当专业有变动,自动收集相关班级
```

```
    cmb _ bj. Clear                              '清空专业列表框
    If rs1. State = 1 Then rs1. Close            '判断记录集的状态是打开的,则关闭记录集
    rs1. open "select distinct bj _ xxgl from xxgl _ tbl where zy _ xxgl = '" & cmb _ zy. Text & "' ", cn,
    adOpenStatic, adLockReadOnly
    If rs1. RecordCount > 0 Then                  '判断记录集中的总记录数
        rs1. MoveFirst
        While Not rs1. EOF
            cmb _ bj. AddItem rs1. Fields("bj _ xxgl")    '向班级列表框中添加当前专业的所有班级
                                                            名称
            rs1. MoveNext
        Wend
    End If
End Sub
```

12.“信息管理”选项卡中专业列表框的单击事件

功能:当专业名称改变时,班级直接显示当前专业下的班级名称。

```
Private Sub cmb _ zy _ Click( )                  '当专业有变动,自动收集相关班级
    cmb _ bj. Clear                              '清空专业列表框
    If rs1. State = 1 Then rs1. Close            '判断记录集的状态是打开的,则关闭记录集
    rs1. open "select distinct bj _ xxgl from xxgl _ tbl where zy _ xxgl = '" & cmb _ zy. Text & "' ", cn,
    adOpenStatic, adLockReadOnly
    If rs1. RecordCount > 0 Then                  '判断记录集中的总记录数
        rs1. MoveFirst
        While Not rs1. EOF
            cmb _ bj. AddItem rs1. Fields("bj _ xxgl")    '向班级列表框中添加当前专业的所有班级
                                                            名称
            rs1. MoveNext
        Wend
    End If
End Sub
```

13.“查询”按钮单击事件

功能:根据专业和班级的查询条件,将查询结果显示在表格中。

```
Private Sub cmd _ find _ Click( )
    Set rs = New ADODB. Recordset
    If rs. State = 1 Then rs. Close
    '确定查询的语句字符串
    If cmb _ zy. Text < > "" Then
        If cmb _ bj. Text < > "" Then            '专业、班级都不空,则以二者作为搜索条件
            sql = "select * from xxgl _ tbl where zy _ xxgl = '" & cmb _ zy. Text & "'and bj _ xxgl = '" &
            cmb _ bj. Text & "'"
```

（'如果数据库为 SQL Server,此处可写上面一条语句也可以换成下面一条用视图查询的语句,
但两条语句不要同时使用;以下同

```
            sql = "select * from view _ seach where zy _ xxgl = '" & cmb _ zy. Text & "'and bj _ xxgl
            = '" & cmb _ bj. Text & "'")
        Else                                    '专业不空,班级空,则只以专业作为搜索条件
            sql = "select * from xxgl _ tbl where zy _ xxgl = '" & cmb _ zy. Text & "'"
        End If
    Else
        If cmb _ bj. Text < > "" Then            '专业空,班级不空,则只以班级作为搜索条件
            sql = "select * from xxgl _ tbl where bj _ xxgl = '" & cmb _ bj. Text & "'"
        Else                                    '专业班级全为空,则无搜索条件
            sql = "select * from xxgl _ tbl"
        End If
    End If
End If
rs. open sql, cn, adOpenStatic, adLockReadOnly
If rs. RecordCount > 0 Then
    Set MSHFlexGrid1. DataSource = rs        '给表格赋数据源
    rs. Close
'修改表格第一行列标题
MSHFlexGrid1. Row = 0
With MSHFlexGrid1
    . Col = 1
    . Text = "编号"
    . Col = 2
    . Text = "专业"
    . Col = 3
    . Text = "班级"
    . Col = 4
    . Text = "姓名"
    . Col = 5
    . Text = "性别"
    . Col = 6
    . Text = "职务"
    . Col = 7
    . Text = "爱好"
End With
Else
    MsgBox "搜索有误!", , "提示"
End If
```

14."打印预览"按钮单击事件

功能:根据查询条件显示报表,并可以打印输出。

```
Private Sub cmd _ print _ Click( )
    If sql = "" Then Exit Sub                        'sql 语句为空则跳出 sub,不打印
    If rs. State = 1 Then rs. Close
    rs. open sql, cn, adOpenStatic, adLockReadOnly
    If rs. RecordCount > 0 Then
        rs. MoveFirst
        Set DRTper9. DataSource = rs                  '给报表设置数据源为记录集 rs
        DRTper9. Show                                 '显示报表
        Unload Me
    Else:MsgBox ("没有记录!"),,"提示"
    End If
End Sub
```

15.工具条按钮的点击事件

功能:根据按钮的名称可以对不同的事件进行调用。

```
Private Sub Toolbar1 _ ButtonClick(ByVal Button As MSComctlLib. Button)
    Select Case Button
        Case "录入"
            Cmd _ addnew _ Click                     '调用录入按钮功能
        Case "修改"
            Cmd _ update _ Click                     '调用修改按钮功能
        Case "删除"
            Cmd _ delete _ Click                     '调用删除按钮功能
        Case "查询"
            SSTab1. Tab = 1
        Case "打印"
            cmd _ print _ Click                      '调用打印按钮功能
        Case "后退"
            Unload Me
    End Select
End Sub
```

12.5.4　查看日志文件窗体 frm _ rz

1.窗体加载事件

功能:设置窗体大小;限制文件列表框中可以显示的文件类型为 * . txt, * . dat, * . bin。

```
Private Sub Form _ Load( )
    Me. Width = 6240
```

```
    Me. Height  =  4695
    File1. Pattern  =  "*.txt;*.dat;*.bin"        '限制文件列表框中可以显示的文件类型
End Sub
```

2. 驱动器列表改变事件

功能：向目录列表框中添加当前驱动下的目录。

```
Private Sub Drive1 _ Change( )
    Dir1. Path  =  Drive1. Drive
End Sub
```

3. 目录列表框改变事件

功能：向目录列表框中添加当前驱动下的目录结构。

```
Private Sub Dir1 _ Change( )                       '向目录列表框中添加当前驱动下的目录结构
    File1. Path  =  Dir1. Path
    If Dir1. Path  =  UCase(Drive1. Drive)& "\" Then
        Text1. Text  =  Dir1. Path  '在窗体中做了一个隐藏的文本框 Text1，用来记忆完整的目录
    Else
        Text1. Text  =  Dir1. Path & "\"
    End If
End Sub
```

4. 文件列表框单击事件

功能：记忆完整的目录。

```
Private Sub File1 _ Click( )
    '在窗体中做了一个隐藏的文本框 Text1，用来记忆完整的目录
    Text1. Text  =  Dir1. Path & "\" & File1. FileName
End Sub
```

5. 打开文件按钮单击事件

功能：用记事本的格式打开当前选中的文件。

```
Private Sub Command1 _ Click( )
    '打开选中的文本文件
    Shell "notepad. exe '" & Text1. Text & "'", vbNormalFocus
End Sub
```

6. 返回按钮单击事件

功能：关闭本窗体。

```
Private Sub cmd _ exit _ Click( )
    Unload Me
End Sub
```

12.5.5　数据库维护窗体 frm _ sjk

1. 声明

功能：窗体级文件路径变量定义与用户自定义过程声明。

1）变量声明

```
Public ff As String                            '文件路径变量
```

2）数据库完全备份过程（此过程 Access 数据库没有）

```
Private Sub BackupAll( )       '将数据库完全备份到当前路径下，并且备份的数据库名称具有
                               备份时日期
    cn. Execute "backup database JXRJ to disk = '" & App. Path & "\JXRJ" & Date & ". bak" & "'
    with name = 'JXRJ backup all', description = 'Full Backup Of JXRJ'"
    MsgBox "数据完全备份已经完成", vbOKOnly + vbInformation, "提醒"
End Sub
```

3）数据库差异备份过程（此过程 Access 数据库没有）

```
Private Sub BackupDif( )       '将数据库差异备份到当前路径下，备份的数据库与原库名相同
    cn. Execute "backup database JXRJ to disk = '" + App. Path + "\JXRJ. bak' with differential ,
    noinit , name = 'JXRJ backup dif', description = 'Differential Backup Of JXRJ'"
    MsgBox "数据差异备份已经完成", vbOKOnly + vbInformation, "提醒"
End Sub
```

4）数据库恢复过程（此过程 Access 数据库没有）

```
Private Sub RestoreData( )                    '将选中的数据库恢复
On Error Resume Next
    cn. Execute "restore database JXRJ from disk = '" + ff + "' with FILE = 1"
    MsgBox "数据恢复已经完成", vbOKOnly + vbInformation, "提醒"
End Sub
```

2. 窗体加载事件

功能：窗体大小定义，以及文件列表框可以显示的文件类型设置。

```
Private Sub Form _ Load( )
    File1. Pattern = " * . bak; * . mdb"
    Me. Width = 7320
    Me. Height = 5520
End Sub
```

3. "完全备份"按钮单击事件

功能：将数据库完全备份。

Access 数据库使用以下代码：

```
Private Sub Command2 _ Click( )
    Dim sourfile, destfile As String

    sourfile = App. Path & "\JXRJ. mdb"
    destfile = App. Path & "database\JXRJ" & Date & ". mdb"
    FileCopy sourfile, destfile                    '复制源文件到目标文件
    End If
End Sub
```

SQL Server 数据库使用以下代码:

```
Private Sub Command2 _ Click( )
    BackupAll                                   '调用 BackupAll 完全备份用户自定义过程
End Sub
```

4. "差异备份"按钮单击事件(此按钮 Access 数据库没有)

功能:将数据库差异备份。

```
Private Sub Command3 _ Click( )
    BackupDif                                   '调用 BackupDif 差异备份用户自定义过程
End Sub
```

5. 驱动器列表改变事件

功能:向目录列表控件中添加当前驱动器下的目录结构。

```
Private Sub Drive1 _ Change( )
    Dir1. Path  =  Drive1. Drive
End Sub
```

6. 目录列表改变事件

功能:向文件列表控件中添加当前目录下的文件。

```
Private Sub Dir1 _ Change( )
    File1. Path  =  Dir1. Path
End Sub
```

7. 文件列表控件单击事件

功能:获取文件目录,给变量 ff 赋值。

```
Private Sub File1 _ Click( )                    '获取文件目录给变量 ff
    ff  =  File1. Path
    If Right( ff, 1) < > "\" Then
        ff  =  ff & "\"
    End If
    ff  =  ff & File1. FileName
End Sub
```

8. "确定"按钮单击事件

功能:恢复选中的数据库。

Access 数据库使用以下代码:

```
Private Sub Command1 _ Click( )
    Dim sourfile, destfile As String

    If File1. FileName  =  "" Then
        MsgBox "请选择文件!"
    Else
        sourfile  =  ff
```

```
        destfile  =  App. Path & "\JXRJ. mdb"
        FileCopy    sourfile, destfile                    '复制源文件到目标文件
        End If
End Sub
```

SQL Server 数据库使用以下代码:

```
Private Sub Command1 _ Click( )
    If File1. FileName = "" Then
        MsgBox "请选择文件!"
    Else
        RestoreData                              '调用恢复数据库用户自定义过程
    End If
End Sub
```

12. 5. 6   播放器窗体 frm _ bfq

1. 窗体加载事件

功能:设置窗体大小。

```
Private Sub Form _ Load( )
    Me. Width  =  4875
    Me. Height  =  5205
End Sub
```

2. "打开"菜单单击事件

功能:查找多媒体文件。

```
Private Sub open _ Click( )
    CommonDialog1. ShowOpen                      '单击菜单上"打开"时,即可打开一个对话框
    MediaPlayer1. FileName = CommonDialog1. FileName    '将选中的文件的全部路径赋值给
                                                        播放器文件

End Sub
```

3. "退出"菜单点击事件

功能:卸载窗体。

```
Private Sub exit _ Click( )
    Unload Me                                    '卸载窗体
End Sub
```

12. 6   学生基本信息管理系统的应用程序发布

12. 6. 1   编译学生基本信息管理系统. exe

在工程当前目录下编译学生基本信息管理系统的方法参见 11. 2 节。

12.6.2 学生基本信息管理系统安装包的制作

学生基本信息管理系统安装包的制作方法参见 11.3 节。

本章小结

本章内容以学生基本信息管理系统项目的开发为例,将软件开发的工作过程融入案例模拟的过程中;结合软件开发的实际过程,在代码实现中针对不同类型的数据库做了代码的优化,并且提供了许多编程技巧供学生借鉴。通过这个案例的展示,学生可以独立完成基于关系数据库的应用程序设计、开发和发布工作。

思考题与习题 12

程序设计题

在本章案例的基础上,调试程序,然后添加错误处理程序代码。

实验 12 公司信息管理系统

一、实验目的

通过本实验使读者了解软件开发的工作过程,掌握系统的需求分析、系统设计、数据库设计、功能实现、应用程序发布各个环节的主要技术,积累软件开发的经验,学习软件开发的编程技巧,进而达到独立开发软件项目的目的。

二、实验内容及要求

项目名称:公司信息管理系统

图 12.14 公司信息管理系统运行界面

(3)公司信息管理系统数据库分析及设计。

1. 任务

实现公司信息管理系统的需求分析、系统设计、数据库设计、功能实现、应用程序的代码编制及调试工作,并编译、打包和发布应用程序。

2. 操作步骤

(1)参考图 12.14,对公司信息管理系统的需求进行分析。

要求:参考 12.1 节内容。

(2)公司信息管理系统功能分析及设计。

要求:参考 12.2 节内容。

要求:参考 12.3 节内容。

(4)公司信息管理系统用户界面设计。

要求:参考 12.4 节内容。

(5)公司信息管理系统功能实现。

要求:参考 12.5 节内容。

(6)公司信息管理系统的编译和应用程序发布。

要求:参考 12.6 节内容。

参 考 文 献

［1］ 柴欣. Visual Basic 程序设计基础［M］. 3 版. 北京：中国铁道出版社，2003.

［2］ 刘钢. Visual Basic 程序设计与应用案例［M］. 北京：高等教育出版社，2003.

［3］ 亓莱滨. Visual Basic 程序设计［M］. 北京：清华大学出版社，2005.

［4］ 陈启安. 多媒体应用开发技术［M］. 北京：高等教育出版社，2005.